Günter Wellenreuther
Dieter Zastrow

Speicherprogrammierte Steuerungen
SPS

Zu diesem Band ist ein Lösungsbuch lieferbar

Günter Wellenreuther
Dieter Zastrow

Speicherprogrammierte Steuerungen SPS

Verknüpfungs- und Ablaufsteuerungen

Von der Steuerungsaufgabe zum Steuerprogramm

3., durchgesehene Auflage

Mit 47 Übungen, 40 Beispielen und 200 Bildern

Das in diesem Buch enthaltene Programm-Material ist mit keiner Verpflichtung oder Garantie irgendeiner Art verbunden. Die Autoren übernehmen infolgedessen keine Verantwortung und werden keine daraus folgende oder sonstige Haftung übernehmen, die auf irgendeine Art aus der Benutzung dieses Programm-Materials oder Teilen davon entsteht.

1. Auflage 1987
2., durchgesehene Auflage 1987
3., durchgesehene Auflage 1988

Der Verlag Vieweg ist ein Unternehmen der Verlagsgruppe Bertelsmann International.

Umschlaggestaltung: Hanswerner Klein, Leverkusen
Satz: Vieweg, Braunschweig

Gedruckt auf säurefreiem Papier

ISBN-13: 978-3-528-24464-4 e-ISBN-13: 978-3-322-86651-6
DOI: 10.1007/978-3-322-86651-6

Vorwort

Das vorliegende Lehr- und Arbeitsbuch vermittelt neben dem notwendigen Wissen über die Funktionsweise einer Speicherprogrammierten Steuerung (SPS) eine praxisorientierte Theorie der Steuerungstechnik. Der dargebotene Lehrstoff stellt eine unterrichtserprobte Einführung für Verknüpfungs- und Ablaufsteuerungen im Bereich der binären Steuerungstechnik dar – realisiert mit SPS. Die zahlreichen Beispiele und Übungen des Buches zeigen, wie man die Theorie anwendet, damit man neu gestellte Aufgaben lösen oder sich in die Struktur einer vorgegebenen Lösung hineindenken kann.

Die vermittelte Steuerungstheorie ermöglicht dem SPS-Anwender, Steuerungsaufgaben aus der Praxis zu strukturieren und auf systematischem Wege die Lösung zunächst in einer allgemeinen funktionalen Beschreibungsform zu finden. Trotz unterschiedlicher Steuerungsaufgaben ist die Vorgehensweise immer die gleiche, beginnend mit Problemanalyse, dem Erarbeiten der Lösungsstruktur, dem Umsetzen der geräteneutralen Beschreibungsform in die Steuersprache einer SPS bis zur Inbetriebnahme und Simulation. Das Eingeben des Steuerungsprogramms in ein SPS-System und die Inbetriebnahme verbunden mit einer erforderlichen Simulation stellt eine wertvolle Hilfe bei der Erarbeitung des Lehrstoffes dar. Darüber hinaus erhält man noch Bedienungsroutine mit dem verwendeten SPS-System. Bei der Umsetzung der funktional dargestellten Lösung in ein Steuerungsprogramm muß der bei verschiedenen SPS-Systemen unterschiedliche Operationsvorrat und die unterschiedliche Befehlsdarstellung der Programmiersprache berücksichtigt werden. In diesem Buch wird bei dieser Umsetzung die Programmiersprache STEP 5 der Firma Siemens verwendet.

Erfahrungen aus langjähriger Unterrichtstätigkeit auf diesem Gebiet zeigen, daß alle, die bereit sind, strukturiert, logisch und technisch denken zu lernen und eine Steuerungstheorie anwenden wollen, den angebotenen Lehr- und Übungsstoff bewältigen können.

Das können sein:

- Auszubildende im Bereich der Elektrotechnik und des Maschinenbaus
- Schüler von Berufskollegs, Fachschulen, Meisterschulen und Fachoberschulen
- Studenten an Fachhochschulen
- Umschüler
- Teilnehmer an beruflichen Weiterbildungskursen.

Zu diesem Lehr- und Arbeitsbuch ist ein Lösungsband erschienen mit didaktischen Hinweisen zum SPS-Unterricht, den Lösungen der mit einem Punkt gekennzeichneten Übungen und einem Rechnerprogramm zur Minimierung von Schaltfunktionen.

Die in diesem Buch verwendeten Technologieschemata werden teilweise von der Firma Siemens, Abt. E484, Erlangen, als Simulationsplatten angeboten.

Die erfreulich gute Aufnahme dieses Werkes hat das Erscheinen der 3. Auflage ermöglicht, in der Druckfehler berichtigt und einige Verbesserungsvorschläge aus dem Leserkreis berücksichtigt werden konnten.

Dem Verlag und allen, die an dem Zustandekommen dieses Buches beteiligt waren, sei herzlich gedankt.

Günter Wellenreuther
Dieter Zastrow

Mannheim, Ellerstadt, Januar 1988

Inhaltsverzeichnis

1 Einführung

1.1 Anforderungen an eine SPS-Ausbildung

Speicherprogrammierbare Steuerungen (SPS) gelten heute als Kernstück jeder Automatisierung. Mit diesen Geräten können je nach Funktionsumfang Automatisierungsaufgaben wie

Steuern,
Regeln und Rechnen,
Bedienen und Beobachten,
Melden und Protokollieren

wirtschaftlich ausgeführt werden.

Die Nutzung speicherprogrammierter Automatisierungsgeräte erfordert ein Fachpersonal, das den Automatismus beherrscht. Als Notwendigkeit im Umgang mit der neuen Technik wird immer wieder hervorgehoben, daß der betroffene Personenkreis neben dem bisher üblichen gerätetechnischen Denken vor allem ein *funktionales Denken* entwickeln muß. Das Ergebnis funktionalen Denkens ist die Software. Steuerungs-Software verstehen, bedeutet Denken in Funktionsblöcken und Ablaufschritten, das Einhalten syntaktischer Konventionen (= Vereinbarungen der Programmiersprache) und der sichere Umgang mit symbolischen (= sinnbildlichen) Beschreibungs- und Dokumentationsmitteln auf der Basis eines praxisgerechten theoretischen Fundaments.

- Ausbildung auf dem Gebiet der Speicherprogrammierten Steuerungen umfaßt als Pole das technisch-instrumentelle Handeln an bereitgestellten SPS-Geräten mit dem Ziel der *Handhabbarkeit der Geräte* am Einsatzort und das anwendungsorientierte Lernen an geeigneten Steuerungsaufgaben zur Grundlegung einer *Problemlösungsfähigkeit* für Automatisierungsaufgaben.
- SPS im Unterricht bedeutet also das *Finden der Lösungsstruktur* der Steuerung, das Umsetzen in ein Steuerungsprogramm, das Eingeben der Programme in Automatisierungsgeräte sowie die Inbetriebnahme der Steuerung und das Austesten der Programme einschließlich der Fehlersuche. Die Unterrichtsorganisation sowie der Schüler-Arbeitsplatz für SPS sollten diesen didaktischen Zielsetzungen Rechnung tragen.
- Übungsbeispiele aus dem Bereich der Automatisierungstechnik haben nicht nur die Aufgabe an Einzelfällen zu zeigen, wie ausgesuchte Probleme mit einer SPS gelöst wurden. Die Beispiele sollen vielmehr zeigen, auf welchen Wegen und mit welchen *Denkmethoden* man neue Aufgaben lösen oder sich in vorgegebene Lösungen hineindenken kann, um z. B. Optimierungs- oder Anpassungsprobleme ausführen zu können. Dieser Ansatz schließt die Programmerstellung und Programmanalyse ein.

1.2 Allgemeine Begriffsbestimmungen zur Automatisierungstechnik

Die nachfolgenden Begriffsbestimmungen dienen der Erläuterung und Abgrenzung einiger immer wiederkehrender Grundbegriffe, auf die an verschiedenen Stellen dieses Buches zurückgegriffen wird.

Automatisieren: Künstliche Mittel einsetzen, damit ein Vorgang selbsttätig abläuft (DIN 19233).

Automatisierungsgerät: Automat mit Ein- und Ausgängen zum Anschluß an einen technischen Prozeß. Aufgrund eines Programms trifft das Automatisierungsgerät Entscheidungen, die auf der Verknüpfung von Eingangssignalen mit den jeweiligen Zuständen des Systems beruhen und Ausgaben zur Folge haben.

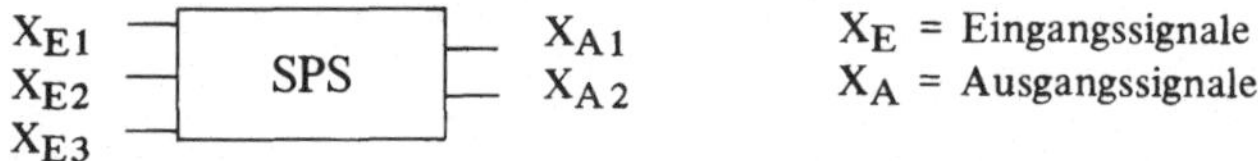

Eine an Bedeutung ständig zunehmende Gruppe von Automatisierungsgeräten wird *Speicherprogrammierte Steuerungen* (SPS) genannt. SPS haben die Struktur von Rechnern (Zentralprozessor, Arbeitsspeicher, E/A-Logik, Bus-System), jedoch ist die Peripherie auf der Ein- und Ausgabeseite sowie die bereitgestellte Programmiersprache auf die besonderen Belange der Steuerungstechnik ausgerichtet. SPS sind also anwendungsorientierte, adaptierte Systeme, mit denen sich relativ einfach Verknüpfungs- und Ablaufsteuerungen realisieren lassen.

Prozeß: Technischer Ablauf zur Erreichung eines bestimmten Ziels, bei dem Materie, Energie oder Information umgeformt bzw. transportiert wird.

Programm: Das Programm einer SPS ist eine logische Folge von Anweisungen. Allgemein versteht man unter einem Programm die Gesamtheit aller Anweisungen und Vereinbarungen für die Signalverarbeitung, durch die eine zu steuernde Anlage (Prozeß) aufgabengemäß beeinflußt wird (DIN 19237).

System: Ein aus mehreren Teilen nach einer allgemeinen Regel geordnetes Ganzes. Ein System kann Teil eines umfassenden Systems sein.

Information: Als Information gilt jede Folge oder Anordnung von Zeichen, die mit einer bestimmten Häufigkeit auftreten und denen eine bestimmte Bedeutung beigemessen werden kann, so daß ein Adressat zu einem bestimmten Verhalten veranlaßt wird.

Steuern, Steuerung: Unter Steuern, Steuerung versteht man allgemein Verfahren, Organisation und Geräte zur planmäßigen Beeinflussung von Abläufen oder Prozessen innerhalb technischer Systeme.

DIN 19226 definiert Steuern und Steuerung als Ablauf in einem System, bei dem eine oder mehrere Eingangsgrößen andere Größen als Ausgangsgrößen aufgrund der dem System eigentümlichen Gesetzmäßigkeiten beeinflussen. Kennzeichen für das Steuern ist der *offene Wirkungsablauf* über das einzelne Übertragungsglied oder die Steuerstrecke.

Eine Steuerung liegt also vor, wenn Eingangsgrößen nach einer festgelegten Gesetzmäßigkeit Ausgangsgrößen beeinflussen. Die Auswirkung einer Störgröße wird nicht ausgeglichen.

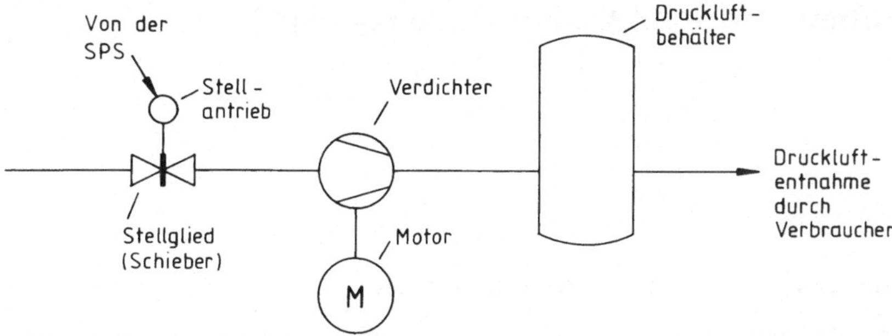

Funktion: Die Lieferung des Druckluft-Verdichters wird über die Ansaugmenge gesteuert. Die unterschiedliche Druckluftentnahme durch die Verbraucher wirkt als Störgröße.

Bild 1-1 Steuerung

Regeln, Regelung: Abgrenzung zu Steuern und Steuerung. DIN 19 226 definiert Regeln und Regelung als Vorgang in einem System, bei dem die zu regelnde Größe (Regelungsgröße) fortlaufend erfaßt, mit einer anderen Größe, der Führungsgröße, verglichen und abhängig vom Ergebnis dieses Vergleichs im Sinne einer Angleichung an die Führungsgröße beeinflußt wird. Der sich dabei ergebende Wirkungsablauf findet in einem geschlossenen Kreis, dem *Regelkreis,* statt. Der Vorgang der Regelung kann auch dann als fortlaufend angesehen werden, wenn die Regelgröße durch hinreichend häufige Stichprobenentnahme erfaßt wird (digitale Abtastregelung mit einer SPS).

Die Aufgabengröße (Regelungsgröße) soll gegen den Einfluß von Störgrößen immun gemacht werden.

Die im Band 1 behandelten Automatisierungsaufgaben gehören alle in das Gebiet der Steuerungstechnik.

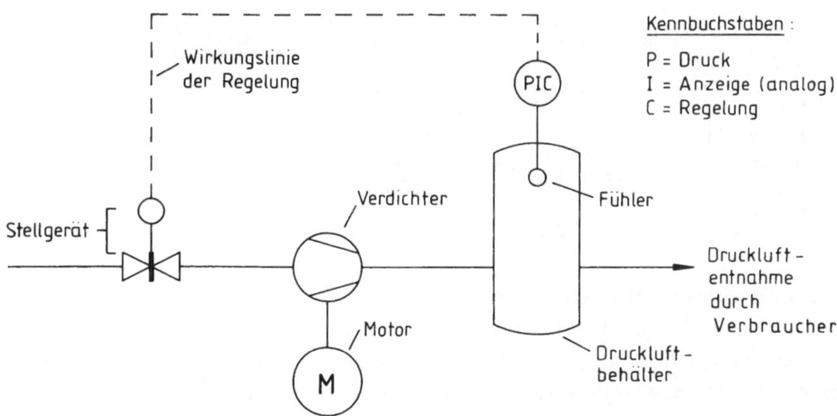

Funktion: Druck im Druckluftbehälter wird selbsttätig auf eingestellten Sollwert gehalten. (Wie die Regelung technisch ausgeführt wird, ist nicht Gegenstand der Fließbild-darstellung).

Bild 1-2 Regelung

2 Aufbau und Funktionsweise einer SPS

2.1 Struktur einer Informationsverarbeitung

Sowohl die Informationsverarbeitung beim Menschen als auch die Informationsverarbeitung eines Automaten lassen sich in die Bereiche Dateneingabe, Datenverarbeitung/ Datenspeicherung und Datenausgabe unterteilen.

Dateneingabe

Informationen über den Zustand eines Systems werden aufgenommen.

Datenverarbeitung und Datenspeicherung

Über die Dateneingabe aufgenommene oder gespeicherte Informationen werden verarbeitet. Das Ergebnis der Verarbeitung wird entweder gespeichert oder nach außen gegeben.

Datenausgabe

Informationen als Ergebnis der Verarbeitung werden dem System zur Verfügung gestellt.

Informationsverarbeitung durch die SPS schematisch dargestellt:

Informationsverarbeitung durch den Menschen schematisch dargestellt:

Bei der Informationsverarbeitung durch einen Automaten werden über Eingabeeinheiten Signale als Träger der zu verarbeitenden Information aufgenommen. Mit Hilfe eines gespeicherten Programms werden diese Informationen im Prozessor verarbeitet. Das Ergebnis dieser Verarbeitung wird über Ausgabeeinheiten durch Signale als Träger der Information zur Verfügung gestellt.

2.2 Struktur einer SPS

Der elektrische Aufbau einer SPS besteht aus den Funktionsgruppen einer Informationsverarbeitung.

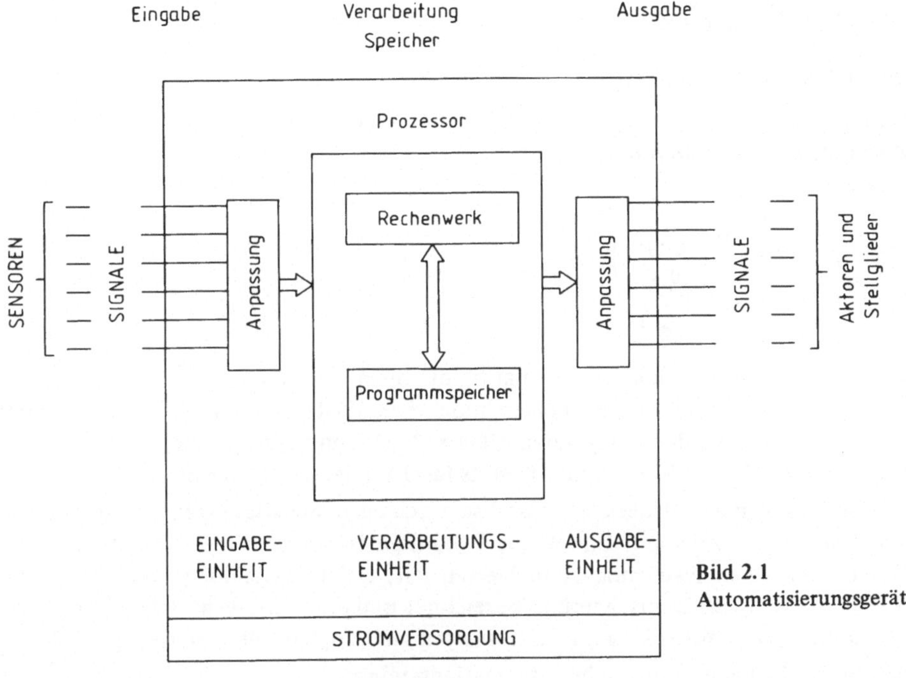

Bild 2.1
Automatisierungsgerät

Die zu steuernde Anlage liefert über Sensoren Eingabesignale an die Eingabeeinheit des Automatisierungsgerätes. Diese Signale werden fortlaufend durch das im Programmspeicher des Automatisierungsgerätes hinterlegte Steuerungsprogramm verarbeitet. Das Ergebnis der Verarbeitung wird über die Ausgabeeinheit des Automatisierungsgerätes an die Aktoren oder Stellglieder der zu steuernden Anlage in Form von Ausgangssignalen ausgegeben.

Bei „*Speicherprogrammierten Steuerungen*" ist das Steuerungsprogramm in einem speziellen elektronisch lesbaren Speicher abgelegt.

Wird ein Schreib-Lese-Speicher (RAM) verwendet, kann das Programm ohne mechanischen Eingriff geändert werden. In diesem Fall spricht man von einer „freiprogrammierbaren Steuerung".

Eine austauschprogrammierbare Steuerung liegt vor, wenn das Steuerungsprogramm in einem Lesespeicher (PROM) hinterlegt ist und nur durch Austausch des Speichers geändert werden kann.

Bei „*Verbindungsprogrammierten Steuerungen*" ist dagegen das Steuerungsprogramm durch elektrische oder mechanische Verbindungen entsprechender Steuerglieder festgelegt. Zu den Verbindungsprogrammierten Steuerungen gehören Schützsteuerungen, pneumatische bzw. hydraulische Steuerungen und die aus digitalen Bauelementen aufgebauten elektronischen Steuerungen.

2.3 Dateneingabe und Datenausgabe

2.3.1 Signalformen

Nachrichten und Daten werden mit Signalen dargestellt, übermittelt und verarbeitet. In der Praxis geben Signale die Zustände der zu steuernden Einrichtung wieder. Drei unterschiedliche Signalformen sind in der Steuerungstechnik von Bedeutung.

Binäre Signale

Binäre Signale können nur zwei Werte oder Zustände annehmen. Mögliche Werte oder Zustände können z. B. sein:

1	0
EIN	AUS
24 V	0 V
6 bar	1 bar

In der Steuerungstechnik werden häufig die Spannungswerte 24 V oder 220 V und 0 V oder keine Spannung als die beiden möglichen Zustände verwendet. Die Bezeichnung dieser Zustände wird im folgenden stets mit „1" und „0" geschehen. Dabei steht „1" immer für 24 V oder 220 V und „0" stets für 0 V oder keine Spannung.

Ein binäres Signal, welches beispielsweise durch einen Schalter erzeugt werden kann, wird als *Binärstelle* bezeichnet. Ein Wechsel des Signalzustandes einer Binärstelle stellt einen Wechsel zwischen zwei möglichen Werten dar. Die Entscheidung zwischen den beiden Werten wird als Binärentscheidung bezeichnet und erhält im technischen Sprachgebrauch die Einheit *„Bit"* als Abkürzung für *„binary digit"*, zu deutsch: zweiwertige Ziffer.

Ein Bit ist die kleinste mögliche Informationseinheit.

Digitale Signale

Mehrere binäre Signale zusammengefaßt ergeben nach einer bestimmten Zuordnung (Code) ein digitales Signal. Während ein binäres Signal nur das Erfassen einer zweiwertigen Größe ermöglicht, kann man durch Bündeln von Binärstellen z. B. eine *Zahl* oder Ziffer als digitale Information bilden. Um die Ziffern 0 bis 9 darstellen zu können, sind vier Binärstellen (Bit) erforderlich.

Dezimalzahl	Digitale Darstellung (Dualzahl)				
	Bit:	4	3	2	1
	Wert:	8	4	2	1
0		0	0	0	0
1		0	0	0	1
2		0	0	1	0
3		0	0	1	1
4		0	1	0	0
5		0	1	0	1
6		0	1	1	0
7		0	1	1	1
8		1	0	0	0
9		1	0	0	1

Die Zusammenfassung von n-Binärstellen erlaubt die Darstellung von 2^n verschiedenen Zeichen.

Werden 8 Bit zu einer Daten- oder Informationseinheit zusammengefaßt, so spricht man von einem *„Byte"*. Ein Byte ist immer ein *8-Bit-Wort*. Manche SPS-Hersteller fassen 2 Byte zu einem *„Wort"* zusammen. Ein solches Wort besteht dann aus 16 Bit.

Analoge Signale

Bei einem analogen Signal wird einem *kontinuierlichen Wertebereich* des Signalparameters Punkt für Punkt eine unterschiedliche Information zugeordnet. (DIN 19226)

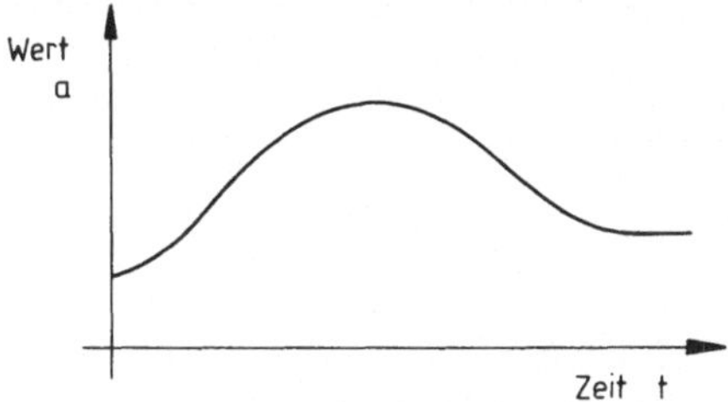

Ein Analogsignal kann innerhalb gewisser Grenzen jeden beliebigen Wert annehmen.

Beispiele für Analogsignale: Temperatur, Spannung, Füllstand, Drehzahl, usw.

Werden analoge Größen mit einer SPS verarbeitet, so muß vor der Signalverarbeitung eine *A/D-Umsetzung* (Analog-Digital-Umsetzung) vorgenommen werden. Je mehr Binärstellen hierbei für die digitale Darstellung des Signals verwendet werden, umso feiner wird die *Auflösung*. Der Prozessor der SPS liefert als Ergebnis wieder ein digitales Signal. Dieses wird mit Hilfe eines *D/A-Umsetzers* (Digital-Analog-Umsetzer) in ein analoges Ausgangssignal umgewandelt.

2.3.2 Eingabe-/Ausgabesignale

Eingabesignale

Zur Steuerung und Überwachung eines technischen Prozesses oder einer Anlage müssen Zustände aus dem Prozeß fortlaufend erfaßt werden. Die verschiedenen physikalischen Zustandsgrößen werden durch Sensoren (Meßwertaufnehmer) in elektrische Signale umgewandelt.

Unterscheidung von Sensoren:

Berührende Sensoren	**Berührungslos arbeitende Sensoren**
Schalter	Endschalter und Näherungsschalter
Taster	(optisch, induktiv, kapazitiv)
Grenztaster	Thermoelement
Endschalter	
Dehnungsmeßstreifenprinzip	
Piezo-Aufnehmer	

Die aus dem Prozeß aufgenommenen elektrischen Signale werden mit einem vom Hersteller vorgeschriebenen Spannungspegel an die Eingabeeinheit der SPS gelegt.

Ausgabesignale

Als Ergebnis der Verarbeitung beeinflussen Ausgangssignale über Stellglieder oder Aktoren bestimmte physikalische Größen.

Beispiele für **Aktoren**:	Beispiele für **Stellglieder**:
Beleuchtungseinrichtungen	Ventile
Motoren	Schütze
Zylinder	Leistungstransistor
Heizeinrichtungen	Leistungsthyristor
optische und akustische Meldegeräte	

Hersteller von SPS bieten Ausgabeeinheiten verschiedener Spannungspegel mit unterschiedlichen Belastungsmöglichkeiten an.

2.3.3 Eingabe-/Ausgabeeinheit

Eingabeeinheit

Die Eingabeeinheit einer SPS hat die Aufgabe, die angelegten Steuersignale an die Verarbeitungseinheit zu übergeben. Je nach Hersteller und Eingabebaugruppentyp werden von den Sensoren bestimmte Spannungspegel erwartet. In der Eingabeeinheit wird die Entstörung, Pegelumwandlung, Codierung und unter Umständen die galvanische Trennung der Eingangssignale vorgenommen.

Bei den meisten Systemen wird dem positiven oder höherem Potential Signalzustand „1“ und dem Bezugspotential oder Massepotential Signalzustand „0“ zugeordnet. Ein offener Eingang entspricht ebenfalls dem Signalzustand „0“. Drahtbrüche und Erdschlüsse bedeuten daher Signalzustand „0“.

In den Unterlagen der Hersteller findet man den Spannungsbereich, innerhalb dessen ein Signalzustand sicher von der Eingabeeinheit erkannt wird. Bei der Steuerung Simatic S5-101U der Firma SIEMENS gilt folgende Zuordnung:

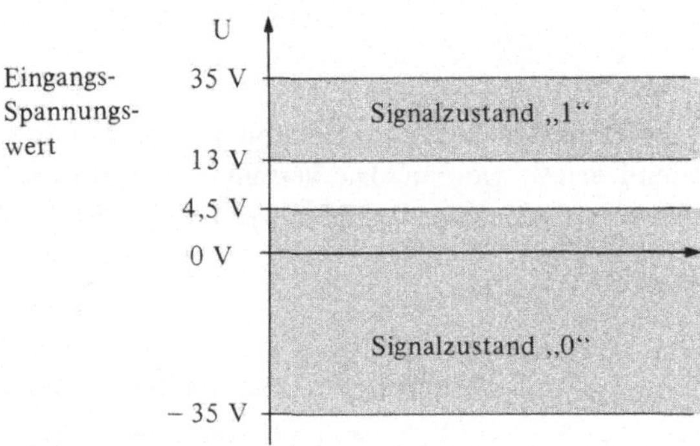

Bei den meisten Eingabeeinheiten wird der Signalzustand der Eingänge durch Leuchtdioden angezeigt.

Ausgabeeinheit

Die Ausgabeeinheit bereitet die von der Verarbeitungseinheit gelieferten Signale auf. Eine extern an die Ausgabeeinheit gelegte Spannung wird bei Ausgangssignal „1“ von der Ausgabeeinheit durchgeschaltet. Je nach Hersteller und Ausgabebaugruppentyp können verschiedene Ausgangsspannungspegel mit unterschiedlichen Belastungen durchgeschaltet werden. Das Durchschalten kann entweder mit Relais oder elektronisch erfolgen, wobei bei den meisten Ausgabebaugruppen eine galvanische Trennung vorgenommen wird. In den Unterlagen der Hersteller ist neben dem Schaltvermögen der Ausgabeeinheit noch die maximale Schaltfrequenz und der Gleichzeitigkeitsfaktor angegeben.

Die Signalzustände der Ausgänge werden bei vielen Ausgabeeinheiten durch Leuchtdioden angezeigt.

2.4 Verarbeitungseinheit

Die Verarbeitungseinheit ist das Kernstück aller Steuerungssysteme. Hier werden die aus der Eingabeeinheit kommenden Signale nach einem vorgegebenen Steuerungsprogramm verarbeitet. Im Prinzip besteht jede Verarbeitungseinheit einer SPS aus dem Programmspeicher und der Zentraleinheit.

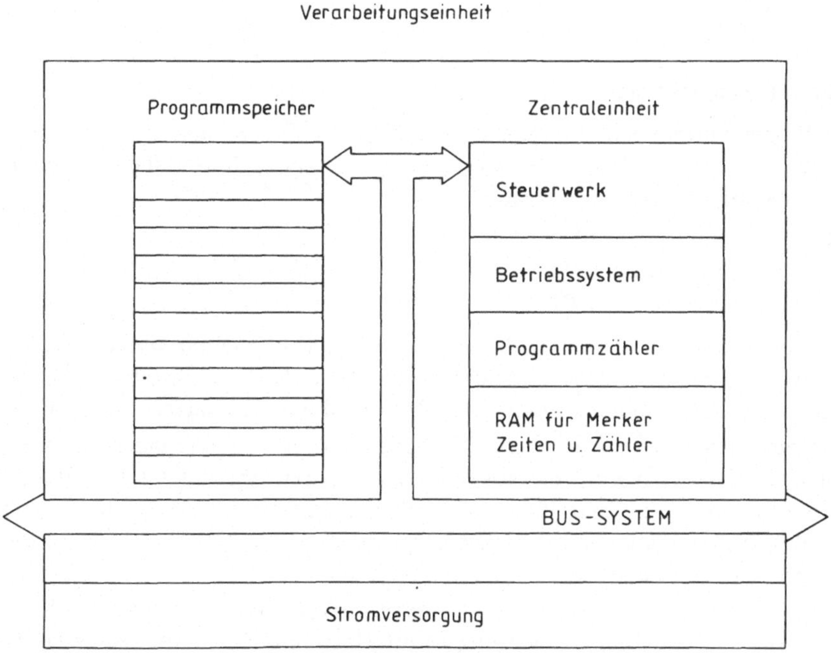

Bild 2-1 Blockschaltbild eines Automatisierungsgerätes

Die einzelnen Einheiten sind über ein BUS-SYSTEM miteinander verbunden. Ein BUS-SYSTEM besteht aus parallel verlaufenden Leiterbahnen, über die binäre Signale in verschlüsselter Form nacheinander zwischen den Komponenten der Verarbeitungseinheit und der Eingabe- und Ausgabeeinheit transferiert werden.

In der Zentraleinheit werden Eingangssignale und gespeicherte Signale entsprechend einem vorgegebenem Steuerungsprogramm miteinander verknüpft.

2.4.1 Grundverknüpfung und Grundfunktionen

Grundsätzlich lassen sich alle Steuerungsaufgaben mit der „Negation“ sowie den logischen Grundverknüpfungen „UND“, „ODER“ lösen.

Um einfachere Steuerungsprogramme zu erhalten, bieten Automatisierungsgeräte über die logischen Grundverknüpfungen hinaus bestimmte Grundfunktionen an. Welche Grundfunktionen ein Automatisierungsgerät ausführen kann, hängt vom Gerätehersteller und dem verwendeten Gerätetyp ab.

Hier eine Zusammenfassung möglicher Grundfunktionen:

Zuweisung	Nulloperation
Speichern	Laden
Zeitfunktionen	Klammer
Zählen	Springen
Rechnen	Transferieren
Vergleichen	Wischer
Codieren	Bausteinoperationen

2.4.2 Programmiersprache

Mit der Programmiersprache werden die verschiedenen Steuerungsaufgaben für die Automatisierungsgeräte formuliert. Drei anwendungsorientierte Darstellungen erleichtern die Beschreibung der zu lösenden Aufgabe.

1. **Funktionsplan FUP**
2. **Anweisungsliste AWL**
3. **Kontaktplan KOP**

Während der Funktionsplan und der Kontaktplan die Steuerungsfunktion bildhaft in Anlehnung an einen eventuell vorhandenen Funktionsplan oder Stromlaufplan beschreiben, kommt die Anweisungsliste dem internen Abbild der Maschinensprache am nächsten.

Die verschiedenen Automatisierungsgeräte haben je nach Leistungsfähigkeit einen unterschiedlichen Operationsvorrat, der aus den im vorherigen Abschnitt aufgezählten Grundfunktionen besteht. Die Gesamtheit der möglichen Operationen bildet die *Programmiersprache* des Systems. Mit dem jeweiligen Operationsvorrat lassen sich die Automatisierungsaufgaben programmieren.

In der universellsten Darstellungsart – Anweisungsliste AWL – wird das Steuerungsprogramm in einzelne Steueranweisungen aufgelöst. Eine Steuerungsanweisung ist die kleinste selbständige Einheit eines Steuerungsprogramms. Sie stellt die Arbeitsvorschrift für die Zentraleinheit dar. Benennung, Kennzeichen und Symbole sind in der DIN 19 239 festgelegt.

Eine *Steueranweisung* ist wie folgt aufgebaut:

<table>
<tr><th colspan="3">Steueranweisung</th></tr>
<tr><td rowspan="2">Operationsteil</td><td colspan="2">Operandenteil</td></tr>
<tr><td>Kennzeichen</td><td>Parameter</td></tr>
</table>

Operationsteil

Der Operationsteil beschreibt die auszuführende Funktion. Er sagt an, was das Steuerwerk tun soll. Man unterscheidet:

Binäre Operationen
Digitale Operationen
Organisatorische Operationen

Operandenteil

Der Operandenteil enthält die für die Ausführung der Operation notwendigen Angaben. Er sagt aus, womit das Steuerwerk etwas tun soll.

Kennzeichen

Das Operandenkennzeichen gibt die Art des Operanden an. Häufig vorkommende Operandenkennzeichen sind:

E	für	**Eingänge**	T	für	**Zeiten**	P	für	**Peripherie**
A	für	**Ausgänge**	Z	für	**Zähler**	B	für	**Bausteine**
M	für	**Merker**	D	für	**Daten**			

Parameter

Der Parameter gibt die Adresse eines Operanden an.

Welche Operationen und welchen Operandenumfang ein Automatisierungsgerät bearbeiten kann, hängt vom Gerätehersteller und von der Geräteausführung ab. Da die formalen Vorschriften für die Programmiersprache in der DIN 19239 nur grob festgelegt sind, unterscheiden sich die Programmiersprachen bei verschiedenen Geräteherstellern. Deshalb sind in jedem Fall die Richtlinien und Programmierhinweise der Hersteller zu beachten.

2.4.3 Programmabarbeitung

Bei der Programmabarbeitung durch die Zentraleinheit werden über einen Adreßzähler die Adressen der einzelnen Speicherzellen, in denen das Steuerungsprogramm steht, angewählt. Die Steueranweisung in der angewählten Adresse des Programmspeichers wird in das Steuerwerk übertragen und bearbeitet.

Programmzähler

Adresse des Programmspeichers	Steuerungsprogramm
0000 0001	Anweisung 1
0000 0010	Anweisung 2
0000 0011	Anweisung 3
0000 1000	U E 1.0
0000 1001	= A 0.0
0000 1010	BE (Bausteinende, letzte Anweisung

Bei der Bearbeitung einer Steueranweisung werden die Operanden z. B. Eingänge, Zeiten, Merker, Zähler usw. auf ihren Signalzustand („1" oder „0") abgefragt und verknüpft. Anschließend wird über den Adreßzähler die nächste Speicherzelle angewählt. Befindet sich hier beispielsweise eine Steueranweisung mit einer Ausgangszuweisung, so wird das Ergebnis der vorherigen Verknüpfung dem Ausgang als Signalzustand zugewiesen. In dieser Art wird Steueranweisung nach Steueranweisung gelesen und bearbeitet.

Bei der Programmabarbeitung gibt es zwei verschiedene Möglichkeiten, die vom verwendeten Automatisierungsgerät und von der Programmierung abhängig sind.

Lineare Programmierung

Hier werden die Anweisungen linear, d.h. in der Reihenfolge bearbeitet, in der sie im Programmspeicher hinterlegt sind. Am Programmende beginnt die Programmbearbeitung von vorne. Man spricht von einer *zyklischen Bearbeitung.*

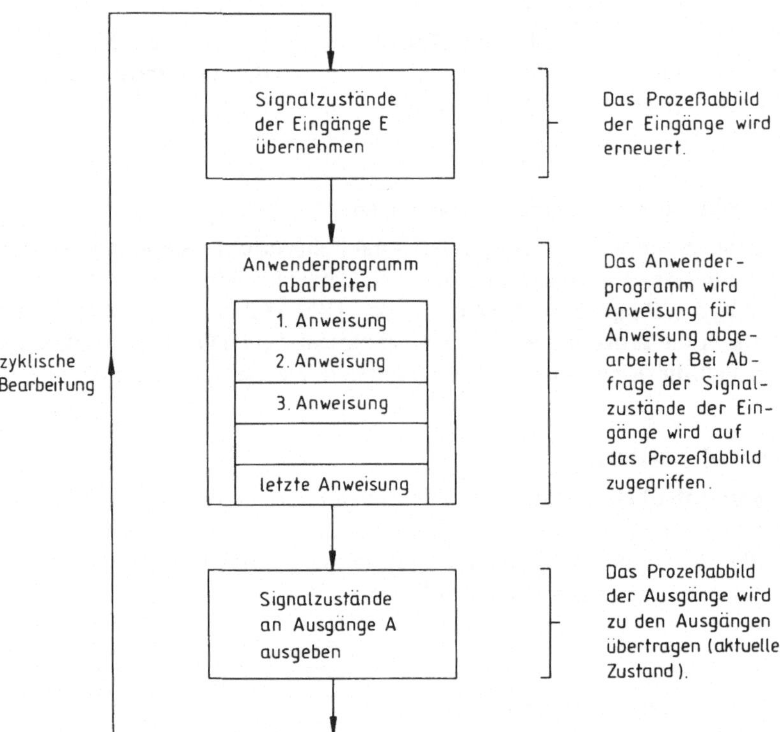

Die Zeit, die für einen Programmdurchlauf benötigt wird, ist die *Zykluszeit.* Die lineare Programmabarbeitung wird meist für einfache, nicht zu umfangreiche Steuerungsprogramme verwendet.

Strukturierte Programmbearbeitung

Bei umfangreichen Steuerungsaufgaben unterteilt man das Programm in kleine, überschaubare und nach verschiedenen Funktionen geordnete Programmbausteine. In einem übergeordneten Baustein, dem Organisationsbaustein, wird die Reihenfolge der Bearbeitung festgelegt. Auch hier erfolgt die Programmbearbeitung in der Regel zyklisch. Sie kann jedoch auch zeit- oder alarmgesteuert sein.

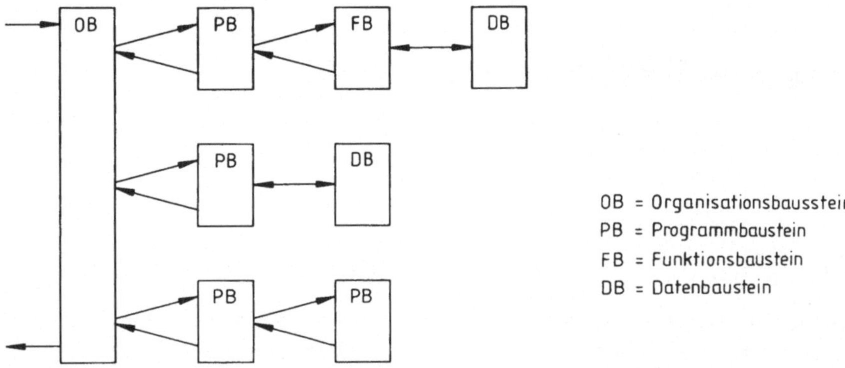

2.4.4 Programmspeicher

Mit Hilfe eines Programmiergerätes wird das Steuerungsprogramm in den Programmspeicher des Automatisierungsgerätes geschrieben. Speicher sind Bauelemente oder Geräte, in denen man in adressierbaren Zellen Daten für spätere Wiederverwendung abspeichern kann. Als Programmspeicher werden überwiegend Halbleiterspeicher eingesetzt. Sie bestehen aus $512 = 2^9$ oder $1024 = 2^{10}$ oder $2048 = 2^{11}$ usw. Speicherzellen, welchen die Adressen 0–511 bzw. 0–1023 bzw. 0–2047 usw. zugeordnet sind.

Es ist üblich, die Kapazität eines Programmspeichers als das Vielfache von 1 k (1 k steht für 1024 Speicherzellen) anzugeben. Jede Speicherzelle hat je nach Steuerungstyp einen Umfang von mehreren Binärstellen. Bei SIEMENS-SIMATIC-S5 sind dies z. B. 16 Binärelemente. Das heißt, ein Speicher für 1 k Speicherzellen besteht demnach aus $1024 * 16 = 16384$ Binärelementen. Jedes dieser Binärelemente kann dabei den Signalzustand „0“ oder „1“ annehmen.

Arten von Programmspeicher

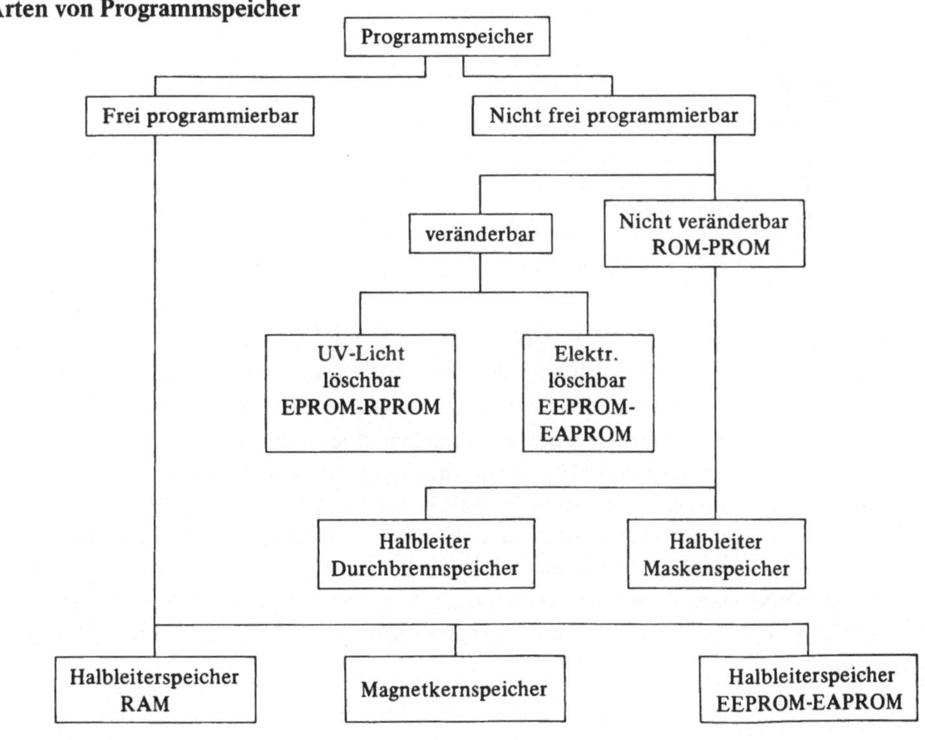

3 Logische Verknüpfungen

Werden Signale funktional miteinander verbunden, so spricht man von *Verknüpfungen*. Alle auch noch so komplizierte Verknüpfungen lassen sich aus der Negation „NICHT" und zwei Grundverknüpfungen „UND", „ODER" zusammensetzen. Diese logischen Elemente sind den Menschen aus dem Alltag als Funktionen ihres Handels bekannt.

3.1 Negation und logische Grundverknüpfungen

3.1.1 Die Negation (NICHT)

Das Ausgangssignal der Negation hat dann den Wert „1", wenn das Eingangssignal den Wert „0" hat und umgekehrt.

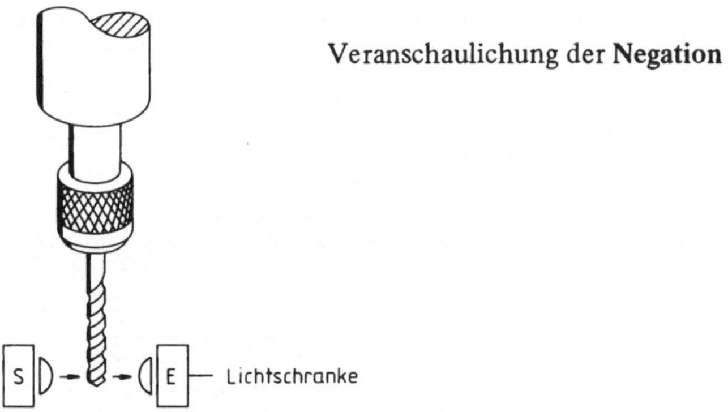

Veranschaulichung der **Negation**

Eine Bohrer-Bruchkontrolle wird mit einer Lichtschranke durchgeführt. Ist der Bohrer nicht abgebrochen, so wird der Lichtstrahl unterbrochen und ein Freigabesignal für den Bohrvorgang erteilt. Im umgekehrten Fall wird das Freigabesignal unterdrückt.

Der Zusammenhang zwischen der Eingangsvariablen „Lichtschranke" und der Ausgangsvariablen „Freigabe" ist hier verbal beschrieben. *Verbale Beschreibungen* von Steuerungsaufgaben haben sich in der Praxis nicht bewährt. Solche Beschreibungen sind oft unübersichtlich, umfangreich, aufwendig und unter Umständen mißverständlich. Um den Steuerungszusammenhang besser beschreiben zu können, führt man zunächst eine mnemotechnische Bezeichnung oder *Betriebsmittelkennzeichnung* der Eingangs- und Ausgangsgrößen durch. Die Zuordnung der Größen zu dem zugehörigen Signalzustand wird in eine Tabelle eingetragen.

Zuordnungstabelle

Eingangsvariable	Betriebsmittel Kennzeichen	logische Zuordnung
Lichtschranke	E	Lichtschranke unterbrochen E = 0 Lichtschranke nicht unterbrochen E = 1
Ausgangsvariable		
Freigabe	A	Freigabe Nein A = 0 Freigabe Ja A = 1

Mit einer *FUNKTIONSTABELLE* (Wahrheitstabelle) kann nun der Zusammenhang zwischen Eingangsvariablen und Ausgangsvariablen sehr übersichtlich dargestellt werden:

E	A
0	1
1	0

Die Eingangsvariablen werden in der Funktionstabelle mit dem Großbuchstaben E, die Ausgangsvariablen mit dem Großbuchstaben A mit entsprechender Numerierung, falls erforderlich, bezeichnet. In den Eingangsspalten der Funktionstabelle werden alle möglichen Kombinationen der Eingangswerte eingetragen. Bei n Eingangsvariablen sind dies 2^n Kombinationen. Zu jeder Eingangskombination wird dann in der Spalte der Ausgangsvariablen der entsprechende Ausgangswert eingetragen.

Andere wichtige Beschreibungsmittel für Verknüpfungen sind der

Funktionsplan und der **Schaltalgebraische Ausdruck**

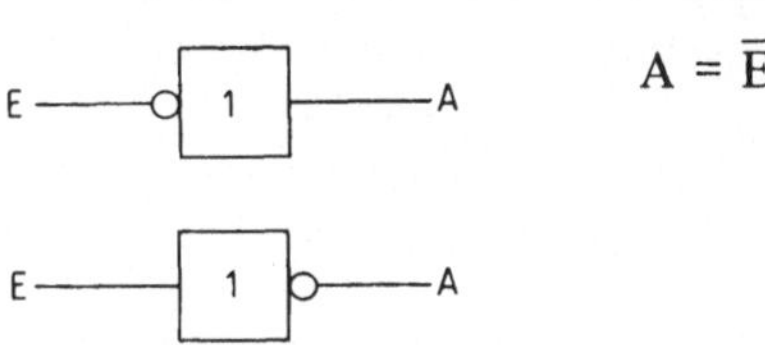

$A = \overline{E}$

Wird die Negation mit einer SPS realisiert, so kann die Programmeingabe mit dem Funktionsplan oder der Anweisungsliste AWL erfolgen.

Realisierung mit SPS:

Zuordnung: E = E 1.0 A = A 1.0

AWL:

```
UN E 1.0
=  A 1.0
```

Die NICHT-Verknüpfung stellt also einfach die Umkehrung des Signalwertes dar. Häufig wird die Umkehrung des Signalwertes bei der Abfrage von binären Eingangsvariablen benötigt.

Vor der Programmerstellung muß bekannt sein, ob der verwendete Geber ein *„Öffner"* oder ein *„Schließer"* ist. Diese Begriffe kommen von der Stromlaufplantechnik und bedeuten:

„Schließer"	betätigt ⇒ Signalzustand „1" am AG nicht betätigt ⇒ Signalzustand „0" am AG
„Öffner"	betätigt ⇒ Signalzustand „0" am AG nicht betätigt ⇒ Signalzustand „1" am AG

AG = Automatisierungsgerät (SPS)

Um auch den häufig auftretenden elektronischen Gebern gerecht zu werden, wird im folgenden auf die Begriffe „Öffner" und „Schließer" bei Gebern verzichtet und der Signalgeber dahingehend untersucht, ob er bei Betätigung oder Aktivierung den Signalzustand „0" oder „1" liefert.

▼ **Beispiel 3.1: Verkaufsraumüberwachung**

Kommen Kunden in den Verkaufsraum eines Geschäftes, so soll dies im Büro mit einer Meldeleuchte angezeigt werden. Hierzu wird an die Eingangstür ein kapazitiver Näherungsschalter installiert. Ist die Tür zum Verkaufsraum geschlossen, so liefert der Geber den Signalwert „1".

Gesucht: Zuordnung, Funktionstabelle, Funktionsplan, schaltalgebraischer Ausdruck und AWL.

Zuordnungstabelle

Eingangsvariable	Betriebsmittel-Kennzeichen	logische Zuordnung
Kapazitiver Sensor	E	Tür geschlossen E = 1
Ausgangsvariable		
Meldeleuchte	A	leuchtet A = 1

Funktionstabelle

E	A
0	1
1	0

Funktionsplan:

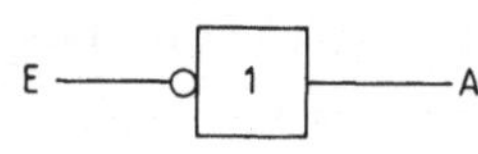

Schaltalgebraischer Ausdruck:

$A = \overline{E}$

Realisierung mit SPS:

Zuordnung: E = E 1.0 A = A 1.0

AWL:

```
UN E 1.0
=  A 1.0
```

▲

- **Übung 3.1: Überwachung eines chemischen Prozesses**

Die Temperatur eines chemischen Prozesses wird mit einem Bimetallthermometer überwacht. Sinkt die Temperatur unter einen bestimmten Wert, so meldet dies der Signalgeber mit dem Signalwert „0" und eine Alarmhupe wird betätigt.

Gesucht: Zuordnung, Funktionstabelle, Funktionsplan, schaltalgebraischer Ausdruck und AWL.

3.1.2 Die UND-Verknüpfung

> Das Ausgangssignal einer UND-Verknüpfung hat nur dann den Wert „1", wenn alle Eingangssignale den Signalwert „1" haben.

Veranschaulichung der **UND-Verknüpfung**:

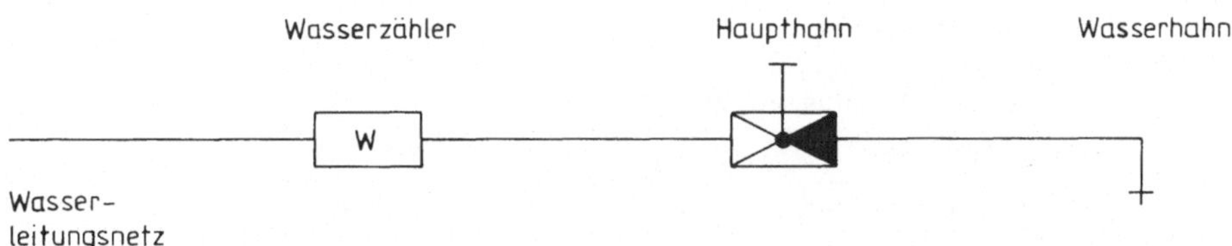

Es fließt nur dann Wasser aus dem Leitungsnetz, wenn der Haupthahn aufgedreht und der Wasserhahn geöffnet ist.

Die „UND-Verknüpfung" kann ebenfalls mit den anderen Darstellungsarten beschrieben werden. Dazu ist es wieder erforderlich, eine Zuordnungstabelle zu erstellen.

Eingangsvariable	Betriebsmittel Kennzeichen	logische Zuordnung
Haupthahn	E1	geschlossen E1 = 0
Wasserhahn	E2	geschlossen E2 = 0
Ausgangsvariable		
Wasser	A	fließt A = 1

Der Zusammenhang zwischen den Eingangsvariablen und der Ausgangsvariablen kann mit der Funktionstabelle, dem Funktionsplan und dem schaltalgebraischen Ausdruck dargestellt werden.

Funktionstabelle:

E2	E1	A
0	0	0
0	1	0
1	0	0
1	1	1

Funktionsplan:

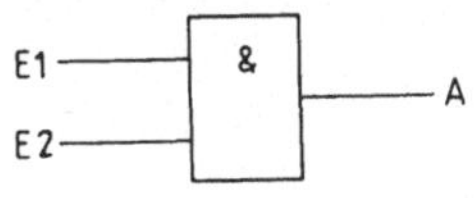

Schaltalgebraischer Ausdruck:

$A = E1 \wedge E2$
$A = E1 \& E2$
$A = E1E2$

} gleichwertige Schreibweisen

Realisierung mit SPS:

Zuordnung: E1 = E 1.1 A = A 1.0
E2 = E 1.2

AWL:

U	E 1.1
U	E 1.2
=	A 1.0

▼ **Beispiel 3.2: Mitschreibbeleuchtung**

Die Mitschreibbeleuchtung in einem Demonstrationsraum darf nur leuchten, wenn das Hauptlicht ausgeschaltet, der Raum verdunkelt und der entsprechende Schalter betätigt ist.

Zuordnungstabelle:

Eingangsvariable	Betriebsmittel Kennzeichen	logische Zuordnung
Hauptlichtschalter	E1	Aus E1 = 0
Raumverdunkelungsschalter	E2	Aus E2 = 0
Mitschreibbeleuchtungsschalter	E3	Aus E3 = 0
Ausgangsvariable		
Mitschreibbeleuchtung	A	Ein A = 1

Funktionstabelle:

E3	E2	E1	A
0	0	0	0
0	0	1	0
0	1	0	0
0	1	1	0
1	0	0	0
1	0	1	0
1	1	0	1
1	1	1	0

Funktionsplan:

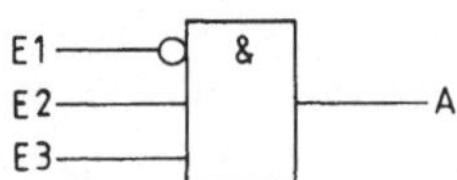

Schaltalgebraischer Ausdruck:

$A = \overline{E1}\,E2\,E3$

Realisierung mit SPS:

Zuordnung: E1 = E 0.1 A = A 0.0
E2 = E 0.2
E3 = E 0.3

AWL:

UN	E 0.1
U	E 0.2
U	E 0.3
=	A 0.0

- **Übung 3.2: Spritzgußmaschine**

Bei einer Spritzgußmaschine fährt der Stempel nur dann ab, wenn die Form geschlossen, der Formdruck aufgebaut, das Schutzgitter unten und die Preßtemperatur erreicht ist.

Sensoren:

Form geschlossen:	induktiver Näherungsschalter, „1"-Signal, wenn die Form geschlossen
Formdruck:	Dehnungsmeßstreifen, „0"-Signal, wenn der Formdruck aufgebaut
Schutzgitter:	Endschalter, „1"-Signal, wenn Schutzgitter unten
Preßtemperatur:	Thermoelement, „0"-Signal, wenn die Temperatur erreicht
Stellglied:	5/2-Wege-Magnetventil mit Federrückstellung. Bei „1"-Signal fährt der Stempel ab.

Gesucht: Zuordnung, Funktionstabelle, Funktionsplan, schaltalgebraischer Ausdruck und AWL

3.1.3 Die ODER-Verknüpfung

> Das Ausgangssignal einer ODER-Verknüpfung hat den Wert „1", wenn mindestens ein Eingangssignal den Wert „1" hat.

Veranschaulichung der **ODER-Verknüpfung**:

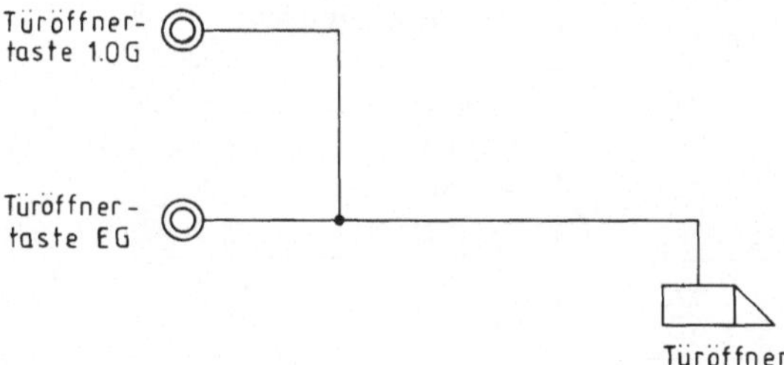

Der Türöffner eines Zweifamilienhauses kann vom Erdgeschoß oder vom 1. Obergeschoß aus betätigt werden.
Auch die ODER-Verknüpfung läßt sich durch die anderen Darstellungsarten beschreiben.

Zuordnungstabelle:

Eingangsvariable	Betriebsmittel Kennzeichen	logische Zuordnung
Türöffnertaster EG	E1	Taster betätigt E1 = 1
Türöffnertaster 1. OG	E2	Taster betätigt E2 = 1
Ausgangsvariable		
Türöffner (Elektromagnet)	A	Elektromagnet angezogen A = 1

Mit der Funktionstabelle, dem Funktionsplan und dem schaltalgebraischen Ausdruck kann wieder der Zusammenhang von Eingangs- und Ausgangsvariablen für die ODER-Verknüpfung beschrieben werden.

Funktionstabelle:

E2	E1	A
0	0	0
0	1	1
1	0	1
1	1	1

Funktionsplan:

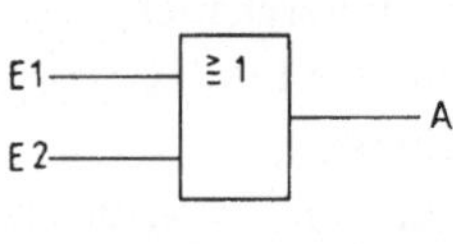

Schaltalgebraischer Ausdruck:

$A = E1 \vee E2$

Realisierung mit SPS:

Zuordnung: E1 = E 0.1 A = A 0.0
E2 = E 0.2

AWL:

```
0 E 0.1
0 E 0.2
= A 0.0
```

▼ **Beispiel 3.3: Wasserturbine-Schutzüberwachung**

Die Wasserzufuhr zu einer Turbine wird gesperrt, wenn eine bestimmte Drehzahl überschritten oder die Lagertemperatur zu hoch oder der Kühlkreislauf nicht mehr in Betrieb ist. Wird die Wasserzufuhr gesperrt, wird gleichzeitig eine Warnleuchte angeschaltet.

Zuordnungstabelle:

Eingangsvariable	Betriebsmittel Kennzeichen	logische Zuordnung	
Drehzahlüberwachung	E1	Drehzahl zu hoch	E1 = 1
Lagertemperatur	E2	zu groß	E2 = 1
Kühlkreislauf	E3	in Betrieb	E3 = 1
Ausgangsvariable			
Wasserzufuhr	A1	gesperrt	A1 = 1
Meldeleuchte	A2	EIN	A2 = 1

Funktionstabelle:

E3	E2	E1	A1	A2
0	0	0	1	1
0	0	1	1	1
0	1	0	1	1
0	1	1	1	1
1	0	0	0	0
1	0	1	1	1
1	1	0	1	1
1	1	1	1	1

Funktionsplan:

Schaltalgebraischer Ausdruck:

$A1 = A2 = E1 \vee E2 \vee \overline{E3}$

Mit dem Ergebnis einer Verknüpfung können mehrere Ausgänge angesteuert werden. Die verschiedenen Ausgänge werden nacheinander programmiert.

Realisierung mit SPS:

Zuordnung: E1 = E 0.1 A1 = A 0.0
E2 = E 0.2 A2 = A 0.1
E3 = E 0.3

AWL:

```
0   E 0.1
0   E 0.2
0 N E 0.3
=   A 0.0
=   A 0.1
```

▲

● **Übung 3.3: Reaktionsgefäß**

In einem Reaktionsgefäß muß ein Sicherheitsventil geöffnet werden, wenn der Druck zu groß oder die Temperatur zu hoch oder das Einlaßventil geöffnet oder eine bestimmte Konzentration der chemischen Reaktion erreicht ist.

Sensoren: Druckmesser,
„0“ Signal, wenn Druck zu groß
Thermoelement,
„0“ Signal, wenn Temperatur zu groß
Einlaßventil,
„1“ Signal, wenn Ventil offen
Konzentration,
„1“ Signal, wenn Konzentration erreicht.

Gesucht: Zuordnung, Funktionstabelle, Funktionsplan, schaltalgebraischer Ausdruck und AWL.

3.2 Zusammenstellung der Beschreibungsmittel und Darstellungsarten

Bisher wurden die Negation und die Grundverknüpfungen unabhängig von einer späteren Realisierung beschrieben. Je nachdem wie man diese Elemente mit einer speziellen Technik umsetzt, gibt es hierfür bestimmte Darstellungsarten.

3.2.1 Von der Realisierung unabhängig

Verbal

Hier wird sprachlich der Zusammenhang zwischen Eingangs- und Ausgangsgrößen angegeben.

„NICHT“ | „UND“ | „ODER“

Funktionstabelle

In der Funktionstabelle werden für die Eingangs- und Ausgangsvariablen je eine Spalte zur Verfügung gestellt und alle mögliche Kombinationen der Eingangswerte in die Zeilen eingetragen. Nach der Verknüpfungsbedingung ergeben sich dann die zugehörigen Ausgangswerte.

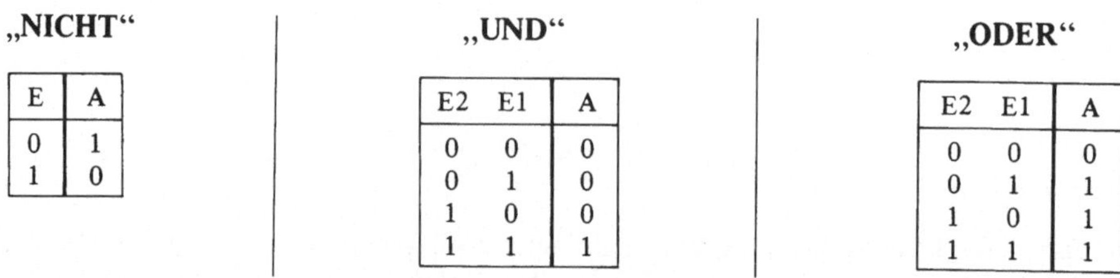

„NICHT“

E	A
0	1
1	0

„UND“

E2	E1	A
0	0	0
0	1	0
1	0	0
1	1	1

„ODER“

E2	E1	A
0	0	0
0	1	1
1	0	1
1	1	1

Funktionsplan

Der Funktionsplan gibt die Negation und die Grundverknüpfungen durch grafische Symbole an. Darüber hinaus lassen sich mit dem Funktionsplan auch andere Grundfunktionen mit Symbolen darstellen. Die Symbole sind in Normen beschrieben. Durch das Symbol ist der Funktionsinhalt bestimmt.

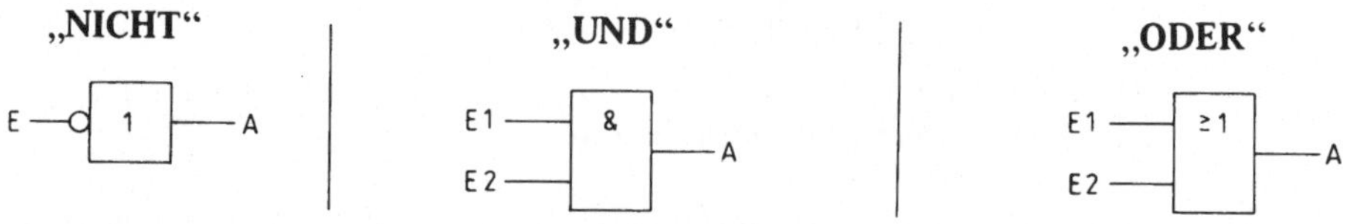

Schaltalgebraischer Ausdruck

Binäre Verknüpfungen können mittels der Schaltalgebra auch mathematisch beschrieben werden. Hierbei werden die Funktionen in einer schaltalgebraischen Gleichung formuliert. Die logischen Grundfunktionen sind durch Operationszeichen gekennzeichnet.

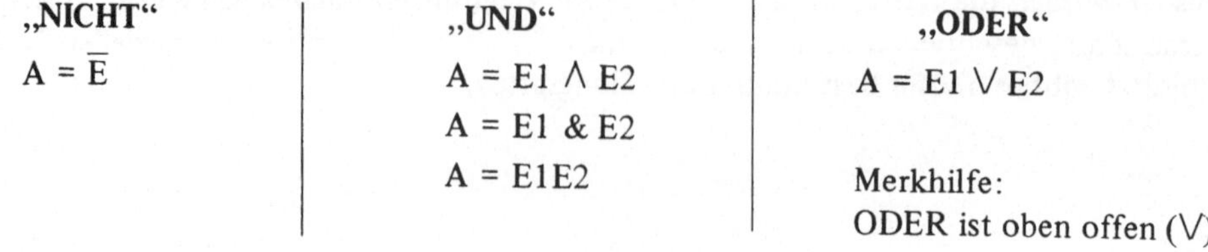

„NICHT“

$A = \overline{E}$

„UND“

$A = E1 \wedge E2$

$A = E1 \,\&\, E2$

$A = E1E2$

„ODER“

$A = E1 \vee E2$

Merkhilfe:
ODER ist oben offen (∨)

Funktionsdiagramm oder Zeitdiagramm

Diese Darstellungsart wird zur Beschreibung der Negation und der Grundverknüpfungen weniger verwendet, eignet sich aber gut, um Zeit- und Speicherfunktionen zu beschreiben. Im Funktionsdiagramm werden die Werte der Eingangs- und Ausgangsvariablen grafisch über der Zeit dargestellt.

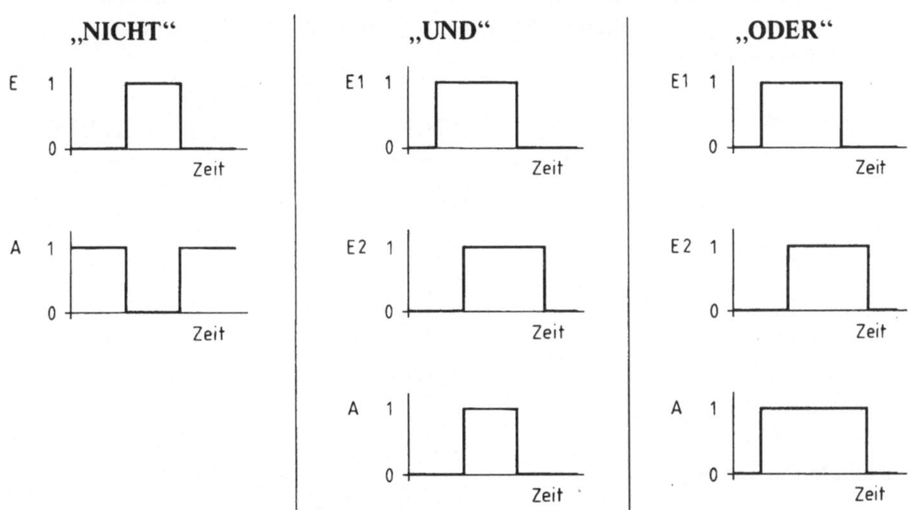

Gebietsdarstellung oder Diagramm

Die verschiedenen Eingangskombinationen werden durch quadratische Flächen dargestellt.

E2	E1	A
0	0	
0	1	
1	0	
1	1	

	E1	
	00	01
E2	10	11

	E1	
	00	01
E2	02	03

In diese Flächen wird der zur jeweiligen Eingangskombination gehörende Ausgangssignalwert eingetragen.

„NICHT"

E	
1	0

„UND"

	E1	
	0	0
E2	0	1

„ODER"

	E1	
	0	1
E2	1	1

3.2.2 Von der Realisierung abhängig

Realisiert man die Negation und die Grundverknüpfungen, so ergeben sich je nach verwendeter Technik folgende Darstellungsarten:

Stromlaufplan

Der Stromlaufplan war bisher in der Elektrotechnik die gebräuchlichste Darstellungsart, bei der Realisierung von Steuerschaltungen mit „Öffnern" und „Schließern" von Schaltern oder Schützkontakten.

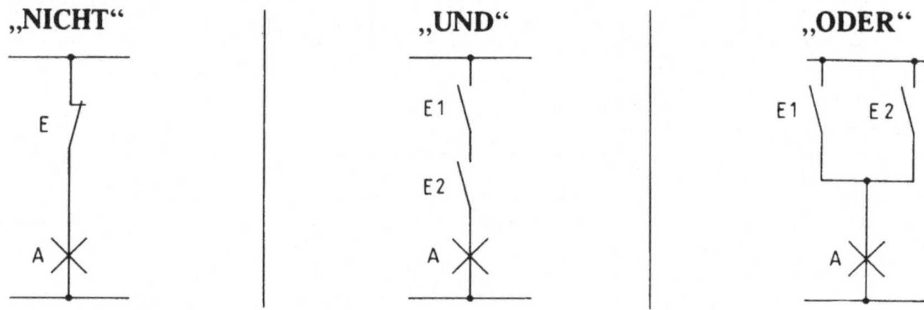

Pneumatische Schaltpläne

Bei pneumatischen Steuerschaltungen werden folgende Symbole verwendet.

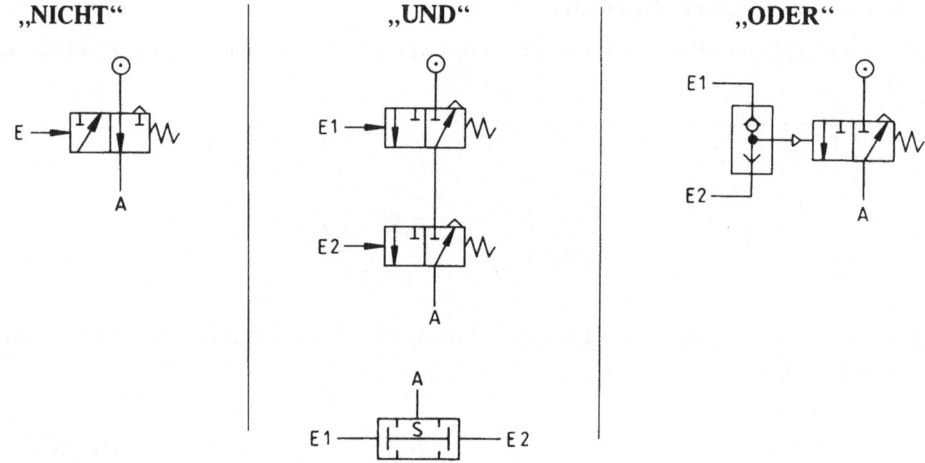

Elektronische Schaltungen

Realisiert man die Negation oder die Grundverknüpfungen mit elektronischen Bauelementen, z. B. Transistoren, so werden die Schaltungen folgendermaßen dargestellt:

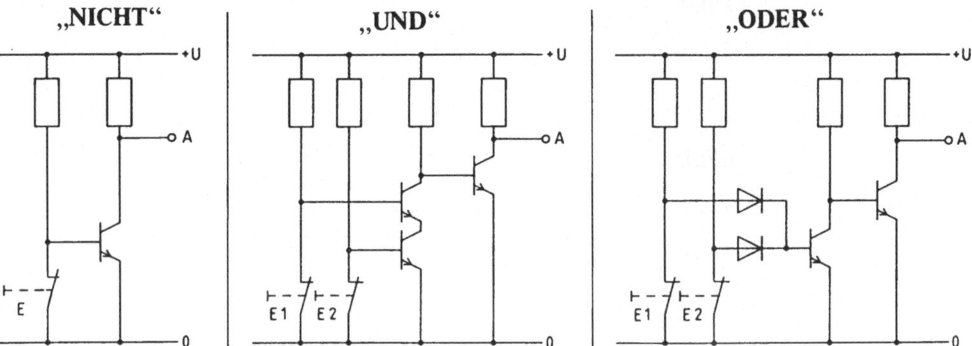

3.2.3 Beschreibungsmittel für SPS

Werden Steuerungsaufgaben mit SPS realisiert, so gibt es die Möglichkeit, das Steuerungsprogramm in den Darstellungsarten Anweisungsliste AWL, Funktionsplan FUP und Kontaktplan KOP zu schreiben. Mit welcher der Darstellungsarten man das Programm schreibt, hängt hauptsächlich von dem verwendeten Programmiergerät ab. In der DIN 19 239 sind die Bezeichnungen für die Ein- und Ausgangsvariablen sowie die Abkürzungen für die Operationen genormt.

Anweisungsliste AWL

In der Anweisungsliste wird die Steuerungsaufgabe mit einzelnen Steueranweisungen beschrieben. Der Aufbau einer solchen Steuerungsanweisung wurde bereits in Abschnitt 2.4.2 beschrieben. Für die Darstellung der Anweisungsliste kann als Vorlage sowohl der Funktionsplan, wie auch der schaltalgebraische Ausdruck dienen. Die AWL ist die umfassendste Darstellungsart für ein Automatisierungsprogramm. STEP 5 ist die von der Firma SIEMENS verwendete Version für die AWL.

STEP 5 Darstellung der Anweisungsliste

„NICHT“	„UND“	„ODER“
UN E 0.0	U E 0.0	0 E 0.0
= A 0.0	U E 0.1	0 E 0.1
	= A 0.0	= A 0.0

Funktionsplan FUP

Verwendet man zur Eingabe eines Programms den Funktionsplan, so werden die Symbole direkt über eine Tastatur eingegeben und miteinander verknüpft. Das Programmiergerät muß bei dieser Eingabe über einen Bildschirm verfügen.

„NICHT“

```
              -----
E  0.0    --O! & !-- A  0.0
              -----
```

„UND“

```
              -----
E  0.0    ---! & !
E  0.1    ---!   !-- A  0.0
              -----
```

„ODER“

```
              -----
E  0.0    ---!>=1!
E  0.1    ---!   !-- A  0.0
              -----
```

Originalausdrucke des Funktionsplans FUP. Kontaktplan KOP siehe unten.

Kontaktplan KOP

Die Darstellung eines Steuerungsprogramms mit dem Kontaktplan hat viel Ähnlichkeit mit dem herkömmlichen Stromlaufplan einer Schützsteuerung. Mit Rücksicht auf die Anzeige mit einem Bildschirm sind jedoch die einzelnen Strompfade nicht senkrecht, sondern waagrecht angeordnet.

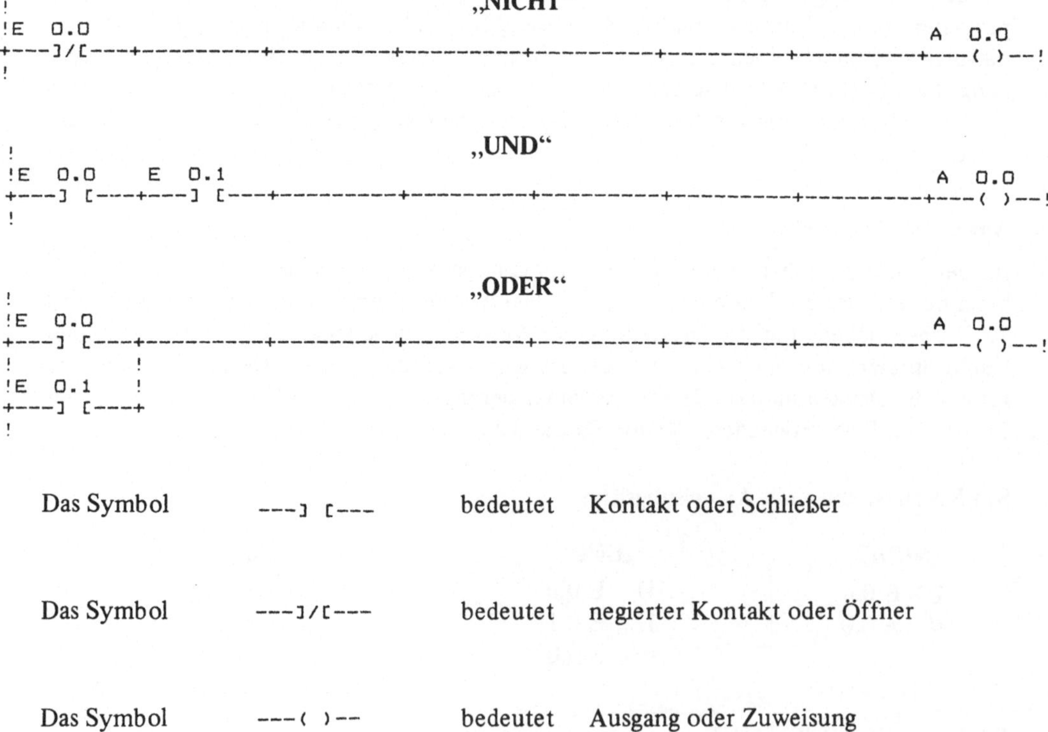

Das Symbol ---] [--- bedeutet Kontakt oder Schließer

Das Symbol ---]/[--- bedeutet negierter Kontakt oder Öffner

Das Symbol ---( )-- bedeutet Ausgang oder Zuweisung

Jede der drei Darstellungsarten AWL, FUP und KOP beinhaltet spezielle Eigenschaften und bestimmte Grenzen. Enthält ein Steuerungsprogramm Grundfunktionen wie Speicher, Zähler, Zeiten usw., so ist die Darstellung im KOP nicht mehr sinnvoll.

Automatisierungsprogramme, die in Funktionsplan oder Kontaktplan geschrieben sind, lassen sich grundsätzlich immer in eine Anweisungsliste übersetzen. Im Programmspeicher der Automatisierungsgeräte ist das Programm immer in der Anweisungsliste AWL (allerdings in Maschinensprache) abgelegt. Andere Darstellungsformen werden in den Programmiergeräten übersetzt.

3.3 Zusammengesetzte logische Grundverknüpfungen

In Steuerungsprogrammen kommen nicht nur die reinen Elemente „NICHT", „UND" und „ODER" vor. In vielen Fällen setzt sich eine Verknüpfung aus mehreren Elementen zusammen. Bei solchen zusammengesetzten Funktionen treten immer wieder die beiden Grundstrukturen „UND-vor-ODER" und „ODER-vor-UND" auf.

3.3.1 UND-vor-ODER-Verknüpfung

Bei dieser Grundstruktur führen die Ausgänge von UND-Verknüpfungen auf eine ODER-Verknüpfung. Eine andere Bezeichnung für diese Verknüpfungsstruktur ist:

DISJUNKTIVE FORM.

▼ **Beispiel 3.4: UND-vor-ODER**

Funktionsplan:

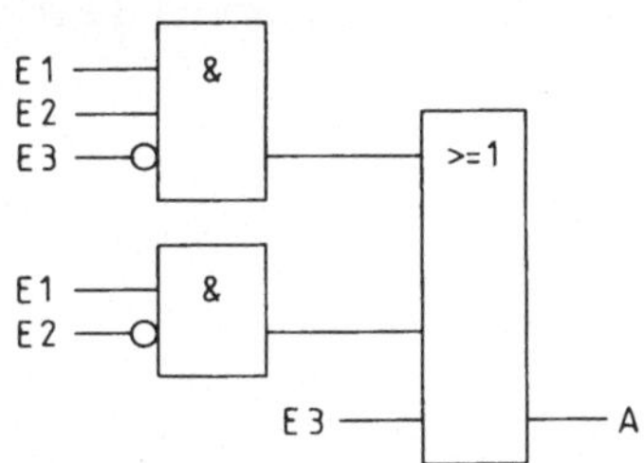

Die Verknüpfungsergebnisse der UND-Verknüpfungen werden zusammen mit dem Eingang E3 ODER-verknüpft. Wenn eine der UND-Verknüpfungen erfüllt ist oder wenn der Eingang E3 Signalzustand „1" führt, erscheint am Ausgang A Signalzustand „1".

Mit einer Funktionstabelle wird der Zusammenhang zwischen Eingangs- und Ausgangsvariablen deutlich.

Funktionstabelle:

E3	E2	E1	$E1E2\overline{E3}$	$E1\overline{E2}$	E3	A
0	0	0	0	0	0	0
0	0	1	0	1	0	1
0	1	0	0	0	0	0
0	1	1	1	0	0	1
1	0	0	0	0	1	1
1	0	1	0	1	1	1
1	1	0	0	0	1	1
1	1	1	0	0	1	1

Schaltalgebraischer Ausdruck:

Diese aus UND- und ODER-Verknüpfungen zusammengesetzte Funktion läßt sich nach den Regeln der Boolschen Algebra ohne Klammern schreiben:

$$A = E1E2\overline{E3} \vee E1\overline{E2} \vee E3$$

Man definiert, daß zuerst die UND-Verknüpfungen bearbeitet werden. Danach werden die Verknüpfungsergebnisse der UND-Verknüpfungen ODER verknüpft.

Die Anweisungsliste nach STEP 5 entspricht dieser Schreibweise.

Realisierung mit SPS:

Zuordnung: E1 = E 0.1
E2 = E 0.2
E3 = E 0.3

A = A 0.0

AWL:

```
:U   E 0.1
:U   E 0.2
:UN  E 0.3
:O
:U   E 0.1
:UN  E 0.2
:O   E 0.3
:=   A 0.0
:BE
```

▲

● **Übung 3.4: UND-vor-ODER**

Bestimmen Sie zu der im folgenden Funktionsplan gegebenen UND-vor-ODER Verknüpfung die zugehörige Funktionstabelle, den schaltalgebraischen Ausdruck und die AWL.

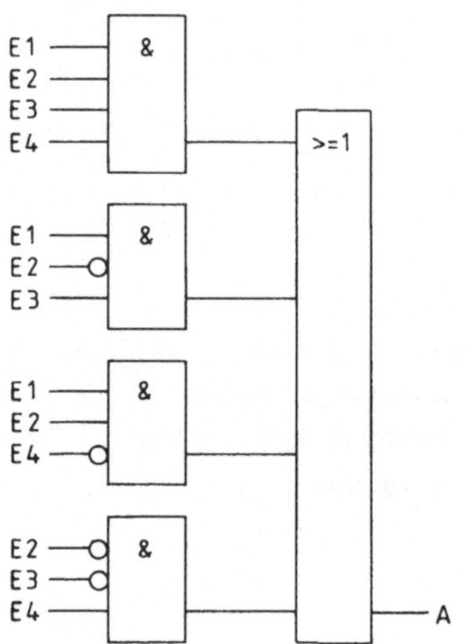

3.3.2 ODER-vor-UND-Verknüpfung

Bei dieser Grundstruktur führen die Ausgänge von ODER-Verknüpfungen auf eine UND-Verknüpfung. Eine andere Bezeichnung für diese Struktur ist:

KONJUNKTIVE FORM.

▼ **Beispiel 3.5: ODER-vor-UND**

Funktionsplan:

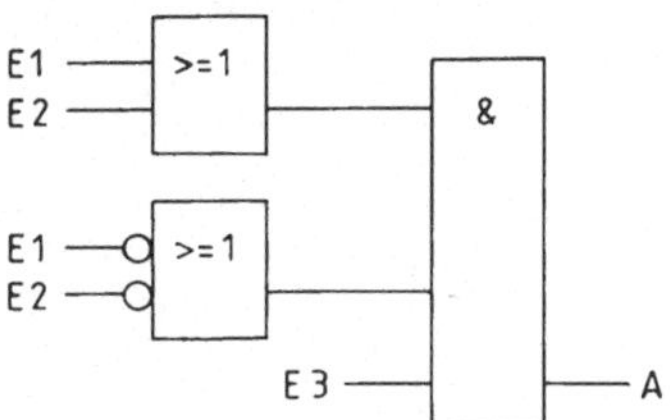

Die Verknüpfungsergebnisse der ODER-Verknüpfungen werden zusammen mit dem Eingang E3 UND-verknüpft. Wenn beide ODER-Verknüpfungen erfüllt sind und E3 den Signalzustand „1" führt, erscheint am Ausgang Signalzustand „1".

Mit einer Funktionstabelle wird der Zusammenhang zwischen Eingangs- und Ausgangsvariablen deutlich.

Funktionstabelle:

E3	E2	E1	$E1 \vee E2$	$\overline{E1} \vee \overline{E2}$	E3	A
0	0	0	0	1	0	0
0	0	1	1	1	0	0
0	1	0	1	1	0	0
0	1	1	1	0	0	0
1	0	0	0	1	1	0
1	0	1	1	1	1	1
1	1	0	1	1	1	1
1	1	1	1	0	1	0

Schaltalgebraischer Ausdruck:

Diese aus ODER- und UND-Verknüpfungen zusammengesetzte Funktion muß man in der Boolschen Algebra mit Klammern schreiben, um festzulegen, daß die ODER-Verknüpfungen vor der UND-Verknüpfung bearbeitet werden:

$$A = (E1 \vee E2) \,\&\, (\overline{E1} \vee \overline{E2}) \,\&\, E3$$

Auch in der Anweisungsliste nach STEP 5 werden die ODER-Verknüpfungen bei dieser Struktur in Klammern gesetzt.

Realisierung mit SPS:

Zuordnung: E1 = E 0.1 A = A 0.0
E2 = E 0.2
E3 = E 0.3

AWL:

```
:U(
:O    E 0.1
:O    E 0.2
:)
:U(
:ON   E 0.1
:ON   E 0.2
:)
:U    E 0.3
:=    A 0.0
:BE
```

▲

- **Übung 3.5: ODER-vor-UND**

Bestimmen Sie zu der im folgenden Funktionsplan gegebenen ODER-vor-UND Verknüpfung die zugehörige Funktionstabelle, den schaltalgebraischen Ausdruck und die AWL.

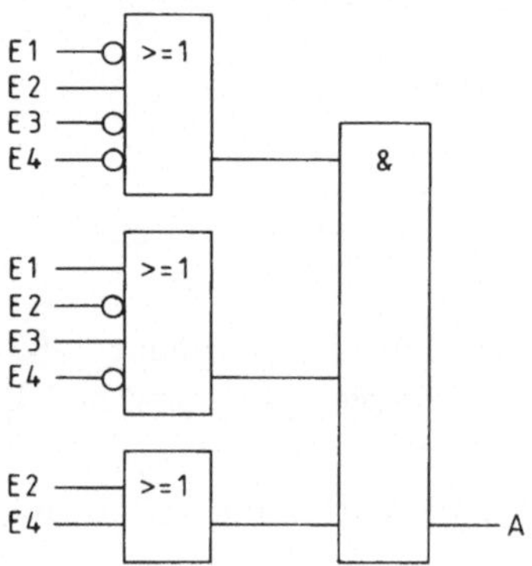

3.4 Merker

Treten bei einem Entwurf eines Steuerungsprogramms Verknüpfungsstrukturen auf, die über die disjunktive oder konjunktive Form hinaus gehen, so können solche umfangreiche Schaltungen mit einigen Automatisierungsgeräten durch Einführen mehrerer Klammerebenen direkt programmiert werden.

▼ **Beispiel 3.6: 2-Klammerebenen**

Funktionsplan:

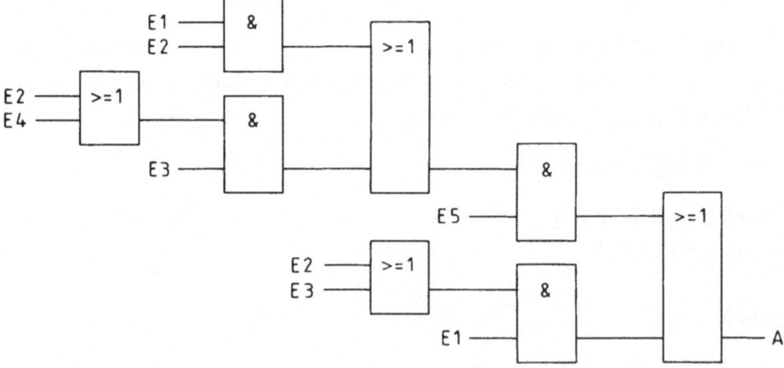

Schaltalgebraischer Ausdruck:

Der zugehörige schaltalgebraische Ausdruck hat zwei Klammerebenen.

$$A = (E1 \& E2 \vee (E2 \vee E4) \& E3) \& E5 \vee (E2 \vee E3) \& E1$$

Die Anweisungsliste zu diesem Ausdruck müßte folgendermaßen geschrieben werden.

Realisierung mit SPS:

Zuordnung: E1 = E 0.1 A = A 0.0
E2 = E 0.2
E3 = E 0.3
E4 = E 0.4
E5 = E 0.5

AWL:

```
:U(
:U    E 0.1
:U    E 0.2
:O
:U(
:O    E 0.2
:O    E 0.4
:)
:U    E 0.3
:)
:U    E 0.5
:O
:U(
:O    E 0.2
:O    E 0.3
:)
:U    E 0.1
:=    A 0.0
:BE
```

▲

Solche umfangreiche logische Verknüpfungen sind für die Überprüfung des Signalzustandes bei der Fehlersuche wenig geeignet. Ein übersichtlicheres und einfacher zu programmierendes Steuerungsprogramm erhält man durch Bildung von Zwischenergebnissen, welche dann weiterverknüpft werden. Zwischenergebnisse werden mit *MERKER* gebildet. Einem Merker wird ähnlich wie einem Ausgang ein logischer Signalzustand zugewiesen. Dieser Signalzustand tritt jedoch nur im Automatisierungsgerät intern auf. Zu den Operanden EINGÄNGE und AUSGÄNGE kommt also nun noch der Operand Merker hinzu, dessen Operandenkennzeichen M ist.

▼ **Beispiel 3.7: Merker ersetzen Klammern**

Im vorangegangenem Beispiel ist die Bildung von Zwischenergebnissen durch die Einführung folgender Merkern sinnvoll:

Funktionsplan:

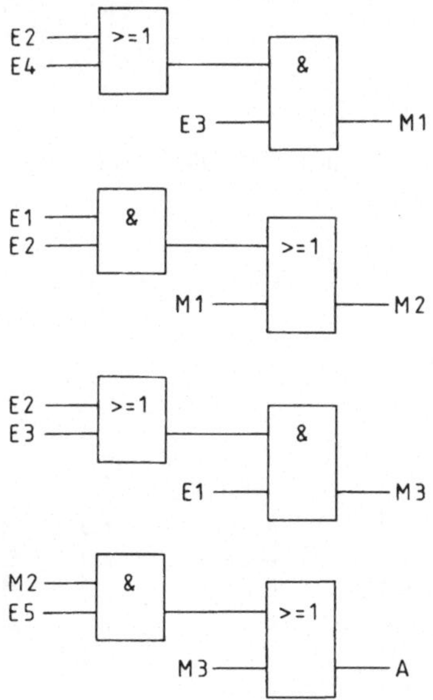

Mit einer Funktionstabelle kann nun der Signalzustand des Ausganges in Abhängigkeit von den Signalzuständen der Eingangsvariablen leicht festgestellt werden.

Funktionstabelle:

E5	E4	E3	E2	E1	M1	M2	M3	A
0	0	0	0	0	0	0	0	0
0	0	0	0	1	0	0	0	0
0	0	0	1	0	0	0	0	0
0	0	0	1	1	0	1	1	1
0	0	1	0	0	0	0	0	0
0	0	1	0	1	0	0	1	1
0	0	1	1	0	1	1	0	0
0	0	1	1	1	1	1	1	1
0	1	0	0	0	0	0	0	0
0	1	0	0	1	0	0	0	0
0	1	0	1	0	0	0	0	0
0	1	0	1	1	0	1	1	1
0	1	1	0	0	1	1	0	0
0	1	1	0	1	1	1	1	1
0	1	1	1	0	1	1	0	0
0	1	1	1	1	1	1	1	1
1	0	0	0	0	0	0	0	0
1	0	0	0	1	0	0	0	0
1	0	0	1	0	0	0	0	0
1	0	0	1	1	0	1	1	1
1	0	1	0	0	0	0	0	0
1	0	1	0	1	0	0	1	1
1	0	1	1	0	1	1	0	1
1	0	1	1	1	1	1	1	1
1	1	0	0	0	0	0	0	0
1	1	0	0	1	0	0	0	0
1	1	0	1	0	0	0	0	0
1	1	0	1	1	0	1	1	1
1	1	1	0	0	1	1	0	1
1	1	1	0	1	1	1	1	1
1	1	1	1	0	1	1	0	1
1	1	1	1	1	1	1	1	1

In der Anweisungsliste wird dieses Steuerungsprogramm dann wie folgt geschrieben:

Realisierung mit SPS:

Zuordnung: E1 = E 0.1 M1 = M 0.1 A = A 0.0
E2 = E 0.2 M2 = M 0.2
E3 = E 0.3 M3 = M 0.3
E4 = E 0.4
E5 = E 0.5

AWL:

```
:U(
:O    E 0.2
:O    E 0.4
:)
:U    E 0.3
:=    M 0.1

:U    E 0.1
:U    E 0.2
:O    M 0.1
:=    M 0.2

:U(
:O    E 0.2
:O    E 0.3
:)
:U    E 0.1
:=    M 0.3

:U    M 0.2
:U    E 0.5
:O    M 0.3
:=    A 0.0
:BE
```

▲

Wird das Automatisierungsgerät in den STOP-Zustand versetzt, oder tritt ein Stromausfall ein verliert ein Teil der Merker den Signalzustand. Das heißt bei Neustart des Automatisierungsgerätes haben diese Merker zu Beginn wieder den Signalzustand „0". Andere Merker, die vom Hersteller als *remanente Merker* oder *Haftmerker* bezeichnet werden, verlieren den Signalzustand beim Abschalten des Automatisierungsgerätes nicht. Bei Spannungsausfall wird bei diesen Merkern der Signalzustand mit einer Pufferbatterie remanent gehalten.

Durch die Verwendung von remanenten Merkern kann der letzte Anlagen- oder Maschinenzustand vor Verlassen des „Betriebs"-Zustandes gespeichert werden. Bei Neustart kann die Anlage oder Maschine an der Stelle weiterarbeiten, wo sie zum Stillstand gekommen ist.

> Merker sind zur Aufnahme binärer Zwischenergebnisse vorgesehen; sie werden behandelt wie Ausgänge, jedoch ist ihr logischer Zustand nur geräte-intern.
> Man unterscheidet remanente und nichtremanente Merker.

- **Übung 3.6: Merker**

Zerlegen Sie die im Funktionsplan gegebene Verknüpfungsstruktur in die Grundstrukturen durch Einführen von Merkern. Bestimmen Sie dann die Funktionstabelle, den schaltalgebraischen Ausdruck und die AWL.

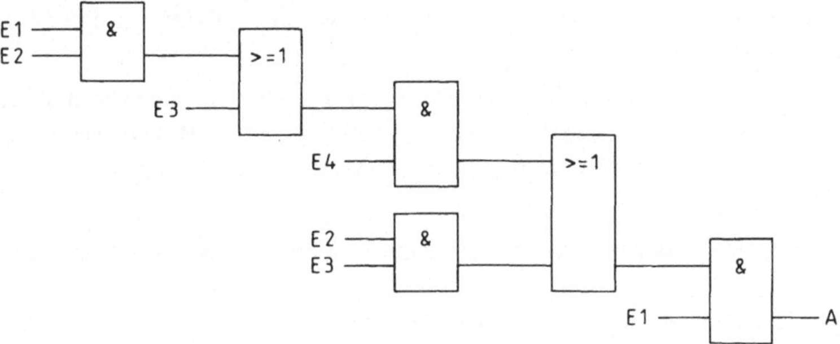

4 Verknüpfungssteuerungen ohne Speicherverhalten

Verknüpfungssteuerungen ohne Speicherverhalten beruhen auf der Anwendung und Kombination der logischen Grundverknüpfungen und werden auch „logische Zuordner“ oder *Schaltnetze* genannt.

4.1 Funktionstabelle

Ein Schaltnetz ist eine Verknüpfungsstruktur, bei der Signalzustände derart verknüpft werden, daß die Ausgangssignale zu jedem beliebigen Zeitpunkt allein von den Zuständen der Eingangssignale abhängen.

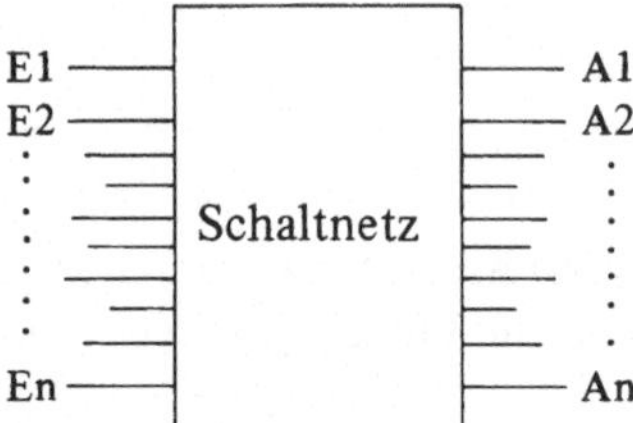

Der Zusammenhang zwischen Eingangs- und Ausgangssignalen kann mit einer Funktionstabelle vollständig beschrieben werden.

Da *Funktionstabellen* auch in den folgenden Kapiteln immer wieder vorkommen, empfiehlt es sich, beim Aufbau solcher Tabellen stets nach den gleichen Regeln vorzugehen. Die Einhaltung der folgenden drei Regeln bringt einige Vorteile beim Umgang mit Funktionstabellen mit sich.

1. Die Eingangsvariablen werden von rechts nach links mit steigender Numerierung eingetragen
2. Die Variable E1 wechselt nach jeder Zeile den Zustand
   Die Variable E2 wechselt nach jeder 2. Zeile den Zustand
   Die Variable E3 wechselt nach jeder 4. Zeile den Zustand
   Die Variable E4 wechselt nach jeder 8. Zeile den Zustand
   Die Variable En wechselt nach jeder 2^n Zeile den Zustand
3. Die Zeilen in der Funktionstabelle werden entsprechend der Eingangsbelegung oktal durchnumeriert. Die *Oktalindizierung* der Zeilen erhält man, indem von rechts beginnend stets drei Eingangswerte pro Zeile zusammengefaßt und die entsprechende Dualzahl für diese Werte aufgeschrieben werden. Die Eingangskombination

E6	E5	E4	E3	E2	E1
1	0	1	1	1	0
	5			6	

erhält demnach die Oktalnummer 56.

▼ Beispiel 4.1: Motorschaltung

Ein Motor soll von drei Schaltstellen aus über ein 24V-Leistungsschütz ein- und ausgeschaltet werden können. An den Schaltstellen werden einpolige Ausschalter verwendet.

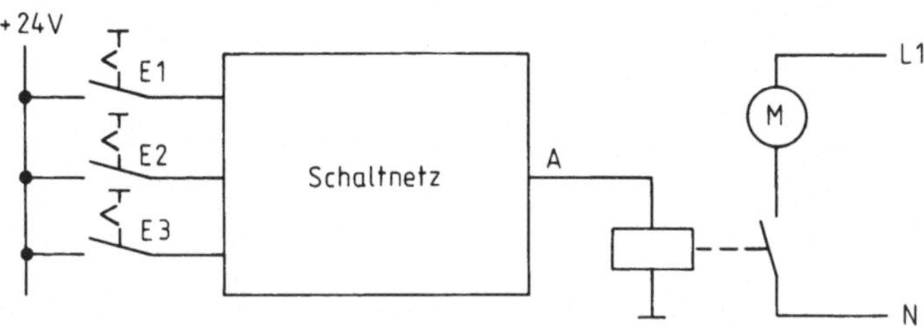

Zuordnungstabelle:

Eingangsvariable	Betriebsmittelkennzeichen	logische Zuordnung
Schalter 1	E1	Schalter offen E1 = 0
Schalter 2	E2	Schalter offen E2 = 0
Schalter 3	E3	Schalter offen E3 = 0
Ausgangsvariable		
Motor oder Leistungsschütz	A	Schütz angezogen A = 1

Der Signalzustand des Ausgangs A ist nur abhängig von den Schalterstellungen. Wurde z.B. mit dem 2. Schalter der Motor eingeschaltet, mit dem 1. Schalter der Motor wieder ausgeschaltet sowie der 3. Schalter nicht verändert, so hat der Ausgang den Signalwert „0".

Es lassen sich mit den Eingängen E1, E2 und E3 $2^3 = 8$ verschiedene Eingangskombinationen erzeugen. Bei der Funktionstabelle sind demnach 8 Zeilen vorzusehen.

Zur vollständigen Beschreibung des Schaltnetzes wird in die Funktionstabelle noch der Signalzustand des Ausganges bei den verschiedenen Eingangskombinationen eingetragen. Es wird festgelegt, daß bei nichtbetätigten Schaltern das Schütz nicht angezogen hat und der Motor demnach stillsteht. Deshalb wird in die Zeile 0 für die Ausgangsvariable der Signalzustand „0" eingetragen. Wird nun einer der drei Schalter betätigt, so soll das Schütz anziehen. Demnach ist in den Spalten 1, 2 und 4 eine „1" als Signalwert für den Ausgang einzutragen. Sind zwei Schalter betätigt worden, wie dies in den Zeilen 3, 5 und 6 geschehen ist, so steht der Motor wieder still. In der Spalte für den Ausgangssignalwert ist für diese Zeilen eine „0" als Signalwert einzutragen. Sind alle drei Schalter betätigt worden, so wurde ein-, aus- und wieder eingeschaltet. Die Zeile 7 erhält somit eine „1" als Ausgangssignalwert.

Funktionstabelle

Oktal Nr.	E3	E2	E1	A
00	0	0	0	0
01	0	0	1	1
02	0	1	0	1
03	0	1	1	0
04	1	0	0	1
05	1	0	1	0
06	1	1	0	0
07	1	1	1	1

▲

Mit dieser Funktionstabelle ist nun übersichtlich und vollständig der Zusammenhang zwischen Eingangs- und Ausgangsvariablen des vorliegenden Schaltnetzes beschrieben.

Eine Funktionstabelle ist für Schaltnetze mit bis zu sechs Eingangsvariablen noch handhabbar. Treten bei einem Schaltnetz mehr als sechs Eingangsvariable auf, so kommen meist nur ganz bestimmte Eingangskombinationen vor. Nur diese werden dann in eine *verkürzte Funktionstabelle* eingetragen.

● **Übung 4.1: Streckensicherung**

Eine Bahnlinie ist in vier Streckenabschnitte eingeteilt. Um das gleichzeitige Benutzen von Streckenabschnitten durch mehrere Züge in derselben Richtung zu verhindern, ist zu Beginn eines jeden Abschnittes jeweils ein Signal aufgestellt. In einem Stellwerk muß eine Alarmeinrichtung ausgelöst werden, wenn Signal 1 und 2 freie Fahrt oder 2 und 3 freie Fahrt oder 3 und 4 freie Fahrt anzeigen.

Stellen Sie eine Zuordnungstabelle auf und ermitteln Sie für diese Steuerung die vollständige Funktionstabelle.

4.2 Disjunktive Normalform DNF

Ist eine Steuerungsaufgabe, deren Struktur sich auf ein Schaltnetz zurückführen läßt, mit einer Funktionstabelle exakt beschrieben, so kann aus dieser Tabelle die logische Verknüpfung in Form eines schaltalgebraischen Ausdrucks oder eines Funktionsplanes direkt ermittelt werden. Eine Verknüpfungsstruktur, die sich aus der Funktionstabelle direkt ergibt, ist die *Disjunktive Normalform DNF* oder auch UND-vor-ODER Normalform.

Der Lösungsweg, der zur Disjunktiven Normalform DNF führt, geht von den Zeilen der Funktionstabelle aus, in denen die Ausgangsvariable den Signalzustand „1" besitzt. Für diese Zeilen werden die Eingangsvariablen entsprechend ihrem Signalzustand UND-verknüpft. Bei Signalzustand „0" wird die Eingangsvariable negiert und bei Signalzustand „1" nicht negiert verknüpft. Eine solche UND-Verknüpfung, bestehend aus allen Eingangsvariablen der Funktionstabelle, wird als MINTERM bezeichnet. Der Name MINTERM rührt daher, daß diese Verknüpfung eine minimale Anzahl von „1" Signalzuständen am Ausgang liefert, nämlich genau einen. Der Minterm

$$\overline{E4} \,\&\, E3 \,\&\, \overline{E2} \,\&\, E1$$

liefert nur bei der Eingangskombination

$$E4 = 0,\ E3 = 1,\ E2 = 0 \text{ und } E1 = 1$$

am Ausgang den Signalzustand „1".

Im Beispiel 4.1 steht in den Zeilen 01, 02, 04 und 07 eine „1“ für den Ausgangssignalwert. Die entsprechenden Minterme für die DNF lauten dann:

Funktionstabelle:

Zeile	E3	E2	E1	Minterm
01	0	0	1	$\overline{E3} \& \overline{E2} \& E1$
02	0	1	0	$\overline{E3} \& E2 \& \overline{E1}$
04	1	0	0	$E3 \& \overline{E2} \& \overline{E1}$
07	1	1	1	$E3 \& E2 \& E1$

Die komplette Schaltfunktion erhält man nun, indem alle ermittelten Minterme ODER verknüpft werden. Daraus ergibt sich dann die Disjunktive Normalform DNF oder UND-vor-Oder Normalform.

Für das Beispiel 4.1 ergibt sich folgende DNF:

Schaltalgebraischer Ausdruck:

$$A = \overline{E3}\,\overline{E2}E1 \vee \overline{E3}E2\overline{E1} \vee E3\overline{E2}\,\overline{E1} \vee E3E2E1$$

Funktionsplan:

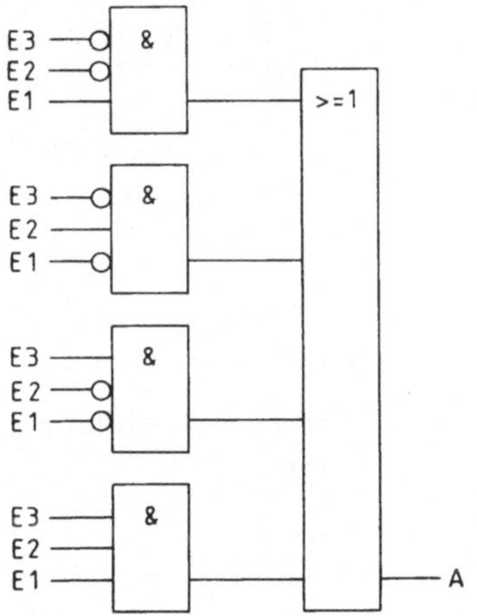

Nachdem ein Schaltnetz mit der DNF beschrieben ist, wird der schaltalgebraische Ausdruck oder der Funktionsplan in eine Realisierungsart umgesetzt. Diese Umsetzung der DNF in die Realisierung mit einer SPS, mit Schützen und mit pneumatischen Ventilen ist im folgenden für das Beispiel 4.1 ausführlich dargestellt. Anstelle des Leistungsschützes eines Motors wird eine Lampe bzw. ein Zylinder angesteuert. Bei allen weiteren Beispielen wird auf die Darstellung der Realisierung mit Schützen und pneumatischen Ventilen verzichtet.

Realisierung mit einer SPS

Wird die Steuerung mit einer SPS realisiert, so ist das Steuerungsprogramm mit der DNF bereits gefunden. Die Eingabe des Programms mit dem Programmiergerät kann entweder mit der AWL oder dem Funktionsplan erfolgen.

Zuordnung: E1 = E 0.1
E2 = E 0.2
E3 = E 0.3
A = A 0.0

Anschlußplan:

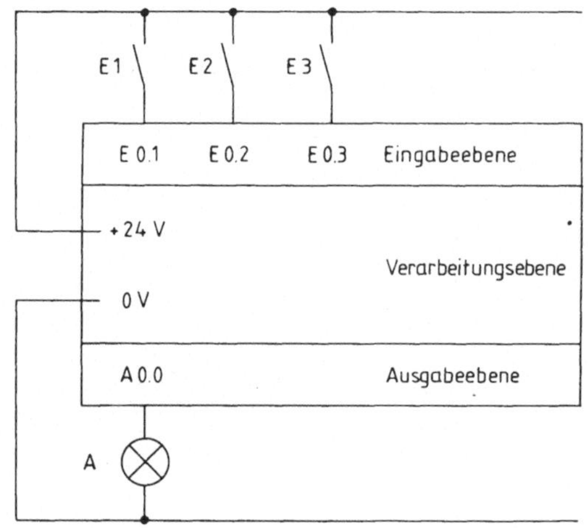

AWL:

```
:UN   E 0.3
:UN   E 0.2
:U    E 0.1
:O
:UN   E 0.3
:U    E 0.2
:UN   E 0.1
:O
:U    E 0.3
:UN   E 0.2
:UN   E 0.1
:O
:U    E 0.3
:U    E 0.2
:U    E 0.1
:=    A 0.0
:BE
```

Realisierung mit Schützen

Die Anordnung der Schützkontakte kann aus dem schaltalgebraischen Ausdruck der DNF abgelesen werden. Hierbei sind folgende Regeln zu berücksichtigen:

Negierte Variable sind Öffner

Bejahte Variable sind Schließer

Eine UND-Verknüpfung ergibt eine Reihenschaltung

Eine ODER-Verknüpfung ergibt eine Parallelschaltung

Da die Schaltstellen im Beispiel 4.1 aus einpoligen Schaltern bestehen und jede Eingangsvariable mehrmals verknüpft wird, ist eine Kontaktvervielfachung durch drei Hilfsschütze (K1, K2 und K3) erforderlich.

Schaltplan:

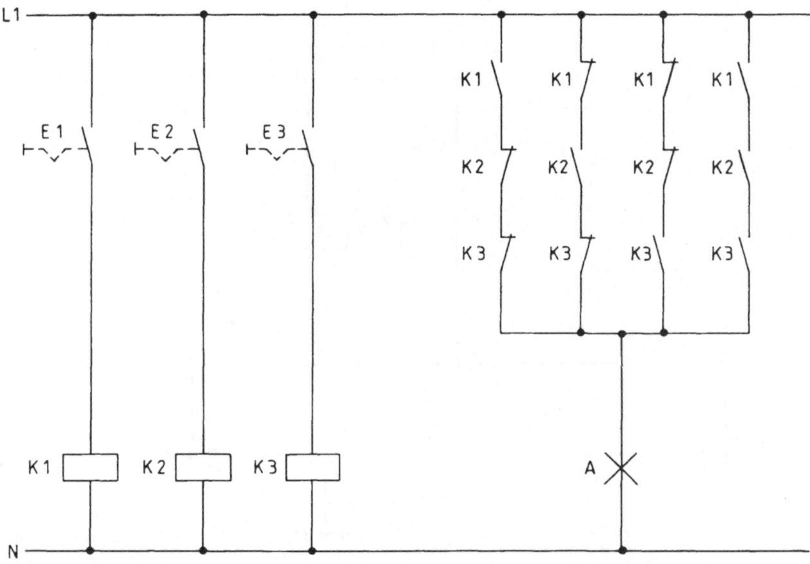

Realisierung mit pneumatischen Ventilen

Wird im Beispiel 4.1 statt eines Motors ein pneumatischer Zylinder angesteuert, so läßt sich die komplette Steuerung auch pneumatisch aufbauen. Mit einem 4/2-Wege-Ventil mit Rückstellfeder wird ein doppeltwirkender Zylinder angesteuert.

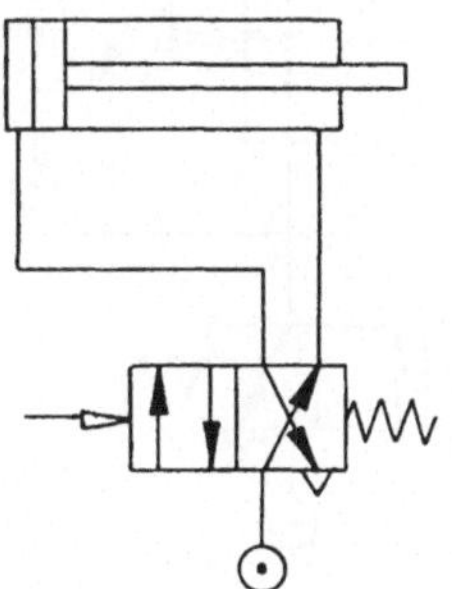

Das 4/2-Wege-Ventil wird mit einer pneumatischen Logikschaltung entsprechend dem für das Beispiel 4.1 gegebenen Funktionsplan angesteuert. Da es in der pneumatischen Steuerungstechnik nur UND- bzw. ODER-Verknüpfungen mit zwei Eingängen gibt, sind mehrere solcher Verknüpfungsglieder hintereinander zu schalten, um die entsprechende Anzahl von Eingängen zu erhalten.

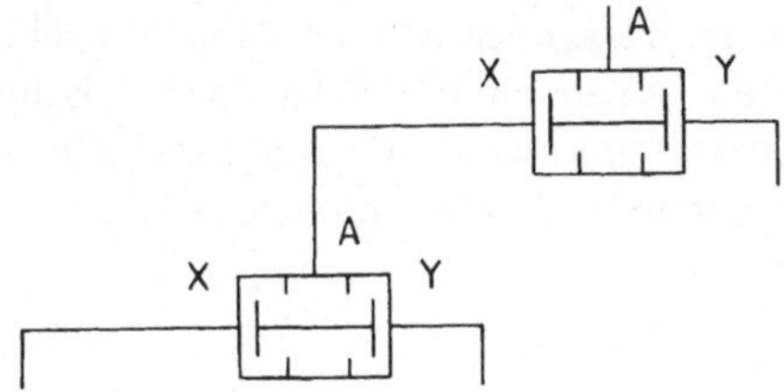

Pneumatischer Schaltplan:

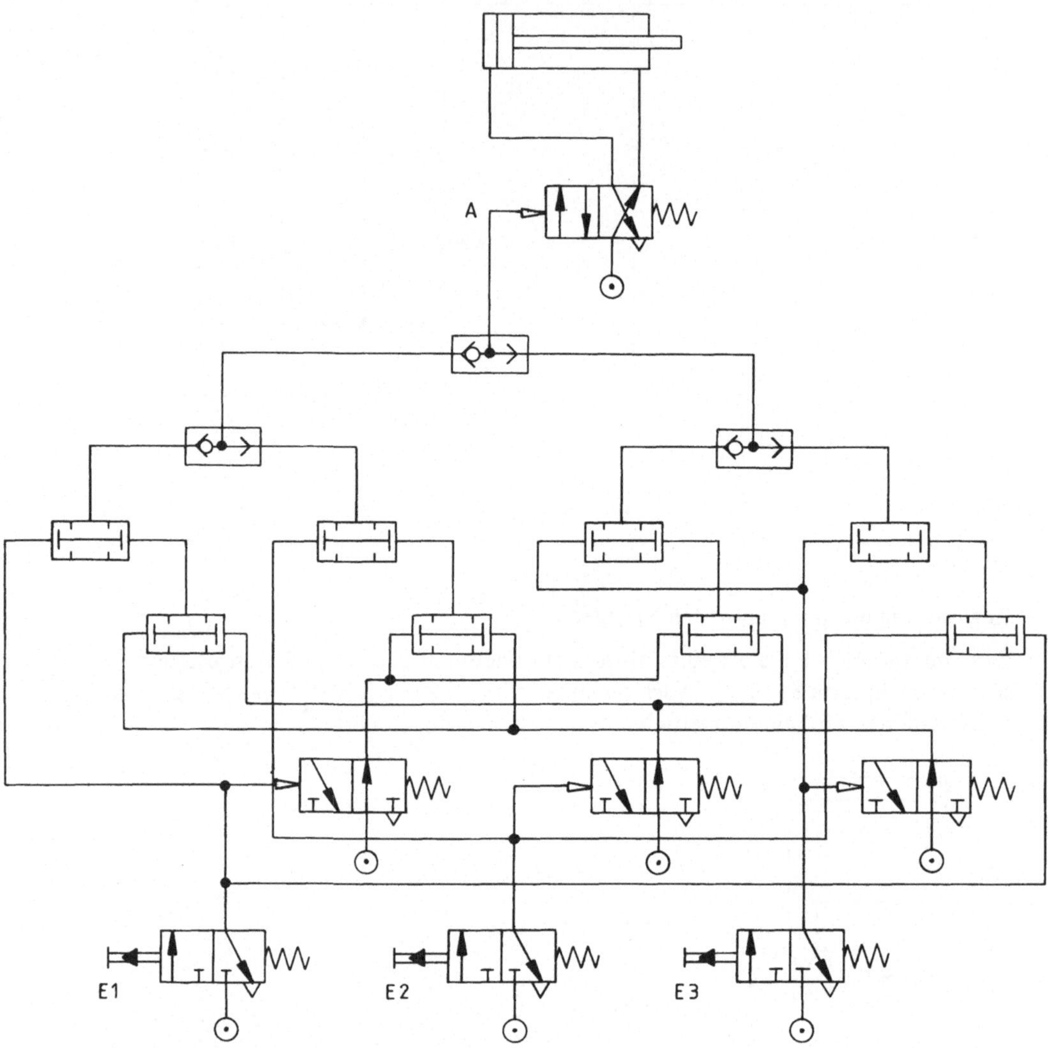

Das folgende Beispiel zeigt nochmals zusammenhängend das Lösungsverfahren bei einer Steuerungsaufgabe, welche sich auf ein Schaltnetz zurückführen läßt.

▼ **Beispiel 4.2: Lüfterüberwachung**

In einer Tiefgarage sind vier Lüfter installiert. Die Funktionsüberwachung erfolgt durch je einen Luftströmungswächter. An der Einfahrt der Tiefgarage ist eine Ampel angebracht. Sind alle vier Lüfter oder drei Lüfter in Betrieb, so ist für eine ausreichende Belüftung gesorgt und die Ampel zeigt grün. Bei Betrieb von nur zwei Lüftern schaltet die Ampel auf gelb. Sind weniger als zwei Lüfter in Betrieb, muß die Ampel rot anzeigen.

Zuordnungstabelle:

Eingangsvariable	Betriebsmittel-kennzeichen	logische Zuordnung
Luftströmungswächter 1	E1	Ventilator 1 an E1 = 1
Luftströmungswächter 2	E2	Ventilator 2 an E2 = 1
Luftströmungswächter 3	E3	Ventilator 3 an E3 = 1
Luftströmungswächter 4	E4	Ventilator 4 an E4 = 1
Ausgangsvariable		
Signalleuchte rot	A1	Signalleuchte an A1 = 1
Signalleuchte gelb	A2	Signalleuchte an A2 = 1
Signalleuchte grün	A3	Signalleuchte an A3 = 1

Funktionstabelle:

Oktal-Nr.	E4	E3	E2	E1	A1	A2	A3
00	0	0	0	0	1	0	0
01	0	0	0	1	1	0	0
02	0	0	1	0	1	0	0
03	0	0	1	1	0	1	0
04	0	1	0	0	1	0	0
05	0	1	0	1	0	1	0
06	0	1	1	0	0	1	0
07	0	1	1	1	0	0	1
10	1	0	0	0	1	0	0
11	1	0	0	1	0	1	0
12	1	0	1	0	0	1	0
13	1	0	1	1	0	0	1
14	1	1	0	0	0	1	0
15	1	1	0	1	0	0	1
16	1	1	1	0	0	0	1
17	1	1	1	1	0	0	1

Disjunktive Normalform:

$$A1 = \overline{E4}\,\overline{E3}\,\overline{E2}\,\overline{E1} \vee \overline{E4}\,\overline{E3}\,\overline{E2}E1 \vee \overline{E4}\,\overline{E3}E2\overline{E1} \vee \overline{E4}E3\overline{E2}\,\overline{E1} \vee E4\overline{E3}\,\overline{E2}\,\overline{E1}$$

$$A2 = \overline{E4}\,\overline{E3}E2E1 \vee \overline{E4}E3\overline{E2}E1 \vee \overline{E4}E3E2\overline{E1} \vee E4\overline{E3}\,\overline{E2}E1 \vee E4\overline{E3}E2\overline{E1} \vee E4E3\overline{E2}\,\overline{E1}$$

$$A3 = \overline{E4}E3E2E1 \vee E4\overline{E3}E2E1 \vee E4E3\overline{E2}E1 \vee E4E3E2\overline{E1} \vee E4E3E2E1$$

Da immer eine der drei Signalleuchten an ist, genügt es zur Realisierung der Schaltfunktion nur zwei Ausgänge mit der Disjunktiven Normalform zu bestimmen. Eine Ausgangsvariable hat immer dann den Signalzustand „1“, wenn die beiden anderen Ausgangsvariablen Signalzustand „0“ haben. Da die gelbe Signalleuchte die meisten Minterme hat, also die umfangreichste Disjunktive Normalform ist, wird dieser Ausgang durch die beiden Signalzustände der anderen Ausgangsvariablen bestimmt. Die logische Zuordnung für A2 lautet dann:

$$A2 = \overline{A1} \,\&\, \overline{A3}$$

Realisierung mit einer SPS

Zuordnung: E1 = E 0.1
E2 = E 0.2
E3 = E 0.3
E4 = E 0.4

A1 = A 0.1
A2 = A 0.2
A3 = A 0.3

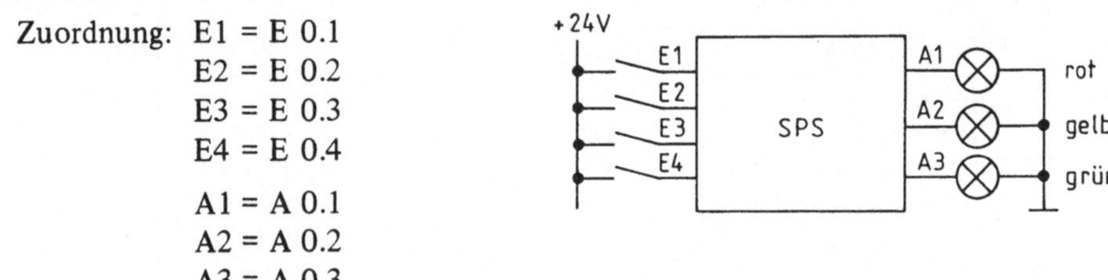

Anweisungsliste: [1]

```
:UN  E 0.4
:UN  E 0.3
:UN  E 0.2
:UN  E 0.1
:O
:UN  E 0.4
:UN  E 0.3
:UN  E 0.2
:U   E 0.1
:O
:UN  E 0.4
:UN  E 0.3
:U   E 0.2
:UN  E 0.1
:O
:UN  E 0.4
:U   E 0.3
:UN  E 0.2
:UN  E 0.1
:O
:U   E 0.4
:UN  E 0.3
:UN  E 0.2
:UN  E 0.1
:=   A 0.1

:UN  A 0.1
:UN  A 0.3
:=   A 0.2

:UN  E 0.4
:U   E 0.3
:U   E 0.2
:U   E 0.1
:O
:U   E 0.4
:UN  E 0.3
:U   E 0.2
:U   E 0.1
:O
:U   E 0.4
:U   E 0.3
:UN  E 0.2
:U   E 0.1
:O
:U   E 0.4
:U   E 0.3
:U   E 0.2
:UN  E 0.1
:O
:U   E 0.4
:U   E 0.3
:U   E 0.2
:U   E 0.1
:=   A 0.3
:BE
```

▲

Im nächsten Beispiel wird die Ansteuerung einer 7-Segment-Anzeige behandelt. Obwohl dieses Beispiel für die Praxis keine große Bedeutung hat, zeigt es die Vereinfachung des Steuerungsprogramms durch das Ersetzen der Minterme mit Merkern. Darüber hinaus wird an der 7-Segment-Anzeige später noch die Konjunktive Normalform exemplarisch dargestellt und ein Minimierungsverfahren erläutert.

1) Diese Anweisungsliste kann durch Anwendung eines Minimierungsverfahrens gekürzt werden, s. S. 56 ff.

▼ **Beispiel 4.3: 7-Segment-Anzeige**

Mit einer 7-Segment-Anzeige sind die Ziffern von 0–9 darzustellen. Für jede Ziffer müssen die entsprechenden Segmente a bis g angesteuert werden. Die Ziffern 0–9 werden im 8-4-2-1-Code (BCD-Code) mit den Schaltern S4–S1 angesteuert.

Zuordnung der Segmente zu den Dezimalziffern:

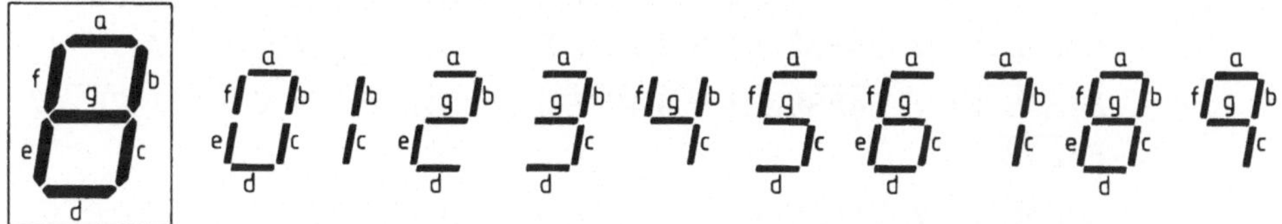

Zuordnungstabelle:

Eingangsvariable	Betriebsmittelkennzeichen	logische Zuordnung
Schalter S1	E1	Schalter gedrückt E1 = 1
Schalter S2	E2	Schalter gedrückt E2 = 1
Schalter S3	E3	Schalter gedrückt E3 = 1
Schalter S4	E4	Schalter gedrückt E4 = 1
Ausgangsvariable		
Segment a	A1	Segment leuchtet A1 = 1
Segment b	A2	Segment leuchtet A2 = 1
Segment c	A3	Segment leuchtet A3 = 1
Segment d	A4	Segment leuchtet A4 = 1
Segment e	A5	Segment leuchtet A5 = 1
Segment f	A6	Segment leuchtet A6 = 1
Segment g	A7	Segment leuchtet A7 = 1

Funktionstabelle

Aus der Zuordnung der Segmente zu den Dezimalziffern ergeben sich die Eintragungen der Ausgangssignalwerte in die Funktionstabelle. Da die letzten sechs Eingangskombinationen keine Festlegung für die 7-Segment-Anzeige erhalten, werden diese in der Funktionstabelle nicht eingetragen.

Oktal Nr.	E4	E3	E2	E1	A1	A2	A3	A4	A5	A6	A7
0	0	0	0	0	1	1	1	1	1	1	0
1	0	0	0	1	0	1	1	0	0	0	0
2	0	0	1	0	1	1	0	1	1	0	1
3	0	0	1	1	1	1	1	1	0	0	1
4	0	1	0	0	0	1	1	0	0	1	1
5	0	1	0	1	1	0	1	1	0	1	1
6	0	1	1	0	1	0	1	1	1	1	1
7	0	1	1	1	1	1	1	0	0	0	0
10	1	0	0	0	1	1	1	1	1	1	1
11	1	0	0	1	1	1	1	0	0	1	1

Disjunktive Normalform

$A1 = \overline{E4}\overline{E3}\overline{E2}\overline{E1} \vee \overline{E4}\overline{E3}E2\overline{E1} \vee \overline{E4}\overline{E3}E2E1 \vee \overline{E4}E3\overline{E2}E1 \vee \overline{E4}E3E2\overline{E1} \vee$
$\overline{E4}E3E2E1 \vee E4\overline{E3}\overline{E2}\overline{E1} \vee E4\overline{E3}\overline{E2}E1$

$A2 = \overline{E4}\overline{E3}\overline{E2}\overline{E1} \vee \overline{E4}\overline{E3}\overline{E2}E1 \vee \overline{E4}\overline{E3}E2\overline{E1} \vee \overline{E4}\overline{E3}E2E1 \vee \overline{E4}E3\overline{E2}\overline{E1} \vee$
$\overline{E4}E3E2E1 \vee E4\overline{E3}\overline{E2}\overline{E1} \vee E4\overline{E3}\overline{E2}E1$

$A3 = \overline{E4}\overline{E3}\overline{E2}\overline{E1} \vee \overline{E4}\overline{E3}\overline{E2}E1 \vee \overline{E4}\overline{E3}E2E1 \vee \overline{E4}E3\overline{E2}\overline{E1} \vee \overline{E4}E3\overline{E2}E1 \vee$
$\overline{E4}E3E2\overline{E1} \vee \overline{E4}E3E2E1 \vee E4\overline{E3}\overline{E2}\overline{E1} \vee E4\overline{E3}\overline{E2}E1$

$A4 = \overline{E4}\overline{E3}\overline{E2}\overline{E1} \vee \overline{E4}\overline{E3}E2\overline{E1} \vee \overline{E4}\overline{E3}E2E1 \vee \overline{E4}E3\overline{E2}E1 \vee \overline{E4}E3E2\overline{E1} \vee$
$E4\overline{E3}\overline{E2}\overline{E1}$

$A5 = \overline{E4}\overline{E3}\overline{E2}\overline{E1} \vee \overline{E4}\overline{E3}E2\overline{E1} \vee \overline{E4}E3E2\overline{E1} \vee E4\overline{E3}\overline{E2}\overline{E1}$

$A6 = \overline{E4}\overline{E3}\overline{E2}\overline{E1} \vee \overline{E4}E3\overline{E2}\overline{E1} \vee \overline{E4}E3\overline{E2}E1 \vee \overline{E4}E3E2\overline{E1} \vee E4\overline{E3}\overline{E2}\overline{E1} \vee$
$E4\overline{E3}\overline{E2}E1$

$A7 = \overline{E4}\overline{E3}E2\overline{E1} \vee \overline{E4}\overline{E3}E2E1 \vee \overline{E4}E3\overline{E2}\overline{E1} \vee \overline{E4}E3\overline{E2}E1 \vee \overline{E4}E3E2\overline{E1} \vee$
$E4\overline{E3}\overline{E2}\overline{E1} \vee E4\overline{E3}\overline{E2}E1$

Ein in dieser Form geschriebenes Steuerprogramm wäre aufwendig und unübersichtlich. Führt man für jede auftretende Eingangskombination einen Merker ein und verknüpft diese dann entsprechend der Disjunktiven Normalform, so benötigt man weniger Anweisungen und das Steuerungsprogramm wird wesentlich übersichtlicher.

Zuweisung der Eingangskombinationen zu Merkern:

$M0 = \overline{E4}\overline{E3}\overline{E2}\overline{E1}$ $M1 = \overline{E4}\overline{E3}\overline{E2}E1$
$M2 = \overline{E4}\overline{E3}E2\overline{E1}$ $M3 = \overline{E4}\overline{E3}E2E1$
$M4 = \overline{E4}E3\overline{E2}\overline{E1}$ $M5 = \overline{E4}E3\overline{E2}E1$
$M6 = \overline{E4}E3E2\overline{E1}$ $M7 = \overline{E4}E3E2E1$
$M8 = E4\overline{E3}\overline{E2}\overline{E1}$ $M9 = E4\overline{E3}\overline{E2}E1$

Die Ausgangszuweisungen ergeben sich dann wie folgt:

$A1 = M0 \vee M2 \vee M3 \vee M5 \vee M6 \vee M7 \vee M8 \vee M9$
$A2 = M0 \vee M1 \vee M2 \vee M3 \vee M4 \vee M7 \vee M8 \vee M9$
$A3 = M0 \vee M1 \vee M3 \vee M4 \vee M5 \vee M6 \vee M7 \vee M8 \vee M9$
$A4 = M0 \vee M2 \vee M3 \vee M5 \vee M6 \vee M8$
$A5 = M0 \vee M2 \vee M6 \vee M8$
$A6 = M0 \vee M4 \vee M5 \vee M6 \vee M8 \vee M9$
$A7 = M2 \vee M3 \vee M4 \vee M5 \vee M6 \vee M8 \vee M9$

Die Zuweisung der Merker zu den einzelnen Segmenten hätte auch direkt aus der Aufgabenstellung heraus geschehen können. Das Segment d leuchtet z. B. bei den Ziffern 0, 2, 3, 5, 6 und 8. Demnach werden dem Ausgang A4 die Merker M0, M2, M3, M5, M6 und M8 zugewiesen.

Realisierung mit einer SPS:

Zuordnung:

E1 = E 0.1
E2 = E 0.2
E3 = E 0.3
E4 = E 0.4

A1 = A 0.1
A2 = A 0.2
A3 = A 0.3
A4 = A 0.4
A5 = A 0.5
A6 = A 0.6
A7 = A 0.7

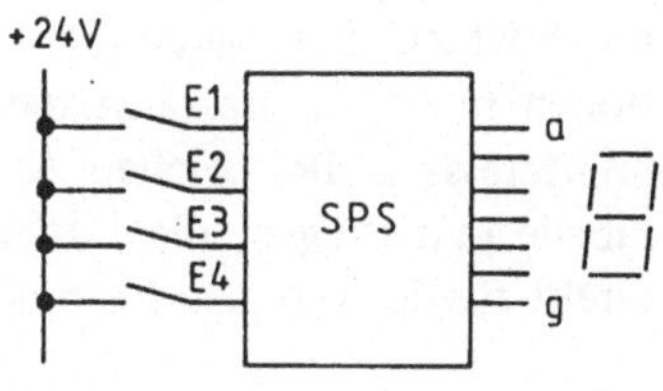

Anweisungsliste:

```
:UN   E 0.4
:UN   E 0.3
:UN   E 0.2
:UN   E 0.1
:=    M 0.0

:UN   E 0.4
:UN   E 0.3
:UN   E 0.2
:U    E 0.1
:=    M 0.1

:UN   E 0.4
:UN   E 0.3
:U    E 0.2
:UN   E 0.1
:=    M 0.2

:UN   E 0.4
:UN   E 0.3
:U    E 0.2
:U    E 0.1
:=    M 0.3

:UN   E 0.4
:U    E 0.3
:UN   E 0.2
:UN   E 0.1
:=    M 0.4

:UN   E 0.4
:U    E 0.3
:UN   E 0.2
:U    E 0.1
:=    M 0.5

:UN   E 0.4
:U    E 0.3
:U    E 0.2
:UN   E 0.1
:=    M 0.6

:UN   E 0.4
:U    E 0.3
:U    E 0.2
:U    E 0.1
:=    M 0.7

:U    E 0.4
:UN   E 0.3
:UN   E 0.2
:UN   E 0.1
:=    M 1.0

:U    E 0.4
:UN   E 0.3
:UN   E 0.2
:U    E 0.1
:=    M 1.1

SEGMENT A
:O    M 0.0
:O    M 0.2
:O    M 0.3
:O    M 0.5
:O    M 0.6
:O    M 0.7
:O    M 1.0
:O    M 1.1
:=    A 0.1

SEGMENT B
:O    M 0.0
:O    M 0.1
:O    M 0.2
:O    M 0.3
:O    M 0.4
:O    M 0.7
:O    M 1.0
:O    M 1.1
:=    A 0.2

SEGMENT C
:O    M 0.0
:O    M 0.1
:O    M 0.3
:O    M 0.4
:O    M 0.5
:O    M 0.6
:O    M 0.7
:O    M 1.0
:O    M 1.1
:=    A 0.3

SEGMENT D
:O    M 0.0
:O    M 0.2
:O    M 0.3
:O    M 0.5
:O    M 0.6
:O    M 1.0
:=    A 0.4

SEGMENT E
:O    M 0.0
:O    M 0.2
:O    M 0.6
:O    M 1.0
:=    A 0.5

SEGMENT F
:O    M 0.0
:O    M 0.4
:O    M 0.5
:O    M 0.6
:O    M 1.0
:O    M 1.1
:=    A 0.6

SEGMENT G
:O    M 0.2
:O    M 0.3
:O    M 0.4
:O    M 0.5
:O    M 0.6
:O    M 1.0
:O    M 1.1
:=    A 0.7
:BE
```

▲

Bei dem vorangegangenen Beispiel 4.3 waren nicht alle sechzehn Zeilen der Funktionstabelle für die Lösung des Steuerungsproblems erforderlich. Mit den ersten zehn Zeilen war die Zuordnung von Eingangsvariablen und Ausgangsvariablen bereits eindeutig beschrieben. Bei vielen Schaltnetzen ist das Auftreten bestimmter Eingangskombinationen nicht nur unwahrscheinlich, sondern auch für die Lösung der Steuerungsaufgabe uninteressant. Bei solchen Aufgaben genügt es immer, nur die Zeilen in die Funktionstabelle einzutragen, die tatsächlich vorkommen oder den schaltalgebraischen Ausdruck direkt aus der verbalen Formulierung zu gewinnen.

▼ **Beispiel 4.4: Stanze**

Der Zylinder einer Stanze soll nur unter einer der folgenden Bedingungen ausgefahren werden können:

1. Zwei Handtaster müssen gleichzeitig betätigt werden (keine Zweihandverriegelung).
2. Das Schutzgitter ist geschlossen und der Fußschalter wird betätigt.
3. Das Schutzgitter ist geschlossen und einer der beiden Handtaster wird betätigt.

Zusätzlich muß bei allen drei genannten Bedingungen sichergestellt sein, daß sich Stanzgut in der Presse befindet (induktiver Geber) und daß die Anlage eingeschaltet ist.

Zuordnungstabelle:

Eingangsvariable	Betriebsmittelkennzeichen	logische Zuordnung	
EIN-Schalter	E1	eingeschaltet	E1 = 1
Handtaster 1	E2	gedrückt	E2 = 1
Handtaster 2	E3	gedrückt	E3 = 1
Fußtaster	E4	gedrückt	E4 = 1
Schutzgitter	E5	geschlossen	E5 = 1
Induktiver Geber	E6	Stanzgut eingelegt	E6 = 1
Ausgangsvariable			
Zylinder	A	Zylinder fährt aus	A = 1

Würden alle möglichen Eingangskombinationen in eine Funktionstabelle eingetragen, so ergäben dies $2^6 = 64$ Zeilen. Tatsächlich sind aber nur die Eingangskombinationen von Bedeutung, bei denen das Ausgangssignal den Wert „1“ hat.

Reduzierte Funktionstabelle:

E6	E5	E4	E3	E2	E1	A
1	0	0	1	1	1	1
1	1	1	0	0	1	1
1	1	0	0	1	1	1
1	1	0	1	0	1	1

Disjunktive Normalform:

$$A = E6\overline{E5}\,\overline{E4}E3E2E1 \vee E6E5E4\overline{E3}\,\overline{E2}E1 \vee E6E5\overline{E4}\,\overline{E3}E2E1 \vee E6E5\overline{E4}E3\overline{E2}E1$$

Realisierung mit einer SPS:

Zuordnung: E1 = E 0.1 A = A 0.0
E2 = E 0.2
E3 = E 0.3
E4 = E 0.4
E5 = E 0.5
E6 = E 0.6

Anweisungsliste:

```
:U   E 0.6    :U   E 0.6    :U   E 0.6    :U   E 0.6
:UN  E 0.5    :U   E 0.5    :U   E 0.5    :U   E 0.5
:UN  E 0.4    :U   E 0.4    :UN  E 0.4    :UN  E 0.4
:U   E 0.3    :UN  E 0.3    :UN  E 0.3    :U   E 0.3
:U   E 0.2    :UN  E 0.2    :U   E 0.2    :UN  E 0.2
:U   E 0.1    :U   E 0.1    :U   E 0.1    :U   E 0.1
:O            :O            :O            :=   A 0.0
                                          :BE
```

▲

- **Übung 4.2: Ölpumpensteuerung**

Mit zwei Schaltern kann die Heizölpumpe eines Ölofens ein- bzw. ausgeschaltet werden. Die Pumpe darf jedoch nur laufen, wenn die Zündflamme brennt. Das Erlöschen der Zündflamme wird mit einem Flammenwächter gemeldet, der bei Zündflamme „1"-Signal meldet.

Stellen Sie eine Zuordnungstabelle und Funktionstabelle auf. Ermitteln Sie aus der Funktionstabelle die Disjunktive Normalform. Realisieren Sie die Schaltung mit einer SPS.

- **Übung 4.3: Luftschleuse**

Eine Luftschleuse hat drei Gleittüren. Es dürfen nicht zwei unmittelbar aufeinanderfolgende Türen geöffnet sein. Die einzelnen Gleittüren werden über Türöffner geöffnet. Endschalter melden, ob die Türen geschlossen sind. Stellen Sie für diese Steuerung eine Zuordnungstabelle und Funktionstabelle auf. Ermitteln Sie aus der Funktionstabelle die Disjunktive Normalform. Realisieren Sie die Schaltung mit einer SPS.

- **Übung 4.4: Streckenüberwachung**

Ermitteln Sie aus der in Übung 4.1 „Streckensicherung" aufgestellten Funktionstabelle die Disjunktive Normalform und realisieren Sie die Schaltung mit einer SPS.

- **Übung 4.5: Schutzvorrichtung**

In einem Forschungsinstitut befindet sich ein Raum, in dem Versuche mit radioaktiven Stoffen durchgeführt werden. Zwei Fachleute können ihren eigenen Laborplatz mit einem Schlüsselschalter einschalten. Wegen der Unfallgefahr wurde vorgeschrieben, daß ohne eine dritte Person höchstens einer der beiden Fachleute den jeweiligen Laborplatz einschalten kann. Nur wenn die dritte Person einen Schlüsselschalter betätigt hat, können beide Arbeitsplätze eingeschaltet werden.

Stellen Sie eine Zuordnungstabelle und Funktionstabelle auf. Ermitteln Sie aus der Funktionstabelle die Disjunktive Normalform. Realisieren Sie die Schaltung mit einer SPS.

- **Übung 4.6: Tunnelbelüftung**

In einem langen Autotunnel sind drei Lüfter installiert. An verschiedenen Stellen des Tunnels befinden sich drei Rauchgasmelder. Gibt ein Rauchgasmelder Signal, so muß Lüfter 1 laufen. Geben zwei Rauchgasmelder Signal, so sind Lüfter 2 und 3 einzuschalten. Geben alle Rauchgasmelder Signal, so müssen alle drei Lüfter laufen.

Stellen Sie eine Zuordnungstabelle und Funktionstabelle auf. Ermitteln Sie aus der Funktionstabelle die Disjunktive Normalform. Realisieren Sie die Schaltung mit einer SPS.

- **Übung 4.7: Würfelcodierung**

Mit 7 Anzeigeleuchten a–g sollen die Würfelzahlen 1–6 angezeigt werden. Drei Schalter ergeben dualcodiert die einzelnen Würfelzahlen.

Stellen Sie eine Zuordnungstabelle und Funktionstabelle auf. Ermitteln Sie aus der Funktionstabelle die Disjunktive Normalform. Realisieren Sie die Schaltung mit einer SPS.

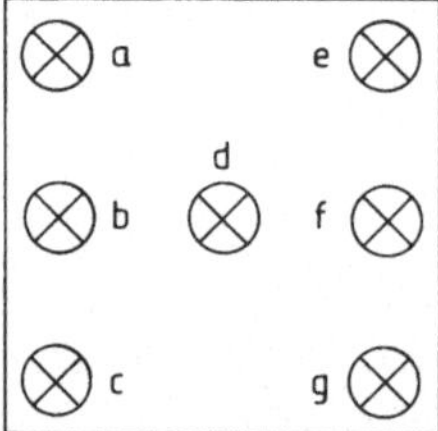

- **Übung 4.8: Durchlauferhitzer**

In einem großen Einfamilienhaus mit dezentraler Warmwasserversorgung sind fünf Durchlauferhitzer installiert. Wegen des hohen Anschlußwertes der Durchlauferhitzer erlaubt das Energieversorgungsunternehmen nur den gleichzeitigen Betrieb von zwei Durchlauferhitzern. Mit Lastabwurfrelais wird der Betriebszustand der Durchlauferhitzer angezeigt. Entwerfen Sie eine Verriegelungsschaltung 2 aus 5, indem Sie eine Zuordnungstabelle und eine Funktionstabelle aufstellen. Ermitteln Sie dann aus der Funktionstabelle die Disjunktive Normalform. Realisieren Sie die Schaltung mit einer SPS.

4.3 Konjunktive Normalform KNF

Mit der Disjunktiven Normalform könnten alle Schaltnetze beschrieben werden. Bei manchen Schaltnetzen ist es jedoch von Vorteil, die *Konjunktive Normalform* zu benutzen. Diese Normalform wird auch „ODER-vor-UND Normalform" genannt und berücksichtigt in der Funktionstabelle die Zeilen, in denen als Ausgangssignalwert „0" eingetragen ist. Treten bei einem Schaltnetz die Ausgangssignalwerte „1" häufiger auf als die Werte „0", so ergibt sich mit der Konjunktiven Normalform eine kürzere Darstellung als mit der Disjunktiven Normalform. Bei einer Realisierung mit einer SPS bedeutet dies, daß das Steuerungsprogramm weniger Speicherplatz benötigt. Diese Forderung tritt jedoch oft hinter der Forderung eines einheitlichen, übersichtlichen und fehlerdiagnosefreundlichen Steuerungsprogramms zurück.

Obwohl die Bedeutung der Konjunktiven Normalform bei der Realisierung mit SPS nicht allzu groß ist, wird diese Normalform der Vollständigkeit halber im folgenden dargestellt.

Bei der Konjunktiven Normalform werden alle die Zeilen der Funktionstabelle berücksichtigt, bei denen die Ausgangsvariable den Signalzustand „0" hat. In diesen Zeilen werden alle Eingangsvariable unter Berücksichtigung ihres Signalzustandes ODER-verknüpft. Anders als bei der Disjunktiven Normalform wird hier bei Signalzustand „1" die Eingangsvariable negiert und bei Signalzustand „0" nicht negiert ODER-verknüpft. Eine solche ODER-Verknüpfung, bestehend aus allen Eingangsvariablen der Funktionstabelle wird mit MAXTERM bezeichnet. Der Name MAXTERM rührt daher, daß diese Verknüpfung eine maximale Anzahl von „1" Signalzuständen und eine minimale Anzahl von „0" Signalzuständen, nämlich genau einen am Ausgang liefert. Der Maxterm

$$E4 \vee \overline{E3} \vee E2 \vee \overline{E1}$$

liefert nur bei der Eingangskombination

$$E4 = 0, E3 = 1, E2 = 0 \text{ und } E1 = 1$$

am Ausgang den Signalzustand „0". Alle anderen Ausgangssignalzustände sind bei diesem Term „1".

Im Beispiel 4.1 „Motorschaltung" steht in den Zeilen 0, 3, 5 und 6 eine „0" für den Ausgangssignalwert. Die entsprechenden Maxterme für die konjunktive Normalform lauten dann:

Funktionstabelle:

Zeile	E3	E2	E1	Maxterm
0	0	0	0	$E3 \vee E2 \vee E1$
3	0	1	1	$E3 \vee \overline{E2} \vee \overline{E1}$
5	1	0	1	$\overline{E3} \vee E2 \vee \overline{E1}$
6	1	1	0	$\overline{E3} \vee \overline{E2} \vee E1$

Die komplette Schaltfunktion erhält man nun, indem alle ermittelten Maxterme UND (konjunktiv) miteinander verknüpft werden. Daraus ergibt sich dann die Konjunktive Normalform KNF oder „ODER-vor-UND Normalform".

Für das Beispiel 4.1 ergibt sich folgende KNF:

Schaltalgebraischer Ausdruck:

$$A = (E3 \vee E2 \vee E1) \,\&\, (E3 \vee \overline{E2} \vee \overline{E1}) \,\&\, (\overline{E3} \vee E2 \vee \overline{E1}) \,\&\, (\overline{E3} \vee \overline{E2} \vee E1)$$

Funktionsplan:

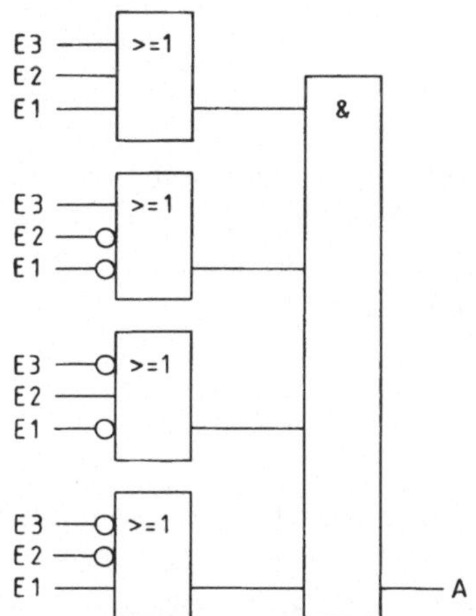

Realisierung mit einer SPS:

Zuordnung: E1 = E 0.1 A = A 0.0
E2 = E 0.2
E3 = E 0.3

Anweisungsliste:

```
:U(
:O    E 0.3
:O    E 0.2
:O    E 0.1
:)
:U(
:O    E 0.3
:ON   E 0.2
:ON   E 0.1
:)
:U(
:ON   E 0.3
:O    E 0.2
:ON   E 0.1
:)
:U(
:ON   E 0.3
:ON   E 0.2
:O    E 0.1
:)
:=    A 0.0
:BE
```

- **Übung 4.9: 7-Segment-Anzeige**
  Ermitteln Sie für die in Beispiel 4.3 aufgestellte Funktionstabelle ein neues Steuerungsprogramm, indem Sie die Konjunktive Normalform benutzen.

4.4 Vereinfachung von Schaltfunktionen

Die aus der Funktionstabelle ermittelte Schaltungsgleichung kann in vielen Fällen vereinfacht werden. Das Ziel der Vereinfachung ist es, die betreffende Schaltung mit einem kleineren Aufwand realisieren zu können.

Je weniger Variable und Verknüpfungselemente in der Schaltungsgleichung vorkommen, desto weniger Bauelemente werden bei der Realisierung mit Schützen oder pneumatischen bzw. hydraulischen Stellgliedern benötigt. Wird die vereinfachte Schaltungsgleichung mit einer SPS realisiert, so ist das Steuerungsprogramm kürzer und übersichtlicher, außerdem werden Speicherplätze gespart.

Für die Vereinfachung von Schaltfunktionen gibt es verschiedene Methoden, die sich in drei Gruppen einordnen lassen:

algebraische Verfahren
graphische Verfahren
tabellarische Verfahren

Die beiden ersten Methoden sind nur für die Vereinfachung von Funktionen mit nicht mehr als fünf bis sechs Variablen günstig. Für größere Variablenzahlen greift man auf ein tabellarisches Verfahren zurück, welches sich günstig mit einem Rechnerprogramm durchführen läßt. (Beispiel für ein solches Programm im Lösungsband.)

4.4.1 Algebraisches Verfahren

Das algebraische Vereinfachungsverfahren für Schaltfunktionen besteht darin, durch Anwendung der Regeln der Schaltalgebra zu versuchen, eine gegebene Schaltfunktion in einen anderen Ausdruck umzuformen. Die Schaltalgebra oder auch BOOLE'sche Algebra ist der mathematische Formalismus zum Rechnen mit zweiwertigen Variablen, analog zur allgemeinen Algebra. Viele Regeln der Schaltalgebra stimmen mit den allgemeinen Regeln der Algebra überein. Bei den nachfolgend aufgeführten Regeln der Schaltalgebra werden – wenn möglich – die entsprechenden Regeln der allgemeinen Algebra mit angegeben.

Zusammenstellung der wichtigsten Regeln der Schaltalgebra:

1. Priorität oder Rangfolge

	allgemeine Algebra
Negation	Potenzieren
Konjunktion	Multiplikation/Division
Disjunktion	Addition/Subtraktion

Die Rangfolge der Konjunktion vor der Disjunktion ist in der Schaltalgebra nicht verbindlich festgelegt. Führt man diese jedoch ein, so spart man bei manchen Darstellungen das Setzen von Klammern.

2. Regeln für eine Variable

	allgemeine Algebra
$E \vee 0 = E$	$x + 0 = x$
$E \& 1 = E$	$x \cdot 1 = x$
$E \vee 1 = 1$	
$E \& 0 = 0$	$x \cdot 0 = 0$
$E \vee E = E$	
$E \& E = E$	
$E \vee \overline{E} = 1$	
$E \& \overline{E} = 0$	

3. Regeln für mehrere Variable

Kommutativgesetz

	allgemeine Algebra
$E1 \vee E2 = E2 \vee E1$	$a + b = b + a$
$E1 \& E2 = E2 \& E1$	$a \cdot b = b \cdot a$

Assoziativgesetz

$E1 \vee E2 \vee E3 = E1 \vee (E2 \vee E3)$	$a + b + c = a + (b + c)$
$= (E1 \vee E2) \vee E3$	$= (a + b) + c$
$E1 \& E2 \& E3 = E1 \& (E2 \& E3)$	$a \cdot b \cdot c = a \cdot (b \cdot c)$
$= (E1 \& E2) \& E3$	$= (a \cdot b) \cdot c$

Distributivgesetz

$E1 \& E2 \vee E1 \& E3 = E1 \& (E2 \vee E3)$	$x \cdot a + x \cdot b = x \cdot (a + b)$

Während in der allgemeinen Algebra nur gleiche Faktoren aus einer Summe von Produkten ausgeklammert werden können, dürfen in der Schaltalgebra wegen der vollständigen Dualität von Konjunktion und Diskonjunktion auch gleiche ODER-verknüpfte Variable ausgeklammert werden.

$$(E1 \vee E2) \& (E1 \vee E3) = E1 \vee (E2 \& E3)$$

4. Reduktionsregeln

$$E1 \vee E1 \,\&\, E2 = E1$$
$$E1 \,\&\, (E1 \vee E2) = E1$$
$$E1 \,\&\, (\overline{E1} \vee E2) = E1 \,\&\, E2$$
$$E1 \vee \overline{E1} \,\&\, E2 = E1 \vee E2$$

5. Die Theoreme von De Morgan

$$\overline{E1 \vee E2} = \overline{E1} \,\&\, \overline{E2}$$
$$\overline{\overline{E1} \vee \overline{E2}} = E1 \,\&\, E2$$
$$\overline{E1 \,\&\, E2} = \overline{E1} \vee \overline{E2}$$
$$\overline{\overline{E1} \,\&\, \overline{E2}} = E1 \vee E2$$

Bei dem algebraischen Verfahren zur Vereinfachung von Schaltfunktionen ist hauptsächlich die Anwendung des Distributivgesetzes erforderlich.

Der schaltalgebraische Ausdruck:

$$A = (\overline{E3} \,\&\, \overline{E2} \,\&\, E1) \vee (\overline{E3} \,\&\, E2 \,\&\, E1)$$

unterscheidet sich bei den beiden UND-Verknüpfungen nur durch die Variable E2, die in der einen Verknüpfung bejaht und in der anderen Verknüpfung negiert auftritt. Wird auf diese beiden Terme das Distributivgesetz angewendet, so ergibt sich der Ausdruck:

$$A = \overline{E3} \,\&\, E1 \,\&\, (\overline{E2} \vee E2)$$

Der Klammerausdruck $(\overline{E2} \vee E2)$ hat stets den Signalwert „1“, unabhängig von dem Signalwert der Variablen E2. Bei einer UND-Verknüpfung kann ein konstanter Signalwert „1“ entsprechend der Regel E & 1 = E weggelassen werden. Somit ergibt sich die vereinfachte Schaltfunktion:

$$A = \overline{E3} \,\&\, E1$$

Diese Zusammenfassung und Reduzierung um eine Variable ist Grundlage jeder Vereinfachung. Im folgenden Beispiel 4.5 wird gezeigt, wie ein Term zur Vereinfachung mehrfach herangezogen werden kann.

▼ **Beispiel 4.5: Vereinfachung einer Schaltfunktion**

Die Schaltfunktion $A = \overline{E3} \,\&\, \overline{E2} \,\&\, \overline{E1} \vee \overline{E3} \,\&\, \overline{E2} \,\&\, E1 \vee E3 \,\&\, \overline{E2} \,\&\, E1$ ist zu vereinfachen.

Die mittlere UND-Verknüpfung unterscheidet sich von den beiden anderen UND-Verknüpfungen nur in einer Variable und wird deshalb zweimal zur Vereinfachung benötigt. Nach der Regel: $E = E \vee E$ kann der mittlere Term nochmals in der Schaltfunktion geschrieben und zur Zusammenfassung genutzt werden.

Die Schaltfunktion lautet dann:

$$A = \overline{E3} \,\&\, \overline{E2} \,\&\, \overline{E1} \vee \overline{E3} \,\&\, \overline{E2} \,\&\, E1 \vee \overline{E3} \,\&\, \overline{E2} \,\&\, E1 \vee E3 \,\&\, \overline{E2} \,\&\, E1$$

Nach Anwendung des Distributivgesetzes ergibt sich dann:

$$A = \overline{E3} \,\&\, \overline{E2} \,\&\, (\overline{E1} \vee E1) \vee \overline{E2} \,\&\, E1 \,\&\, (\overline{E3} \vee E3)$$

Vereinfachte Schaltfunktion:

▲ $$A = \overline{E3} \,\&\, \overline{E2} \vee \overline{E2} \,\&\, E1$$

Bei manchen Schaltfunktionen können bereits vereinfachte Terme nochmals zusammengefaßt werden. Eine solche weitergehende Vereinfachung ist in folgendem Beispiel 4.6 gezeigt.

▼ **Beispiel 4.6: Weitergehende Vereinfachung**

Die Schaltfunktion

$$A = E3 \,\&\, \overline{E2} \,\&\, \overline{E1} \vee E3 \,\&\, \overline{E2} \,\&\, E1 \vee E3 \,\&\, E2 \,\&\, \overline{E1} \vee E3 \,\&\, E2 \,\&\, E1$$

ist zu vereinfachen.

Werden jeweils die erste und zweite sowie die dritte und vierte UND-Verknüpfung zusammengefaßt, so ergibt sich der Ausdruck:

$$A = E3 \,\&\, \overline{E2} \,\&\, (\overline{E1} \vee E1) \vee E3 \,\&\, E2 \,\&\, (\overline{E1} \vee E1)$$

$$A = E3 \,\&\, \overline{E2} \vee E3 \,\&\, E2$$

Die beiden vereinfachten UND-Terme unterscheiden sich wieder nur in einer einzigen Variablen und können deshalb weiter zusammengefaßt werden.

$$A = E3 \,\&\, (\overline{E2} \vee E2)$$

▲ $$A = E3$$

Beim algebraischen Verfahren zur Vereinfachung von Schaltfunktionen werden also Terme (UND-Verknüpfungen) gesucht, die sich nur in einer einzigen Variablen unterscheiden. Solche Terme werden dann zusammengefaßt. Die Schwierigkeit des Verfahrens besteht darin, die Zusammenfassungen herauszufinden, welche eine möglichst kurze vereinfachte Schaltfunktion liefern, wenn sich mehrere Zusammenfassungsmöglichkeiten anbieten.

▼ **Beispiel 4.7: Grenzen des Verfahrens**

Die Schaltfunktion

$$A = \overline{E3} \,\&\, \overline{E2} \,\&\, \overline{E1} \vee \overline{E3} \,\&\, \overline{E2} \,\&\, E1 \vee \overline{E3} \,\&\, E2 \,\&\, E1 \vee E3 \,\&\, \overline{E2} \,\&\, \overline{E1}$$

ist zu vereinfachen.

Bei dieser Schaltfunktion können der 1. und 2.
der 1. und 4.
und der 2. und 3. Term

zusammengefaßt werden. Jeder Term kann zwar mehrmals für eine Zusammenfassung genutzt werden, es genügt jedoch für die Vereinfachung, wenn jeder Term in einer Zusammenfassung enthalten ist. Faßt man in diesem Beispiel den 1. und 4. sowie den 2. und 3. Term zusammen, so sind alle UND-Verknüpfungen erfaßt und es ergibt sich der Ausdruck:

$$A = \overline{E2} \,\&\, \overline{E1} \,\&\, (\overline{E3} \vee E3) \vee \overline{E3} \,\&\, E1 \,\&\, (\overline{E2} \vee E2)$$

▲ $$A = \overline{E2} \,\&\, \overline{E1} \vee \overline{E3} \,\&\, E1$$

Mit zunehmender Anzahl von Variablen und Termen wird es immer schwieriger, die günstigsten Zusammenfassungen von Verknüpfungen zu finden. Für eine systematische Vereinfachung bei umfangreichen Schaltfunktionen ist dieses Verfahren deshalb ungeeignet. Unabhängig davon bildet jedoch das algebraische Verfahren die Grundlage der anderen Vereinfachungsmethoden. Alle Verfahren beruhen nämlich auf der Zusammenfassung von Termen, die sich nur durch eine einzige Variable unterscheiden. Das Auffinden von günstigen Zusammenfassungen wird durch besondere Darstellungsarten wie bei der graphischen und tabellarischen Methode wesentlich erleichtert.

4.4.2 KVS-Diagramm

Bei diesem Verfahren der Vereinfachung wird die Darstellung der Schaltfunktion in Diagrammen ausgenutzt, um die Terme der Funktion zusammenzufassen, die sich nur in einer einzigen Variablen unterscheiden. Der Aufwand bei diesem Vereinfachungsverfahren ist bis zu sechs Variablen relativ gering.

Aufbau des KVS-Diagramms

Ausgangspunkt des KVS-Diagramms (Karnaugh-Veitch-Symmetrie-Diagramm) ist ein Rechteck, dessen linke Hälfte die Variable E1 negiert und dessen rechte Hälfte die Variable E1 bejaht zugewiesen wird.

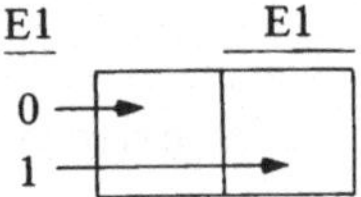

Ausgehend von der Darstellung einer Variablen wird nun für jede weitere Variable das ganze Diagramm durch Spiegelung verdoppelt. Der ursprüngliche Bereich des Diagramms wird dann der negierten-, der neue Bereich der bejahten neuen Variablen zugeordnet.

E2 E1 — E1

0 0
0 1
1 0
1 1

E2

Durch Hinzufügen einer weiteren Variablen wird das bisherige Diagramm wieder gespiegelt. Die Spiegelachse verläuft nun allerdings senkrecht, wechselt also bei jeder weiteren Spiegelung zwischen waagrecht und senkrecht. Um die entsprechenden Felder der Funktionstabelle im Diagramm leicht finden zu können, erhalten die einzelnen Felder die Zeilennumerierung.

Oktal-Nr.	E3	E2	E1
00	0	0	0
01	0	0	1
02	0	1	0
03	0	1	1
04	1	0	0
05	1	0	1
06	1	1	0
07	1	1	1

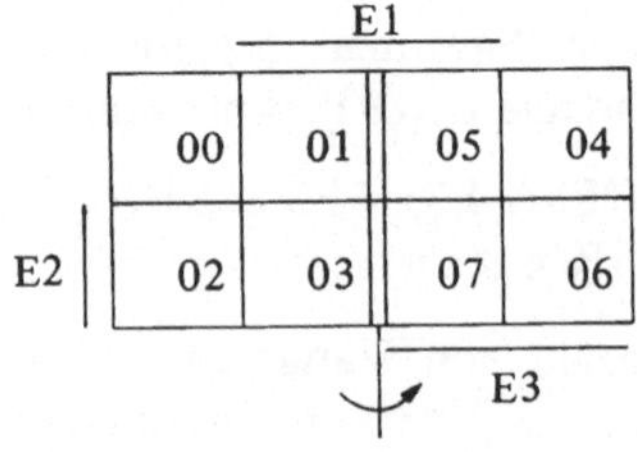

Führt man die Zeilennumerierung in oktaler Form bei Diagrammen mit mehr als drei Variablen weiter, so zeigt sich der Vorteil der *Oktalindizierung*. Entsprechende Ziffern liegen nämlich ebenfalls symmetrisch. Dies gilt jedoch nur bei Einhaltung der Reihenfolge der Variablen beim Aufbau des Diagramms.

Oktal Nr.	E4	E3	E2	E1
00	0	0	0	0
01	0	0	0	1
02	0	0	1	0
03	0	0	1	1
04	0	1	0	0
05	0	1	0	1
06	0	1	1	0
07	0	1	1	1
10	1	0	0	0
11	1	0	0	1
12	1	0	1	0
13	1	0	1	1
14	1	1	0	0
15	1	1	0	1
16	1	1	1	0
17	1	1	1	1

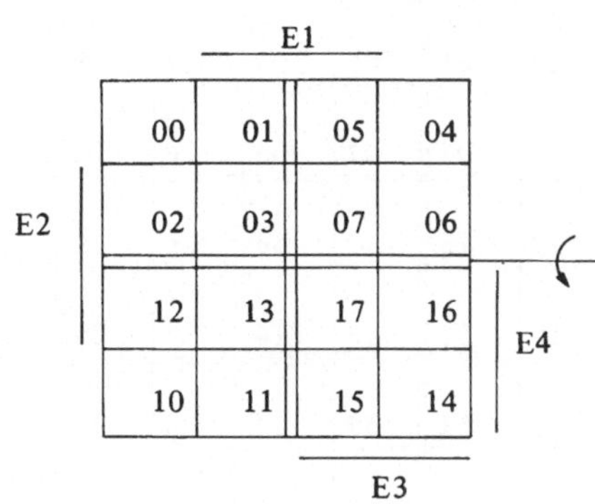

Fügt man eine weitere Variable zu dem vorhergehenden Diagramm hinzu, so ist das komplette Diagramm an der senkrechten Spiegelachse wieder zu spiegeln. Für die Variable E1 entstehen nun zwei Bereiche, in denen der Eingangszustand bejaht ist. Da es sich hier nun um die dritte Spiegelung in der senkrechten Richtung handelt, wird die Spiegelachse mit drei Strichen gekennzeichnet.

E1 (über Spalten 2–3), E1 (über Spalten 6–7); E2 (Zeilen 2–3); E4 (Zeilen 3–4); E3 (Spalten 3–6); E5 (Spalten 5–8)

00	01	05	04	24	25	21	20
02	03	07	06	26	27	23	22
12	13	17	16	36	37	33	32
10	11	15	14	34	35	31	30

Durch Hinzufügen einer weiteren Variablen erhält man das KVS-Diagramm für 6 Variable mit den $2^6 = 64$ Feldern.

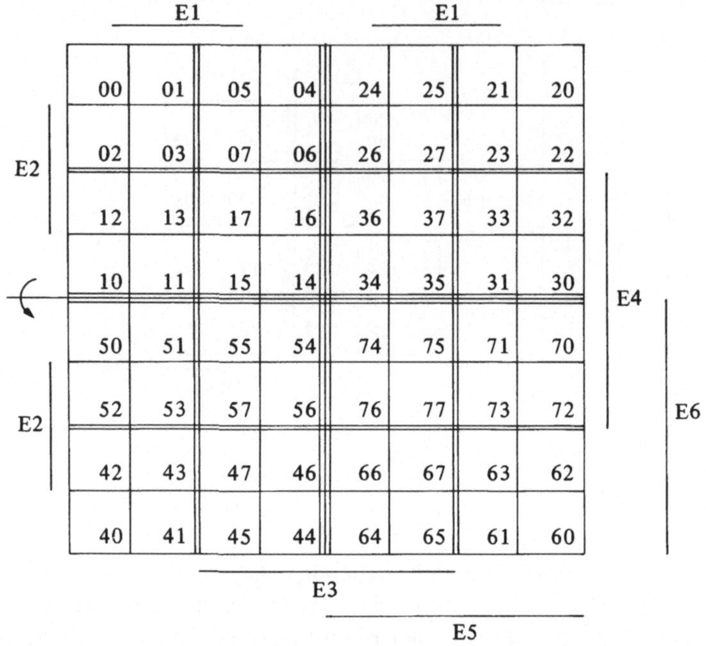

E1 E1

00	01	05	04	24	25	21	20
02	03	07	06	26	27	23	22
12	13	17	16	36	37	33	32
10	11	15	14	34	35	31	30
50	51	55	54	74	75	71	70
52	53	57	56	76	77	73	72
42	43	47	46	66	67	63	62
40	41	45	44	64	65	61	60

E2 E2 E4 E6

E3

E5

Da jedes Feld des KVS-Diagramms einer Zeile der Funktionstabelle entspricht, kann man in die Felder des Diagramms die Ausgangssignalwerte der Schaltfunktion eintragen. Die Schaltfunktion ist dann vollständig mit dem Diagramm beschrieben.

▼ **Beispiel 4.8: Lüftersteuerung**

Die Funktionstabelle des Beispiels 4.2 „Lüftersteuerung" lautete:

Oktal Nr.	E4	E3	E2	E1	A1	A2	A3
00	0	0	0	0	1	0	0
01	0	0	0	1	1	0	0
02	0	0	1	0	1	0	0
03	0	0	1	1	0	1	0
04	0	1	0	0	1	0	0
05	0	1	0	1	0	1	0
06	0	1	1	0	0	1	0
07	0	1	1	1	0	0	1
10	1	0	0	0	1	0	0
11	1	0	0	1	0	1	0
12	1	0	1	0	0	1	0
13	1	0	1	1	0	0	1
14	1	1	0	0	0	1	0
15	1	1	0	1	0	0	1
16	1	1	1	0	0	0	1
17	1	1	1	1	0	0	1

Überträgt man diese Funktionstabelle für die drei Ausgangsvariablen in drei KVS-Diagramme, so ergeben sich folgende Darstellungen:

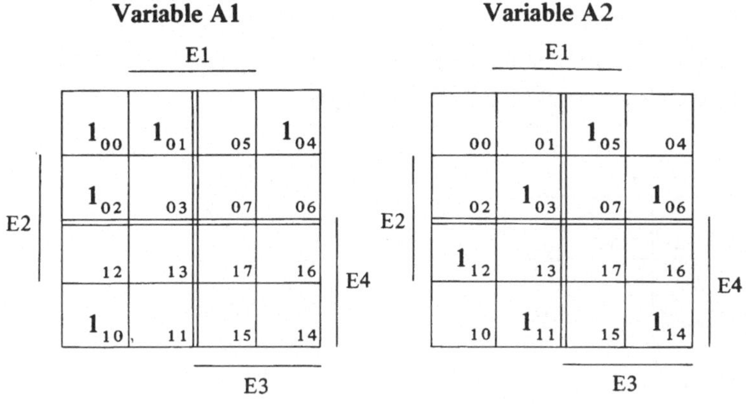

Variable A3

E1 (Spalten 01, 05), E2 (Zeilen 02, 12), E3 (Spalten 05, 04), E4 (Zeilen 12, 10)

00	01	05	04
02	03	1 07	06
12	1 13	1 17	1 16
10	11	1 15	14

▲

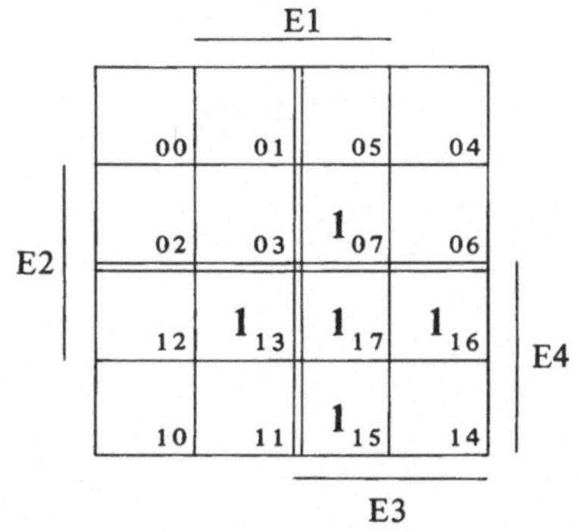

Aus diesen Diagrammen läßt sich nun ebenfalls die Disjunktive Normalform bestimmen. Jedes Feld, das eine „1" enthält, entspricht einem Minterm. Das Feld 4 z. B. entspricht dem Minterm:

$$\overline{E4}\ \&\ E3\ \&\ \overline{E2}\ \&\ \overline{E1}$$

Die Belegungen der einzelnen Variablen können aus den Bezeichnungen für die Felder entnommen werden. Alle Minterme ODER-Verknüpft ergeben dann wieder die Disjunktive Normalform.

Bis jetzt hätte auf die Einführung des KVS-Diagramms verzichtet werden können, da die gleiche Information, die das KVS-Diagramm beinhaltet, bereits in der Funktionstabelle steht. Der Vorteil der Darstellung der Schaltfunktion im KVS-Diagramm liegt jedoch im leichten Auffinden von Termen, die sich nur in der Belegung einer einzigen Variablen unterscheiden.

Vereinfachung einer Schaltfunktion mit einem KVS-Diagramm

> Ganz allgemein gilt: Liegen Felder des KVS-Diagramms symmetrisch zueinander, so unterscheiden sich diese nur in einer einzigen Variablen. Sofern symmetrische Felder mit dem Ausgangssignalzustand „1" belegt sind, können die beiden Felder zusammengefaßt werden. Bei der Zusammenfassung wird aus zwei Termen ein Term, in dem die Variable eliminiert ist, die sich ändert.

▼ **Beispiel 4.9: Lüftersteuerung**

Die Schaltfunktionen der Lüftersteuerung des Beispiels 4.8 sind zu vereinfachen.

Für die Ausgangsvariable A1 ergab sich das KVS-Diagramm:

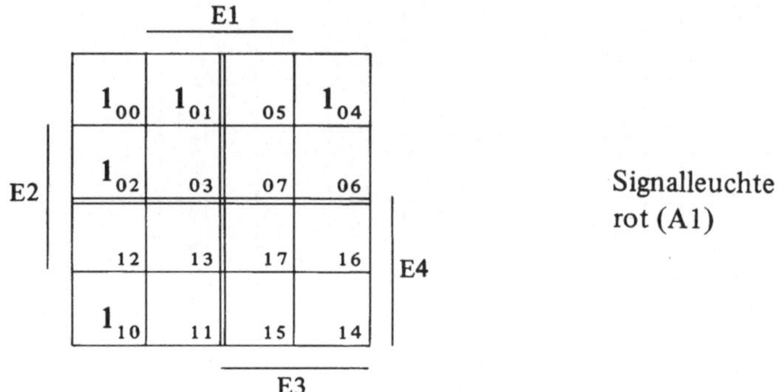

Folgende Felder, die mit Signalzustand „1" belegt sind, liegen symmetrisch und können zusammengefaßt werden:

Felder	Variable, die sich ändert	vereinfachter Term
00; 01	E1	$\overline{E4}$ & $\overline{E3}$ & $\overline{E2}$
00; 02	E2	$\overline{E4}$ & $\overline{E3}$ & $\overline{E1}$
00; 04	E3	$\overline{E4}$ & $\overline{E2}$ & $\overline{E1}$
00; 10	E4	$\overline{E3}$ & $\overline{E2}$ & $\overline{E1}$

Die verkürzte Schaltfunktion für A1 lautet dann:

$$A1 = \overline{E4} \,\&\, \overline{E3} \,\&\, \overline{E2} \vee \overline{E4} \,\&\, \overline{E3} \,\&\, \overline{E1} \vee \overline{E4} \,\&\, \overline{E2} \,\&\, \overline{E1} \vee \overline{E3} \,\&\, \overline{E2} \,\&\, \overline{E1}$$

Für die Ausgangsvariable A2 ergab sich das KVS-Diagramm:

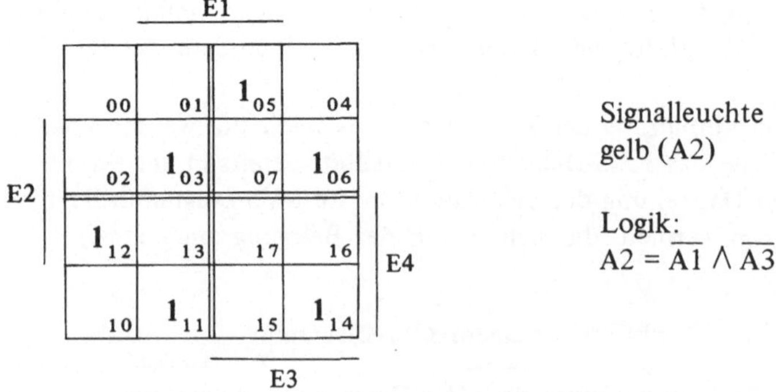

Bei dieser Funktion gibt es keine Felder, die mit „1" belegt sind und symmetrisch zueinander liegen. Es können deshalb keine Terme zusammengefaßt werden.

Für die Ausgangsvariable A3 ergab sich das KVS-Diagramm:

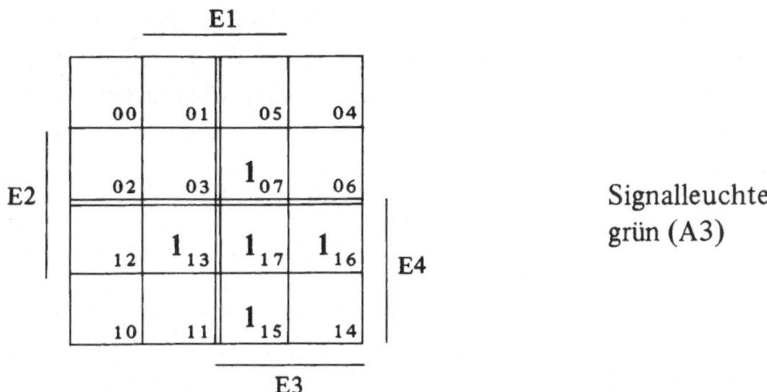

Folgende Felder, die mit Signalzustand „1" belegt sind, liegen symmetrisch und können zusammengefaßt werden:

Felder	Variable, die sich ändert	vereinfachter Term
7; 17	E4	E3 & E2 & E1
13; 17	E3	E4 & E2 & E1
15; 17	E2	E4 & E3 & E1
16; 17	E1	E4 & E3 & E2

Die verkürzte Schaltfunktion für A3 lautet dann:

▲ A3 = E3 & E2 & E1 V E4 & E2 & E1 V E4 & E3 & E1 V E4 & E3 & E2

Wie bereits zusammengefaßte Terme weiter zusammengefaßt werden können, zeigt die Vereinfachung der Schaltfunktion für die Ansteuerung eines Segments bei der 7-Segment Anzeige im Beispiel 4.10.

▼ **Beispiel 4.10: KVS-Diagramm mit Redundanzen**

Die Anstreuerfunktion für Segment a bei der 7-Segment Anzeige des Beispiels 4.3 ist mit einem KVS-Diagramm zu vereinfachen. Die Funktionstabelle lautete:

Oktal Nr.	E4	E3	E2	E1	A1
00	0	0	0	0	1
01	0	0	0	1	0
02	0	0	1	0	1
03	0	0	1	1	1
04	0	1	0	0	0
05	0	1	0	1	1
06	0	1	1	0	1
07	0	1	1	1	1
10	1	0	0	0	1
11	1	0	0	1	1

Die letzten sechs Eingangskombinationen der Funktionstabelle waren für die Ansteuerung der 7-Segment-Anzeige unwichtig und wurden weggelassen. Für die Vereinfachung der Schaltfunktion können diese Felder jedoch benutzt werden, um Terme zusammenzufassen. Als Ausgangssignalwert erhalten solche Felder deshalb den Wert „x". Dies bedeutet eine *redundante Belegung* der Felder (x = 0 oder x = 1). Nach Bedarf können solche Felder dann zur Vereinfachung herangezogen werden, müssen aber nicht überdeckt werden. Werden redundante Felder unter Berücksichtigung der günstigsten Zusammenfassung überdeckt, so sind diese Felder mit Signalzustand „1“ belegt. Nicht überdeckte redundante Felder erhalten den Signalwert „0“.

Vereinfachung von Segment a: A1

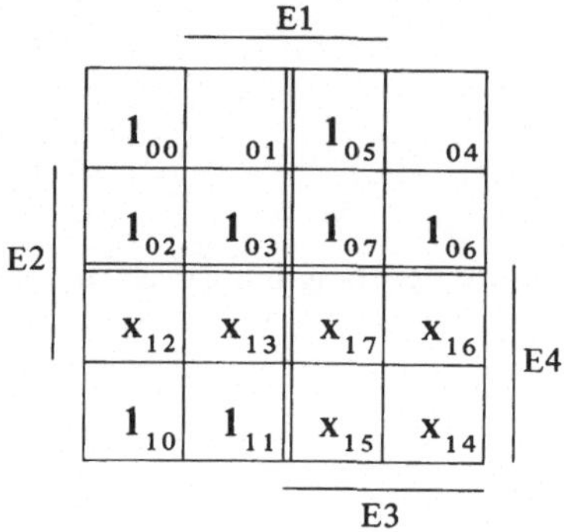

Folgende Felder, die mit Signalzustand „1“ oder „x“ belegt sind, liegen symmetrisch und können zusammengefaßt werden:

Felder	Variable, die sich ändert	vereinfachter Term
0; 2	E2	$\overline{E4}$ & $\overline{E3}$ & $\overline{E1}$
10; 12	E2	E4 & $\overline{E3}$ & $\overline{E1}$

Die zusammengefaßten Terme 0; 2 und 10; 12 liegen nun wieder symmetrisch zueinander und können zusammengefaßt werden. Bei der Zusammenfassung wird wieder die Variable eliminiert, die sich ändert.

Felder	Variable, die sich ändert	vereinfachter Term
(0; 2); (10; 12)	E4	$\overline{E3}$ & $\overline{E1}$

Bei dem grafischen Vereinfachungsverfahren mit dem KVS-Diagramm besteht die Aufgabe nun darin, die Felder, welche mit „1“ belegt sind, durch möglichst große Zusammenfassungen zu überdecken.

Zusammengefaßt werden können:

2 Felder,	dabei entfällt	1 Variable
4 Felder,	dabei entfallen	2 Variable
8 Felder,	dabei entfallen	3 Variable
16 Felder,	dabei entfallen	4 Variable
2^n Felder,	dabei entfallen	n Variable

Zusammenfassungen werden im KVS-Diagramm durch *Einkreisung* der Felder gekennzeichnet. Für die Ausgangsvariable A1 der 7-Segment Anzeige ergeben sich folgende Zusammenfassungen:

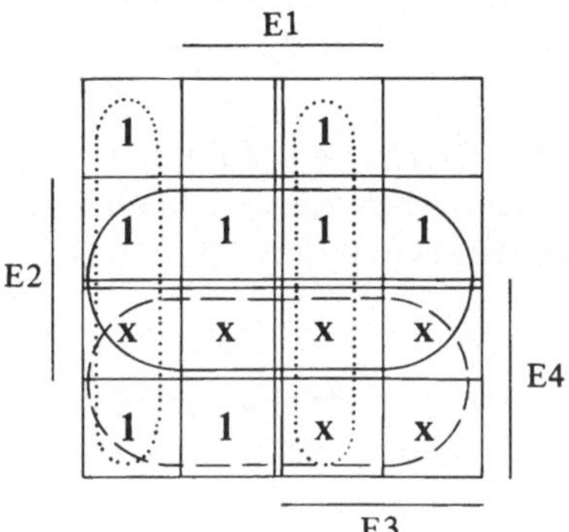

Sind alle Felder, die mit „1“ belegt sind, eingekreist oder überdeckt, so ergeben die einzelnen Terme ODER verknüpft die vereinfachte Schaltfunktion:

▲ $A1 = E2 \vee E4 \vee \overline{E1} \,\&\, \overline{E3} \vee E1 \,\&\, E3$

Ausgehend von der Funktionstabelle, welche die Zuordnung der Ausgangsvariablen zu der Eingangsvariablen enthält, sind bei der Minimierung nach der KVS-Diagramm-Methode folgende Regeln zu befolgen;

1. Zeichnen des KVS-Diagramms mit Kennzeichnung der Variablenbereiche und oktale Bezeichnung der Felder.
2. Eintragung der Ausgangssignalwerte in das Diagramm aus der Funktionstabelle. Nicht belegte Felder sind redundante Felder und erhalten die Eintragung „x“.
3. Zusammenfassung derjenigen Felder bzw. Blöcke, die symmetrisch liegen und als Signalwert „1“ oder „x“ enthalten. Es sind stets die größtmöglichen Zusammenfassungen zu suchen.
4. Aus den Zusammenfassungen ist eine Mindestanzahl so auszuwählen, daß sämtliche Ausgangssignalwerte „1“ mindestens einmal überdeckt werden.
5. Bei der Ermittlung der verkürzten Terme werden alle Eingangsvariable, die innerhalb der Zusammenfassung unverändert bleiben, entsprechend ihrer Belegung UND-verknüpft.
6. Zur Aufstellung der verkürzten Schaltfunktion werden die ausgewählten Terme disjunktiv miteinander verknüpft.

● **Übung 4.10: 7-Segment-Anzeige**

Vereinfachen Sie die in Beispiel 4.3 aufgestellten Funktionsgleichungen für die Ansteuerung der Segmente b bis g mit einem KVS-Diagramm. Realisieren Sie die vereinfachte Schaltfunktionen mit einer SPS.

- **Übung 4.11: Gefahrenmelder**

Eine mit Risiken behaftete Anlage (Kraftwerk) soll im Gefahrenfall sofort abgeschaltet werden. Hierzu dienen Gefahrenmelder. Da in dem Gefahrenmelder selbst Fehler auftreten können und ein unnötiges Abschalten erhebliche Kosten verursachen kann, setzt man an jeder kritischen Stelle drei gleichartige Gefahrenmelder ein. Die Abschaltung soll nur dann erfolgen, wenn mindestens zwei der Gefahrenmelder die Gefahr anzeigen.

Stellen Sie eine Zuordnungstabelle und Funktionstabelle auf. Ermitteln Sie aus der Funktionstabelle die Disjunktive Normalform. Vereinfachen Sie die Schaltung mit einem KVS-Diagramm und realisieren Sie die vereinfachte Schaltfunktion mit einer SPS.

- **Übung 4.12: Tunnelbelüftung**

Vereinfachen Sie die in Übung 4.6 aufgestellten Funktionsgleichungen mit einem KVS-Diagramm. Realisieren Sie die vereinfachten Schaltfunktionen mit einer SPS.

- **Übung 4.13: Generator**

Ein Generator ist mit maximal 10 kW belastbar. Anschaltbar sind vier Motoren mit den Leistungen 2 KW, 3 KW, 5 KW und 7 KW. Für alle zulässigen Kombinationen ist ein Ausgang A einzuschalten.

Stellen Sie eine Zuordnungstabelle und Funktionstabelle auf. Ermitteln Sie aus der Funktionstabelle die Disjunktive Normalform. Vereinfachen Sie die Schaltung mit einem KVS-Diagramm und realisieren Sie die vereinfachte Schaltfunktion mit einer SPS.

- **Übung 4.14: Durchlauferhitzer**

Vereinfachen Sie die in Übung 4.8 aufgestellten Funktionsgleichungen mit einem KVS-Diagramm. Realisieren Sie die vereinfachten Schaltfunktionen mit einer SPS.

5 Verknüpfungssteuerungen mit Speicherverhalten

Viele Steuerungsaufgaben erfordern die Verwendung einer Speicherfunktion. Eine Speicherfunktion liegt dann vor, wenn ein kurzzeitig auftretender Signalzustand festgehalten, d. h. gespeichert wird. Eine Steuerung mit Speicherfähigkeit wird allgemein als *Schaltwerk* bezeichnet.

5.1 Entstehung des Speicherverhaltens

Während bei allen bisher behandelten Steuerschaltungen die Ausgangssignalwerte nur von der augenblicklichen Kombination der Eingangssignale bestimmt wurden, hängt bei Steuerungen mit Speichern der Zustand der Ausgänge noch zusätzlich von einem *„inneren Zustand"* ab. Soll beispielsweise eine Meldeleuchte durch kurzzeitiges Betätigen eines EIN-Tasters E1 eingeschaltet und durch kurzzeitiges Betätigen eines AUS-Tasters E0 wieder ausgeschaltet werden, so kann der Ausgangssignalwert nicht mehr allein durch die Kombination der Eingangssignalwerte angegeben werden.

Zeile	E1	E0	A
0	0	0	1 ⇒ wenn E1 zuvor betätigt wurde 0 ⇒ wenn E0 zuvor betätigt wurde
1	0	1	0
2	1	0	1
3	1	1	0 ⇒ wenn Ausschalten dominant 1 ⇒ wenn Einschalten dominant

Wie die Tabelle zeigt, kann der Ausgangssignalwert in der Zeile 3 durch Festlegung bestimmt und eingetragen werden, während der Ausgangssignalwert der Zeile 0 von der Vorgeschichte des Schaltwerks abhängt. Für diese Vorgeschichte führt man eine neue Variable, die *„Zustandsvariable Q"* ein. Die Zustandsvariable Q beschreibt den inneren Signalzustand, den das Schaltwerk **vor** dem Anlegen der jeweiligen Eingangskombination hatte. Damit lassen sich die Ausgangssignalwerte wieder vollständig mit einer Funktionstabelle beschreiben.

Funktionstabelle

Zeile	Q	E1	E0	A
0	0	0	0	0
1	0	0	1	0
2	0	1	0	1
3	0	1	1	0
4	1	0	0	1
5	1	0	1	0
6	1	1	0	1
7	1	1	1	0

Festlegung: Werden E0 und E1 gleichzeitig gedrückt so soll der Ausgangssignalwert „0" sein.

Der Ausgangssignalwert A des Schaltwerks ist also abhängig von den Eingangsvariablen E und der Zustandsvariablen Q,

$$A = f(E1; E0; Q)$$

und kann zwei Zustände annehmen.

Eine andere Beschreibungsart eines Schaltwerks ist das *Zustandsdiagramm.* Diese Darstellungsart gibt übersichtlich die Anzahl der Zustände und die Übergangsbedingungen von einem zum anderen Zustand wieder.

Damit nicht alle einzelnen Eingangskombinationen für jeden Zustand in das Zustandsdiagramm eingetragen werden müssen, werden die Eingangskombinationen verkürzt entsprechend der folgenden Zuordnung in das Diagramm eingetragen:

Zuordnung:

E1	E0	
0	0	e_0
0	1	e_1
1	0	e_2
1	1	e_3

Zustandsdiagramm:

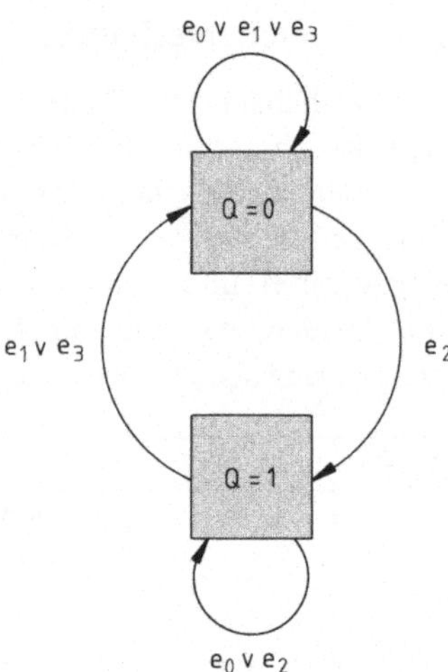

Mit dieser Darstellungsart eines Schaltwerks ist leicht zu erkennen, wie das Schaltwerk in jedem Zustand beim Anlegen einer bestimmten Eingangskombination reagieren soll. Für jeden Zustand sind alle möglichen Eingangskombinationen angegeben.

Trägt man in dieses Zustandsidagramm bei den einzelnen Zuständen noch die Ausgangssignalwerte ein, so ist das Schaltwerk vollständig mit dieser Darstellung beschrieben.

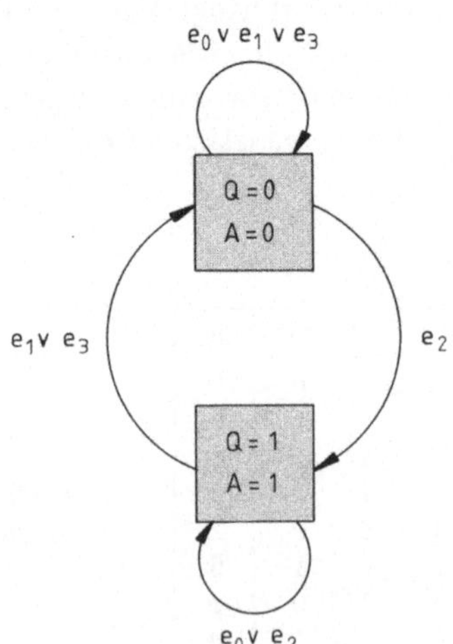

Aus dem Zustandsdiagramm ist zu erkennen, daß die Signalwerte für die Ausgangsvariable A und die Zustandsvariable Q übereinstimmen. Überträgt man das Zustandsdiagramm in eine Funktionstabelle, so kann man in die Funktionstabelle die Variable A zweimal eintragen, jedoch mit unterschiedlicher Bedeutung. Einmal steht die Variable bei den Eingangsvariablen und entspricht dem Ausgangssignalzustand vor Anlegen der Eingangskombination und zum anderen taucht die Ausgangsvariable A in der Ausgangsspalte auf, in die der Ausgangssignalwert nach angelegter Eingangskombination eingetragen wird.

Zeile	A_v	E1	E0	A_n
0	0	0	0	0
1	0	0	1	0
2	0	1	0	1
3	0	1	1	0
4	1	0	0	1
5	1	0	1	0
6	1	1	0	1
7	1	1	1	0

Index: v = vorher
n = nachher

Aus der Funktionstabelle kann nach der disjunktiven Normalform folgende Schaltfunktion abgelesen werden:

$$A = \overline{A}E1\overline{E0} \vee A\overline{E1}\overline{E0} \vee AE1\overline{E0}$$

In ein **KVS-Diagramm** eingetragen ergibt dies:

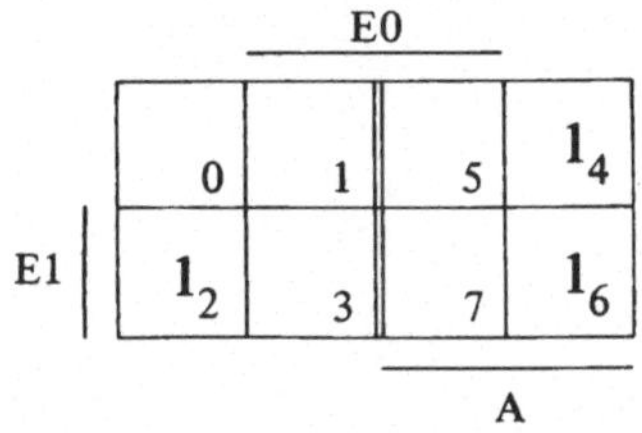

		E0	E0	
	0	1	5	1_4
E1	1_2	3	7	1_6
			A	A

Die **vereinfachte Schaltfunktion** lautet:

$$A = A\overline{E0} \vee E1\overline{E0} = \overline{E0} \,\&\, (A \vee E1)$$

Funktionsplan:

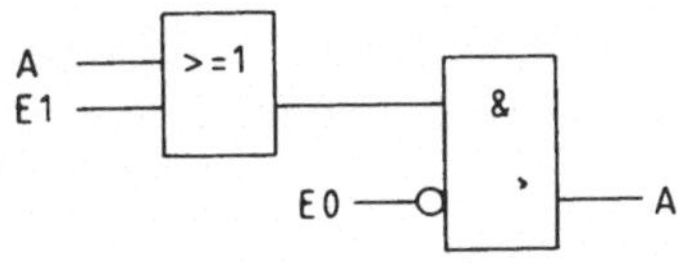

A
E1
>=1
&
E0
A

Aus dem Funktionsplan ist zu erkennen, daß diese logische Verknüpfung eine Rückführung der Ausgangsvariablen auf den Eingang besitzt und dadurch die Eigenschaft eines Speichers annimmt.

Allgemein kann ein Schaltwerk demnach wie folgt dargestellt werden:

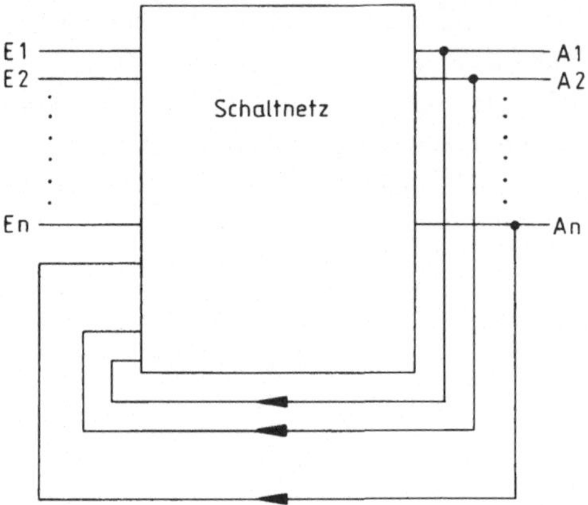

In der Schütztechnik werden Speicher nach derselben Schaltfunktion realisiert. Überträgt man die Schaltfunktion

$$A = E0 \& (A \vee E1)$$

in eine Kontaktlogik, so erhält man folgenden Schaltplan:

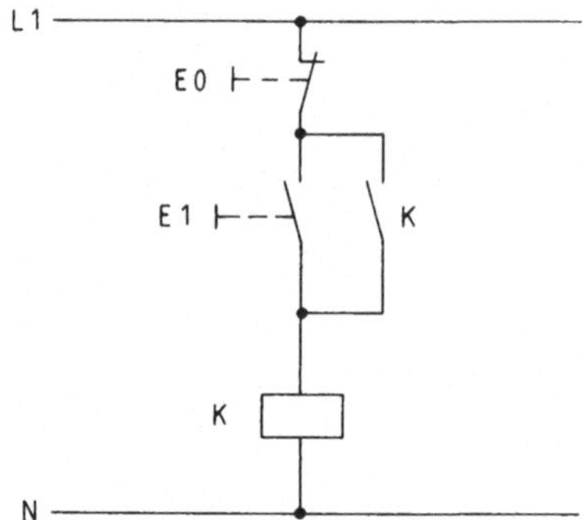

Ein Schließer des Schützes K ist zum EIN-Taster parallelgeschaltet. Über diesen Stromweg wird ein kurzzeitiges Drücken des Tasters E1 gespeichert. In der Schütztechnik wird dies als *„Selbsthaltung"* bezeichnet.

In der pneumatischen und hydraulischen Steuerungstechnik wäre eine Umsetzung der Schaltfunktion ebenfalls möglich. Jedoch werden in der Praxis bereits fertige Speicherglieder (siehe Kapitel 5.2) eingesetzt.

▼ **Beispiel 5.1: Meldeleuchte**

Eine Meldeleuchte soll mit einem EIN-Taster E1 eingeschaltet und mit einem AUS-Taster E0 ausgeschaltet werden können. Werden die beiden Taster gleichzeitig betätigt, so soll die Meldeleuchte Signal geben. Es sind das Zustandsdiagramm und die Funktionstabelle zu zeichnen, die vereinfachte Schaltungsgleichung zu ermitteln und die Schaltung mit einer SPS zu realisieren.

Zuordnungstabelle:

Eingangsvariable	Betriebsmittel-kennzeichen	logische Zuordnung
AUS-Taster	E0	Taster gedrückt E0 = 1
EIN-Taster	E1	Taster gedrückt E1 = 1
Ausgangsvariable		
Meldeleuchte	A	Meldeleuchte an A = 1

Zuordnung:

E1	E0	
0	0	e_0
0	1	e_1
1	0	e_2
1	1	e_3

Zustandsdiagramm:

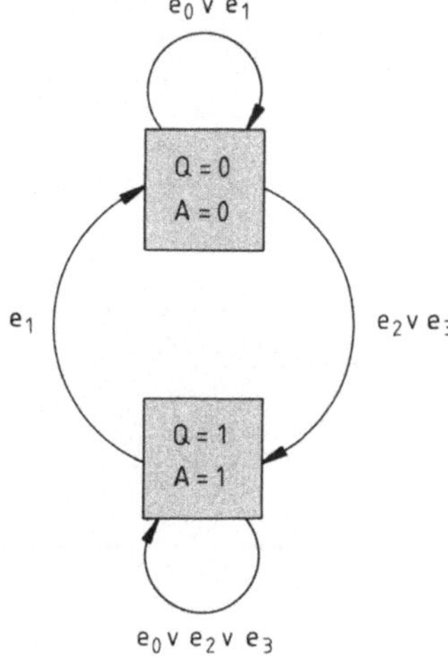

Funktionstabelle:

Zeile	Av	E1	E0	An
0	0	0	0	0
1	0	0	1	0
2	0	1	0	1
3	0	1	1	1
4	1	0	0	1
5	1	0	1	0
6	1	1	0	1
7	1	1	1	1

Schaltfunktion nach der DNF: $A = \overline{A}E1\overline{E0} \vee \overline{A}E1E0 \vee A\overline{E1}\overline{E0} \vee AE1\overline{E0} \vee AE1E0$

KVS-Diagramm:

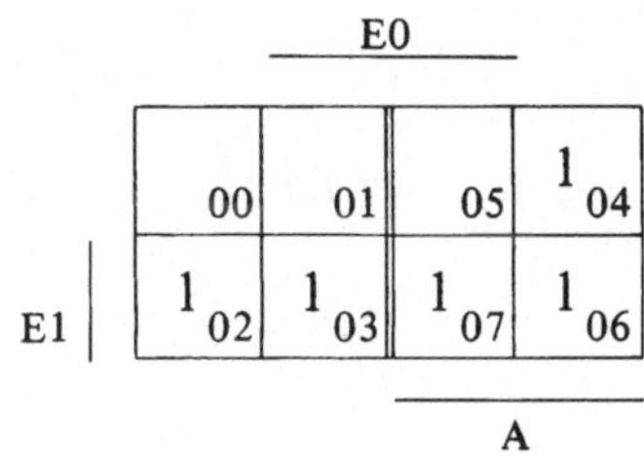

Vereinfachte Schaltfunktion:

$A = E1 \vee A\overline{E0}$

Funktionsplan:

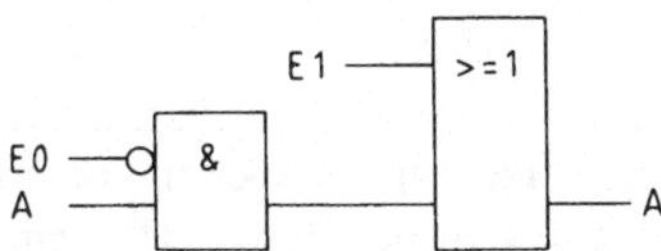

Realisierung mit einer SPS:

Zuordnung: E0 = E 0.0   A = A 0.0
E1 = E 0.1

AWL:

```
:O   E 0.1   :U   A 0.0
:O           :=   A 0.0
:UN  E 0.0   :BE
```

▲

- **Übung 5.1: Sammelbecken**

Der Inhalt eines Sammelbeckens wird über zwei Schwimmschalter überwacht. Übersteigt der Füllstand eine bestimmte Höhe, so meldet der obere Signalgeber S2 „1"-Signal und das Sammelbecken ist vollständig über das Ablaufventil Y zu entleeren. Ist das Sammelbecken entleert, so meldet der untere Schwimmschalter S1 „0"-Signal.

Technologieschema:

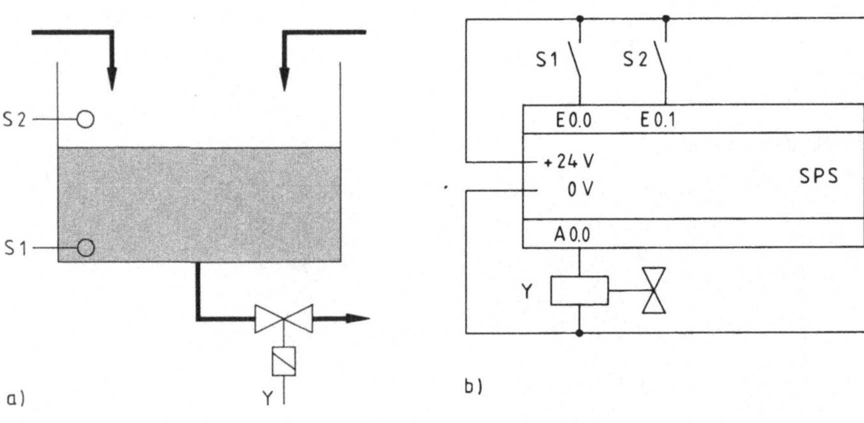

Ermitteln Sie die Zuordnungstabelle, das Zustandsdiagramm, die Funktionstabelle, die vereinfachte Schaltungsgleichung, den Funktionsplan, und realisieren Sie die Schaltung mit einer SPS.

5.2 RS-Speicherglied

Die im vorherigen Abschnitt entworfene Speicherschaltung hat zwei Eingänge und einen Ausgang.

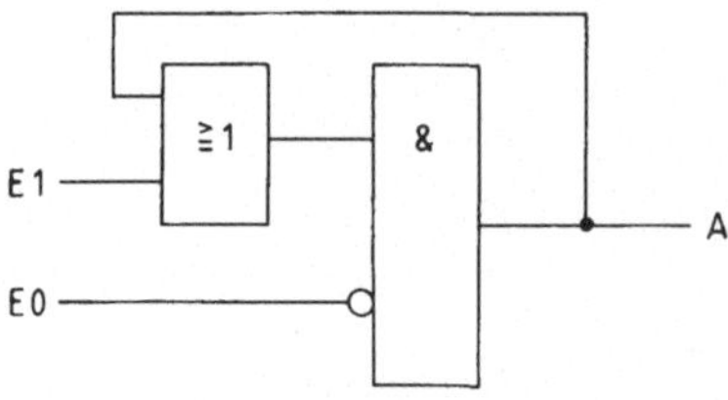

> Bei einer Speicherschaltung wird ein „1"-Signal durch kurzzeitiges Drücken von E1 am Ausgang gespeichert. Durch Betätigen von E0 wird das gespeicherte „1"-Signal wieder aufgehoben und der Ausgangssignalwert wird „0".

E1 setzt also den Ausgang A auf Signalwert „1“ und E0 setzt den Ausgangssignalwert wieder zurück. Die Eingänge der Speicherschaltung können deshalb auch bezeichnet werden mit

E1 = Setzeingang = S
E0 = Rücksetzeingang = R

Die Speicherschaltung kann somit auch als *RS-Speicherfunktion* bezeichnet werden.

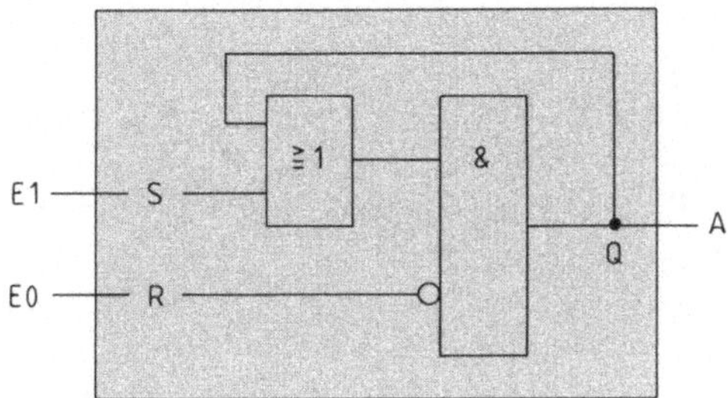

Die RS-Speicherfunktion wird in der Steuerungstechnik sehr häufig benötigt. Viele SPS-Hersteller haben deshalb die Speicherfunktion als Grundfunktion in den Befehlsvorrat aufgenommen. Solche Speicherfunktionen werden im Funktionsplan als Rechteck mit zwei Eingängen und einem Ausgang wie folgt dargestellt.

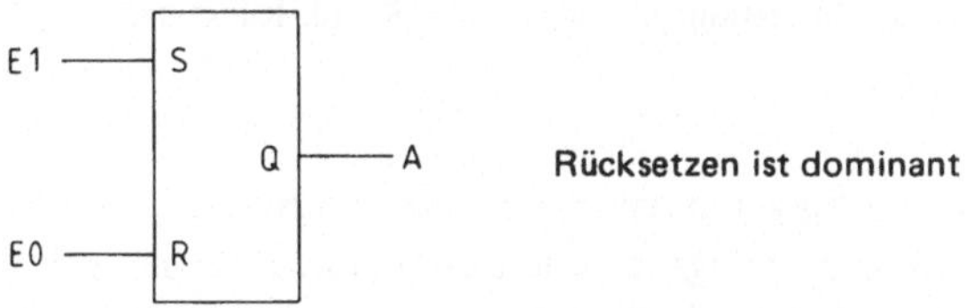

Mit diesem Symbol wird auf die Darstellung der internen Realisierung der Speicherfunktion verzichtet.

▼ **Beispiel 5.2: Meldeleuchte**

Eine Meldeleuchte soll von drei Schaltstellen aus ein- und ausgeschaltet werden können. An den Schaltstellen stehen hierfür EIN- und AUS-Taster zur Verfügung.

Zuordnungstabelle:

Eingangsvariable	Betriebsmittel-kennzeichen	logische Zuordnung
AUS-Taster 1	E0	Taster gedrückt E0 = 1
EIN-Taster 1	E1	Taster gedrückt E1 = 1
AUS-Taster 2	E2	Taster gedrückt E2 = 1
EIN-Taster 2	E3	Taster gedrückt E3 = 1
AUS-Taster 3	E4	Taster gedrückt E4 = 1
EIN-Taster 3	E5	Taster gedrückt E5 = 1
Ausgangsvariable		
Meldeleuchte	A	Meldeleuchte an A = 1

Alle EIN-Taster werden ODER-verknüpft auf den Setzeingang und alle AUS-Taster werden ODER-verknüpft auf den Rücksetzeingang einer RS-Speicherfunktion gegeben.

Funktionsplan:

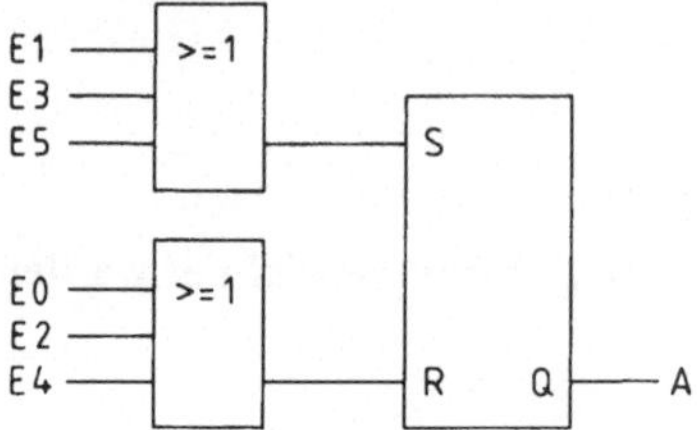

Das zugehörige Steuerungsprogramm in der AWL lautet:

Zuordnung:	E0 = E 0.0	E1 = E 0.1	A = A 0.0
	E2 = E 0.2	E3 = E 0.3	
	E4 = E 0.4	E5 = E 0.5	

```
:O    E 0.1
:O    E 0.3
:O    E 0.5
:S    A 0.0        Statt der Zuweisung „=" wird hier „S" für Setzen
:O    E 0.0        geschrieben
:O    E 0.2
:O    E 0.4
:R    A 0.0        Statt der Zuweisung „=" wird hier „R" für Rücksetzen
:BE                geschrieben
```

Bei der bisher behandelten Speicherfunktion ist die *Rücksetzfunktion dominant.* Das bedeutet, wird an den Setz- und Rücksetzeingang gleichzeitig ein „1"-Signal gelegt, so ist am Ausgang der Speicherfunktion „0"-Signal. Berücksichtigt man die sequentielle Abarbeitung der Steueranweisungen, so wird bei „1"-Signal auf beiden Eingängen der Ausgang der Speicherfunktion zunächst gesetzt und mit der nächsten Anweisung sofort wieder zurückgesetzt.

Wird für eine Steuerschaltung eine Speicherfunktion benötigt, bei der die *Setzfunktion dominant* ist, so ist folgende Innenschaltung zugrunde zu legen:

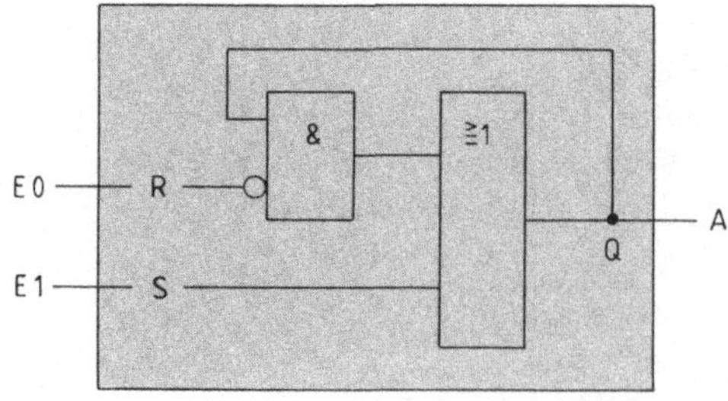

Im Funktionssymbol der Speicherfunktion wird die Dominanz des Setzeinganges dadurch verdeutlicht, daß zunächst der Rücksetzeingang und dann der Setzeingang geschrieben wird.

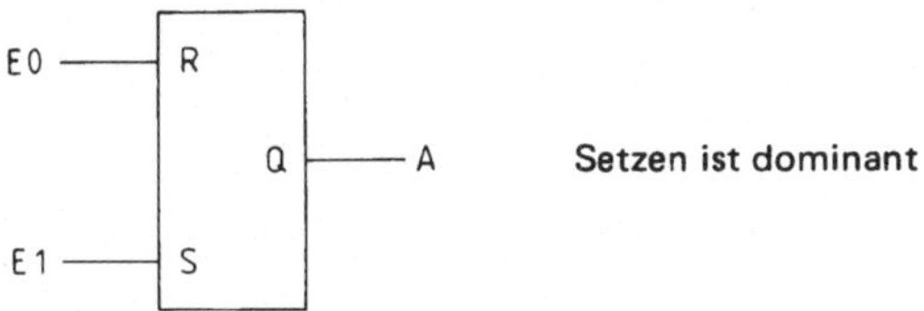

In der Anweisungsliste AWL wird zunächst die Ansteuerfunktion für den Rücksetzeingang und dann für den Setzeingang geschrieben.

Im Beispiel 5.2 lautet die **AWL** dann:

```
:O    E 0.0          :O    E 0.3
:O    E 0.2          :O    E 0.5
:O    E 0.4          :S    A 0.0
:R    A 0.0          :BE
:O    E 0.1
```

- **Übung 5.2: Behältersteuerung**

Ein Vorratsbehälter mit den Signalgebern S1 für die Vollmeldung und S2 für die Leermeldung kann von Hand entleert werden. Zum Füllen des Behälters wird über eine Steuerung das Ventil Y1 angesteuert. Entwerfen Sie unter Verwendung eines RS-Speichergliedes die Ansteuerung für das Ventil Y1 und realisieren Sie die Steuerung mit einer SPS.

- **Übung 5.3: Überwachungseinrichtung**

Ein Aggregat wird von zwei Ventilatoren gekühlt. Die Funktionsüberwachung erfolgt durch je einen Luftströmungswächter. Fallen beide Ventilatoren aus, solange das Aggregat eingeschaltet ist, soll eine akustische Meldung ausgegeben werden. Diese Meldung soll solange ausgegeben werden, bis eine Quittierung der Störmeldung über eine Quittierungstaste erfolgt. Die Quittierung soll jedoch nur wirksam werden, wenn mindestens einer der beiden Ventilatoren wieder in Betrieb oder das Aggregat nicht mehr eingeschaltet ist. Ermitteln Sie die Zuordnungstabelle, die Ansteuerung für die Meldungseinrichtung und realisieren Sie die Steuerung mit einer SPS.

- **Übung 5.4: Selektive Bandweiche**

Auf einem Transportband werden lange und kurze Werkstücke in beliebiger Reihenfolge antransportiert. Die Bandweiche soll so gesteuert werden, daß die ankommenden Teile nach ihrer Länge selektiert und getrennten Abgabestationen zugeführt werden. Die Länge der Teile wird über eine Abtastvorrichtung ermittelt (Rollenhebelventile).

Durchläuft ein langes Teil die Abtastvorrichtung, sind kurzzeitig alle drei Rollenhebelventile betätigt.

Durchläuft ein kurzes Teil die Abtastvorrichtung, wird kurzzeitig nur das mittlere Rollenhebelventil betätigt.

Technologieschema:

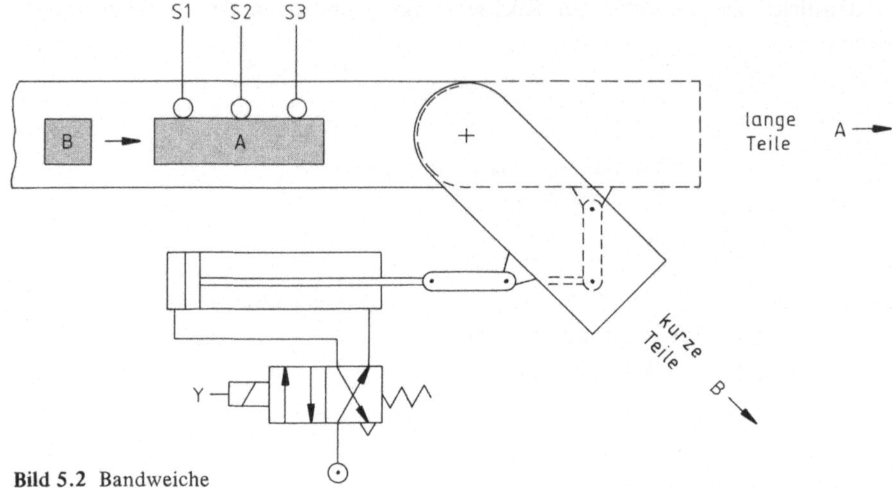

Bild 5.2 Bandweiche

Die Weiche wird pneumatisch nach Stellung A und B gesteuert. Ermitteln Sie die Zuordnungstabelle, die Ansteuerfunktion für das elektropneumatische Ventil Y und realisieren Sie die Schaltung mit einer SPS.

5.3 Verriegelung von Speichern

Das gegenseitige Verriegeln von Speichern ist in der Steuerungstechnik ein immer wiederkehrendes und wichtiges Prinzip. Verriegeln bedeutet, daß ein Speicher nicht gesetzt werden kann, wenn bestimmte Bedingungen nicht erfüllt sind. Am Beispiel der gegenseitigen Verriegelung von zwei Speichergliedern wird gezeigt, wie das Verriegeln eines Speichers am Setz-Eingang und am Rücksetz-Eingang erfolgen kann.

Ist ein Speicherglied gesetzt, so kann das andere Speicherglied nicht gesetzt werden.

Verriegelung über den Setz-Eingang

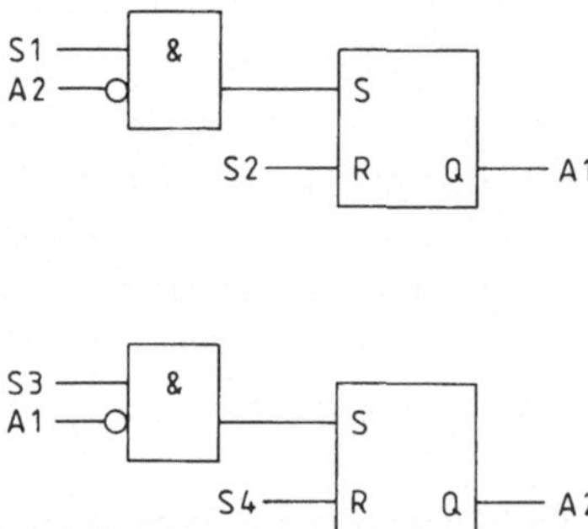

Über die UND-Verknüpfung an den Setz-Eingängen der Speicher wird der Setz-Befehl nur wirksam, wenn der jeweils andere Speicher ein „0“-Signal hat, also nicht gesetzt ist.

Verriegelung über den Rücksetz-Eingang

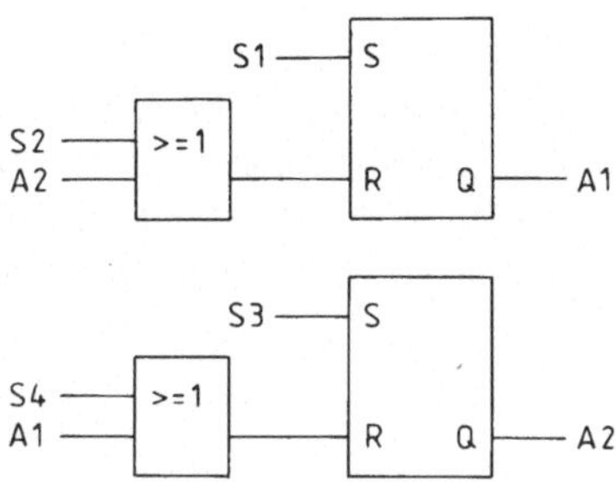

Wird über S1 ein „1"-Signal an den Setz-Eingang des Speichers gelegt, so wird durch die sequentielle Programmbearbeitung Speicher 1 gesetzt, jedoch sofort wieder mit der nächsten Anweisung zurückgesetzt, wenn Speicher 2 gesetzt ist.

Obwohl die Verriegelung über Rücksetzeingänge nur möglich ist bei der Programmierung der rücksetzdominanten Speicherfunktion, wird diese Art der Verriegelung sehr häufig angewandt.

Eine andere Art der Verriegelung liegt vor, wenn Speicherglieder nur in einer ganz bestimmten *festgelegten Reihenfolge* gesetzt werden dürfen. Damit ein Speicher gesetzt werden kann, muß zuvor ein anderer Speicher gesetzt sein. Mit dem Befehl S1 wird beispielsweise Speicher 1 gesetzt. Nun erst kann mit dem Befehl S3 Speicher 2 gesetzt werden. Die Bedingung, daß zunächst Speicher 1 gesetzt sein muß bevor Speicher 2 gesetzt werden kann, läßt sich sowohl am Setzeingang wie auch am Rücksetzeingang des Speichergliedes berücksichtigen.

Reihenfolgen-Verriegelung über den Setz-Eingang:

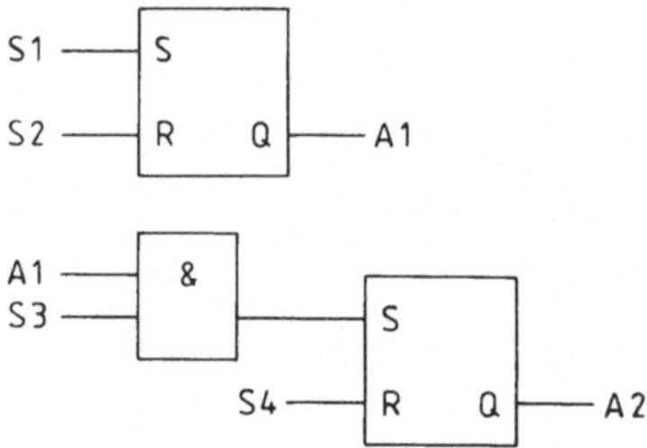

Reihenfolgen-Verriegelung über den Rücksetz-Eingang:

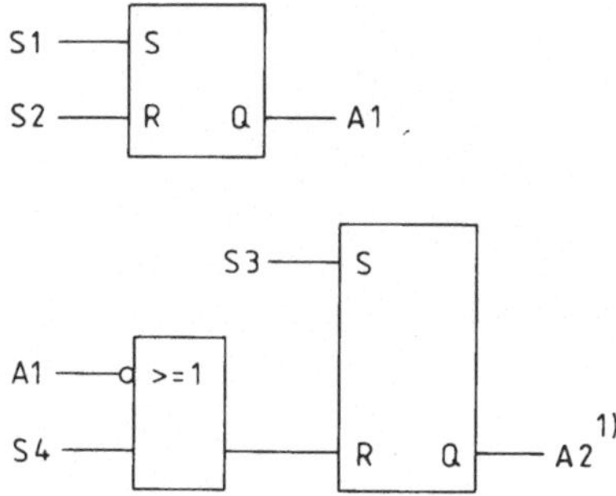

1) Bei dieser Reihenfolgen-Verriegelung wird allerdings beim Rücksetzen von A1 auch A2 zurückgesetzt.

In der Praxis wird die Reihenfolgen-Verriegelung am Setzeingang bevorzugt.

▼ **Beispiel 5.3: Behälter-Füllanlage**

Drei Vorratsbehälter mit den Signalgebern S1; S3 und S5 für die Vollmeldung und S2; S4 und S6 für die Leermeldung können von Hand in beliebiger Reihenfolge entleert werden. Eine Steuerung soll bewirken, daß stets nur ein Behälter nach erfolgter Leermeldung gefüllt werden kann. Das Füllen eines Behälters dauert solange an, bis die entsprechende Vollmeldung erfolgt ist.

Technologieschema:

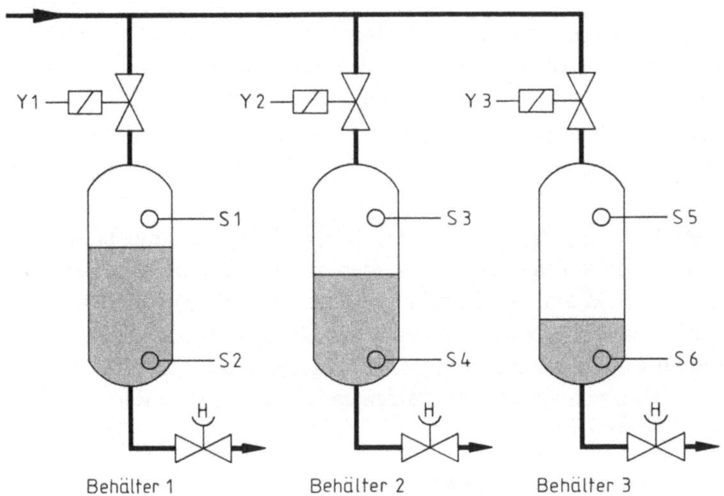

Bild 5.3 Behälterfüllanlage

Zuordnungstabelle:

Eingangsvariable	Betriebsmittel-kennzeichen	logische Zuordnung
Vollmeld Beh. 1	S1	Beh. 1 voll S1 = 1
Vollmeld. Beh. 2	S3	Beh. 2 voll S3 = 1
Vollmeld. Beh. 3	S5	Beh. 3 voll S5 = 1
Leermeld. Beh. 1	S2	Beh. 1 leer S2 = 1
Leermeld. Beh. 2	S4	Beh. 2 leer S4 = 1
Leermeld. Beh. 3	S6	Beh. 3 leer S6 = 1
Ausgangsvariable		
Ventil Beh. 1	Y1	Ventil offen Y1 = 1
Ventil Beh. 2	Y2	Ventil offen Y2 = 1
Ventil Beh. 3	Y3	Ventil offen Y3 = 1

Grobstruktur der Steuerung:

Die Steuerung erfordert eine Verriegelungsschaltung 1 aus 3. Das bedeutet, von drei Speichern darf nur jeweils ein Speicher gesetzt werden.

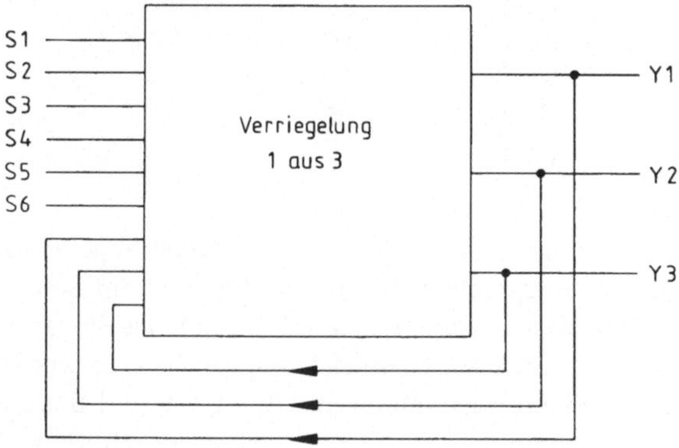

Funktionsplan:

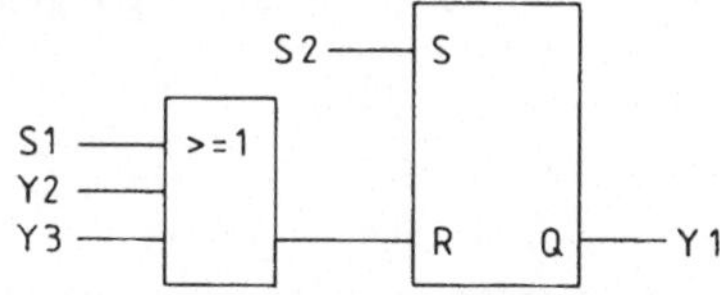

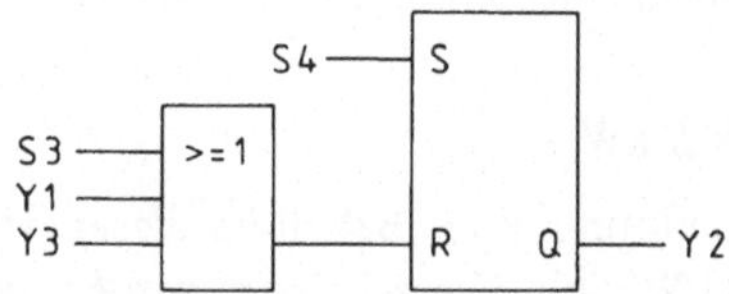

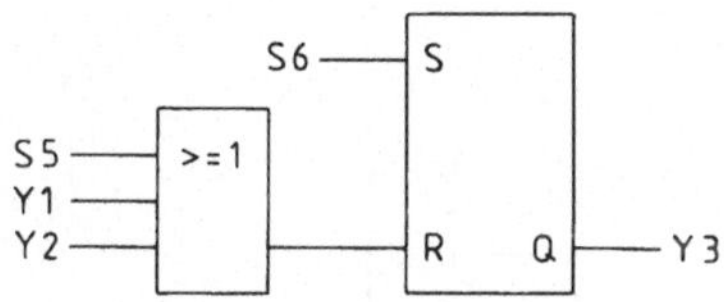

Realisierung mit einer SPS:

Zuordnung:	S1 = E 0.1	Y1 = A 0.1
	S2 = E 0.2	Y2 = A 0.2
	S3 = E 0.3	Y3 = A 0.3
	S4 = E 0.4	
	S5 = E 0.5	
	S6 = E 0.6	

Anweisungsliste:

```
:U   E 0.2      :U   E 0.4      :U   E 0.6
:S   A 0.1      :S   A 0.2      :S   A 0.3
:O   E 0.1      :O   E 0.3      :O   E 0.5
:O   A 0.2      :O   A 0.1      :O   A 0.1
:O   A 0.3      :O   A 0.3      :O   A 0.2
:R   A 0.1      :R   A 0.2      :R   A 0.3
                                :BE
```

▲

Tritt bei zwei Behältern eine Leermeldung auf, während der dritte Behälter gerade gefüllt wird, so ist es von der Plazierung der entsprechenden Speicherfunktion im Steuerungsprogramm abhängig, welcher Behälter als nächster gefüllt wird. Sind die Steuerungsanweisungen in der Reihenfolge geschrieben wie im Beispiel 5.3 angegeben, so werden die Behälter immer in der numerischen Reihenfolge gefüllt. In Übung 5.5 und Beispiel 7.3 ist für diese Steuerungsaufgabe das Programm dahingehend verändert, daß die zeitliche Reihenfolge der Leermeldung berücksichtigt wird.

Im nächsten Beispiel 5.4 „Pumpensteuerung" wird nochmals die Verriegelung von Speichergliedern gezeigt, allerdings mit unterschiedlichen Verriegelungsbedingungen für die einzelnen Speicherglieder.

▼ **Beispiel 5.4: Pumpensteuerung**

Vier Behälter, die von Hand entleert werden können, werden mit Pumpen aus einem gemeinsamen Vorratsbehälter gefüllt. Jeder Behälter hat einen Signalgeber für die Vollmeldung und für die Leermeldung. Die Pumpen haben die unterschiedlichen Anschlußleistungen:

P1 = 3 kW P2 = 2 kW P3 = 7 kW P4 = 5 kW

Eine Steuerschaltung soll bewirken, daß bei Leermeldung eines Behälters dieser wieder gefüllt wird, jedoch ein Gesamtanschlußwert von 10 kW nicht überschritten werden darf.

Technologieschema:

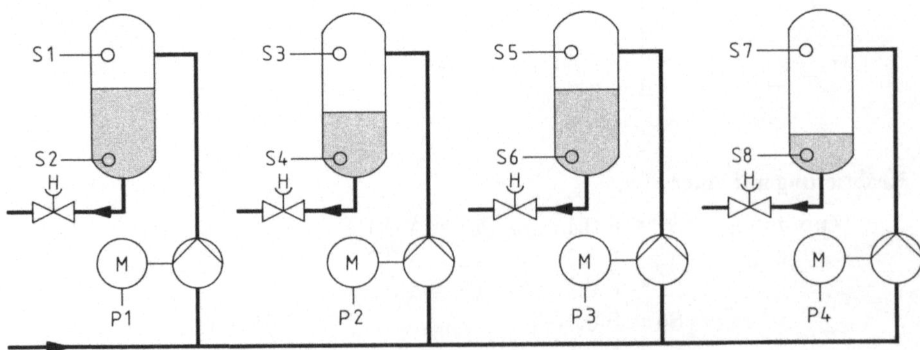

Bild 5.4 Pumpensteuerung

Zuordnungstabelle:

Eingangsvariable	Betriebsmittel-kennzeichen	logische Zuordnung	
Vollmeld. Beh. 1	S1	Beh. 1 voll	S1 = 1
Vollmeld. Beh. 2	S3	Beh. 2 voll	S3 = 1
Vollmeld. Beh. 3	S5	Beh. 3 voll	S5 = 1
Vollmeld. Beh. 4	S7	Beh. 3 voll	S7 = 1
Leermeld. Beh. 1	S2	Beh. 1 leer	S2 = 1
Leermeld. Beh. 2	S4	Beh. 2 leer	S4 = 1
Leermeld. Beh. 3	S6	Beh. 3 leer	S6 = 1
Leermeld. Beh. 4	S8	Beh. 4 leer	S8 = 1
Ausgangsvariable			
Pumpe Beh. 1	P1	Pumpe P1 an	P1 = 1
Pumpe Beh. 2	P2	Pumpe P2 an	P2 = 1
Pumpe Beh. 3	P3	Pumpe P3 an	P3 = 1
Pumpe Beh. 4	P4	Pumpe P4 an	P4 = 1

Grobstruktur der Steuerung

Um die erforderlichen Verriegelungsbedingungen der Aufgabenstellung gemäß zu berücksichtigen, wird eine Tabelle angelegt, in der für jede Pumpe die Kombinationen eingetragen werden, bei denen die Pumpe nicht zugeschaltet werden darf.

Pumpen	P1	P2	P3	P4
Kombinationen	P2 & P3	P1 & P3	P1 & P2 P4	P3

Funktionsplan:

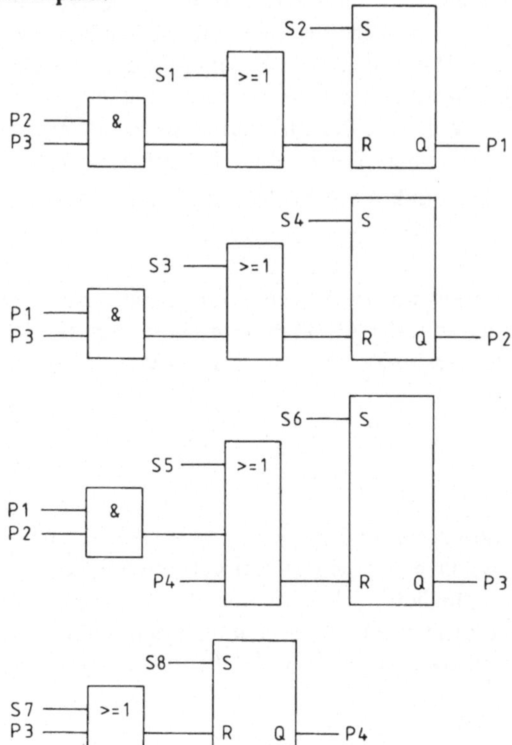

Realisierung mit einer SPS:

Zuordnung:	S1 = E 0.1	P1 = A 0.1
	S2 = E 0.2	P2 = A 0.2
	S3 = E 0.3	P3 = A 0.3
	S4 = E 0.4	P4 = A 0.4
	S5 = E 0.5	
	S6 = E 0.6	
	S7 = E 0.7	
	S8 = E 1.0	

Anweisungsliste:

```
PUMPE 1           PUMPE 2           PUMPE 3           PUMPE 4
:U    E 0.2       :U    E 0.4       :U    E 0.6       :U    E 1.0
:S    A 0.1       :S    A 0.2       :S    A 0.3       :S    A 0.4
:O    E 0.1       :O    E 0.3       :O    E 0.5       :O    E 0.7
:O                :O                :O                :O    A 0.3
:U    A 0.2       :U    A 0.1       :U    A 0.1       :R    A 0.4
:U    A 0.3       :U    A 0.3       :U    A 0.2       :BE
:R    A 0.1       :R    A 0.2       :O    A 0.4
                                    :R    A 0.3
```

▲

- **Übung 5.5: Behältersteuerung**

Drei Vorratsbehälter (siehe Beispiel 5.3) mit den Signalgebern S1; S3 und S5 für die Vollmeldung und S2; S4 und S6 für die Leermeldung können von Hand in beliebiger Reihenfolge entleert werden. Eine Steuerung soll bewirken, daß stets nur ein Behälter nach erfolgter Leermeldung gefüllt werden kann. Das Füllen eines Behälters dauert, bis die entsprechende Vollmeldung erfolgt ist. Das Füllen der Behälter soll in der Reihenfolge ausgeführt werden, in der sie entleert werden. Werden die Behälter beispielsweise in der Reihenfolge 2-1-3 entleert, müssen sie auch in der Reihenfolge 2-1-3 wieder gefüllt werden.

Ermitteln Sie die Zuordnungstabelle, den Funktionsplan der Steuerung und realisieren Sie die Steuerung mit einer SPS.

Hinweis:
Die Steuerschaltung stellt eine Kombination von zwei Verriegelungsschaltungen 1 aus 3 dar. In der ersten Verriegelungsschaltung wird der Behälter gespeichert, der als nächster gefüllt werden muß. In der zweiten Verriegelungsschaltung wird das Ventil gespeichert, welches gerade offen ist.

- **Übung 5.6: Torsteuerung**

Ein Werktor soll mit einem Elektromotor auf und zu gesteuert werden können. Der Elektromotor wird über zwei Leistungsschütze angesteuert. Hat Leistungsschütz K1 angezogen, dreht der Motor rechts und das Schiebetor geht auf. Mit dem Leistungsschütz K2 dreht der Motor links und das Schiebetor geht zu. Die beiden Schützen dürfen niemals gleichzeitig angezogen sein. Nach VD 0160 ist eine Verriegelung auf der Schützebene zusätzlich erforderlich.

Die Endlagen des Schiebetors werden mit entsprechenden Endschaltern gemeldet. Das Bedienpult für die Torsteuerung ist wie folgt aufgebaut:

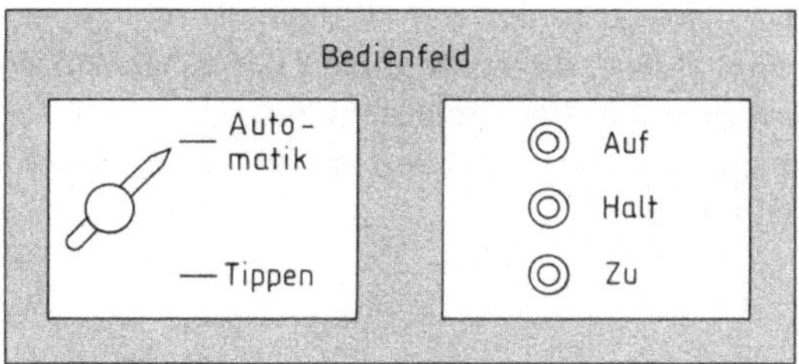

Steht der Wahlschalter Automatik/Tippen in Stellung Automatik, so kann durch kurzzeitiges Drücken des AUF-Tasters bzw. ZU-Tasters das Tor auf- bzw. zugesteuert werden. Durch Drücken des HALT-Tasters kann dieser Vorgang jeweils unterbrochen werden. Steht der Wahlschalter in Stellung Tippen, so wird das Werktor mit den Tastern AUF und ZU im Tippbetrieb betätigt, das heißt, das Tor bewegt sich nur solange, wie die entsprechende Taste betätigt wird. Ermitteln Sie die Zuordnungstabelle, den Funktionsplan und realisieren Sie die Schaltung mit einer SPS.

Technologieschema:

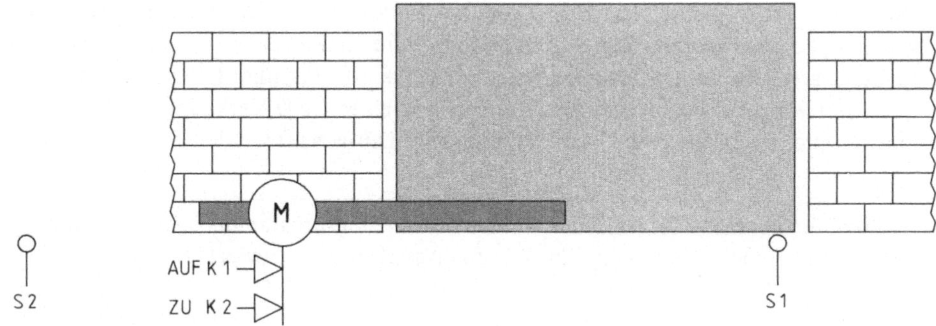

Bild 5.5 Torsteuerung

Übung 5.7: Schloßschaltung

Der Eingang in einen Lagerraum ist mit einer Schloßschaltung gesichert. Hierzu sind fünf Taster T1 bis T5 angebracht. Nach Eingabe der Tastenfolge T2-T4-T3-T2-T5 wird ein Türöffner solange angesteuert, wie Taster T5 gedrückt wird. Wird nach der Tastenfolge T2-T4 beispielsweise eine falsche Taste gedrückt, so muß die richtige Tastenfolge nochmals von Beginn an eingegeben werden.

Ermitteln Sie die Zuordnungstabelle und den Funktionsplan. Realisieren Sie die Steuerung mit einer SPS.

5.4 Wischkontakt und Flankenauswertung

Wischkontakte oder *Kurzeinschaltglieder* werden in der Steuerungstechnik benötigt, um aus einem Dauersignal einen *Impuls* zu bilden. In der Kontakttechnik sind solche Kurzeinschaltglieder spezielle Kontakte eines Relais, die nur während das Relais anzieht oder abfällt kurz Kontakt geben. Realisiert man die Steuerschaltung mit einer SPS, so bieten manche SPS-Hersteller das Wischprinzip als fertige Funktion an. Die Wischzeit (Kurzeinschaltzeit) kann hierbei sogar eingestellt werden.

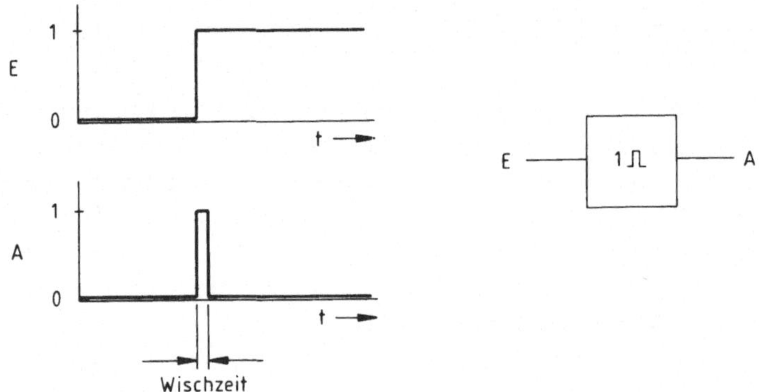

Dauert die Kurzeinschaltzeit länger als die Zykluszeit, so wird für die Wischfunktionen ein Zeitglied verwendet. Diese Anwendung wird in Kapitel 6 behandelt. Die kürzeste realisierbare Zeit dauert so lange wie die Zykluszeit. Wischkontakte, bei denen die Einschaltzeit eine Zykluszeit beträgt, können mit einer UND-Verknüpfung und einer Speicherfunktion oder mit zwei UND-Verknüpfungen aufgebaut werden.

Wischfunktionen werden innerhalb eines Steuerungsprogramms dazu verwendet, um ansteigende oder abfallende Flanken zu erfassen und auszuwerten.

Eine Flanke entsteht immer, wenn sich der Signalzustand einer Variablen ändert. Wechselt der Signalzustand von „0“ nach „1“, so liegt eine *ansteigende Flanke* vor. Bei umgekehrtem Signalwechsel spricht man von einer fallenden Flanke.

Das Erkennen einer Flanke mit einem Wischkontakt basiert auf der sequentiellen Abarbeitung des Steuerungsprogramms. Bei jedem Programmdurchlauf wird geprüft, ob sich der Signalzustand einer Variablen gegenüber dem vorherigen Durchlauf verändert hat. Der alte Signalzustand muß gespeichert werden, um ihn mit dem neuen Signalzustand vergleichen zu können. Diese Aufgabe übernimmt der Merker M1. Stimmt der Signalzustand des Merkers M1 nicht mit dem Signalzustand der Variablen überein, liegt eine Signalflanke vor. Für die Dauer eines Programmdurchlaufs wird dann einem zweiten Merker M0 der Signalzustand „1“ zugewiesen. Der Merker M0 wird häufig als Impulsmerker bezeichnet.

Wischfunktion für das Erkennen einer ansteigenden Flanke:

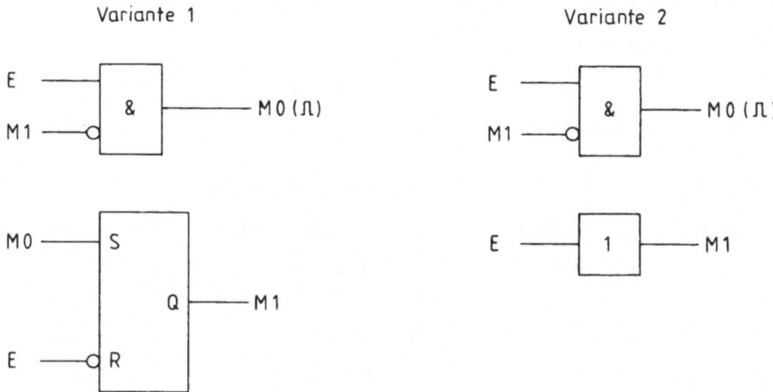

In der folgenden Tabelle sind zur Verdeutlichung der Wischfunktion für mehrere Programmdurchläufe die Signalzustände der beteiligten Variablen dargestellt.

Zyklus	1	2	3	4	.	.	.	n–1	n
Variable									
E	0	1	1	1	.	.	.	1	0
M0	0	1	0	0	.	.	.	0	0
M1	0	1	1	1	.	.	.	1	0

Wie aus der Tabelle zu ersehen ist, hat der *Impulsmerker M0* nur während des 2. Durchlaufs des Programms den Signalzustand „1“. Die Realisierung der Wischfunktion zur Flankenauswertung setzt eine zyklische Programmabarbeitung voraus und kann, obwohl diese Funktion mit allgemeinen logischen Funktionsgliedern dargestellt ist, nicht ohne weiteres auf eine andere Realisierungsart wie Schütze, pneumatische Ventile oder Schaltkreisglieder übertragen werden.

Wischfunktion für das Erkennen einer abfallenden Flanke:

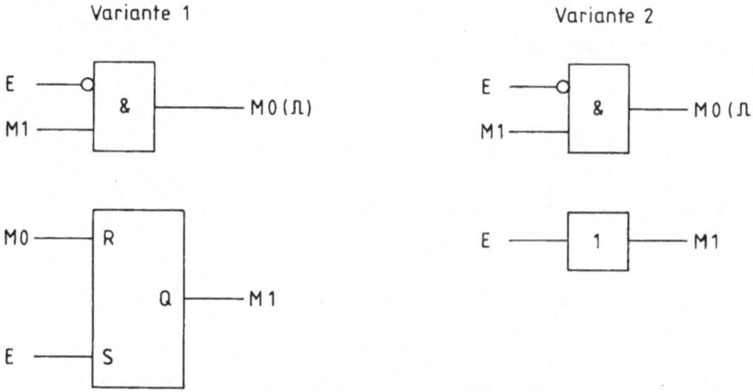

Tabelle mit aufeinanderfolgenden Programmdurchläufen

Zyklus	1	2	3	.	.	.	n–2	n–1	n
Variable									
E	0	1	1	.	.	.	1	0	0
M0	0	0	0	.	.	.	0	1	0
M1	0	1	1	.	.	.	1	0	0

Das Steuerungsprogramm für die Wischfunktion zur Flankenauswertung muß in der Anweisungsliste stets in der angegebenen Reihenfolge geschrieben werden.

Zuordnung: E = E 0.0 M0 = M 0.0
M1 = M 0.1

AWL:

ansteigende Flanke

```
U  E 0.0   oder   U  E 0.0
UN M 0.1          UN M 0.1
=  M 0.0          =  M 0.0
S  M 0.1          U  E 0.0
UN E 0.0          =  M 0.1
R  M 0.1
```

abfallende Flanke

```
UN E 0.0   oder   UN E 0.0
U  M 0.1          U  M 0.1
=  M 0.0          =  M 0.0
R  M 0.1          U  E 0.0
U  E 0.0          =  M 0.1
S  M 0.1
```

Die Überprüfung der Wischfunktion kann weder mit der Statusanzeige noch mit einer Zuweisung der Merker auf Ausgänge erfolgen. Es läßt sich nur die Wirkung der Wischfunktion zeigen, wenn mit dem Flankenmerker M0 ein Speicher gesetzt wird. Im folgenden Beispiel 5.5 Impulsschalter wird eine typische Anwendung der Wischfunktion beschrieben.

▼ **Beispiel 5.5: Impulsschalter**

Eine Meldeleuchte soll durch kurzzeitiges Betätigen eines Tasters S eingeschaltet werden. Wird der Taster S erneut betätigt, wird die Meldeleuchte wieder ausgeschaltet.

Zuordnungstabelle:

Eingangsvariable	Betriebsmittel-kennzeichen	logische Zuordnung
Taster	E	Taster gedrückt E = 1
Ausgangsvariable		
Meldeleuchte	A	Meldeleuchte an A = 1

Funktionsdiagramm der Steueraufgabe:

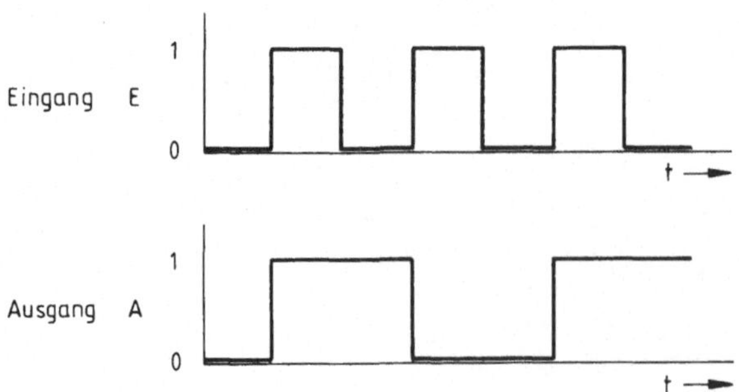

Aus dem Funktionsdiagramm ist zu erkennen, daß stets die positive Flanke der Eingangsvariablen zu einer Änderung des Signalzustandes der Ausgangsvariablen führt. Der Speicher für die Ausgangsvariable wird bei einer ansteigenden Flankenänderung abwechselnd gesetzt und rückgesetzt.

Ausgangspunkt des Steuerungsprogramms für den Impulsschalter ist ein RS-Speicherglied.

Das Speicherglied wird mit einer Flankenauswertung M0 des Eingangs E gesetzt, wenn der Ausgang A Signalzustand „0“ hat und mit M0 zurückgesetzt, wenn der Ausgang A Signalzustand „1“ hat. Nach dem Setz- und Rücksetzbefehl für das Speicherglied (Merker M2), wird der Signalwert des Merkers M2 dem Ausgang A zugewiesen.

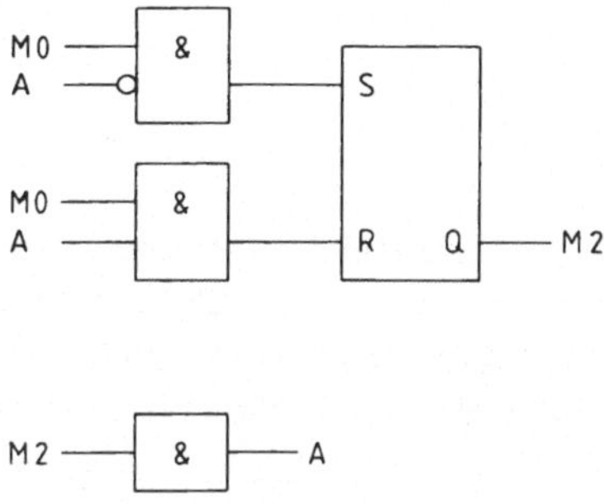

In den Verriegelungen des Setz- bzw. Rücksetzeinganges wird der Signalzustand des Ausganges A abgefragt.

Hat der Merker M0 Signalzustand „1“, wechselt zunächst der Speicher M2 und dann der Ausgang A seinen Signalzustand. Da über die Flankenauswertung des Einganges E der Merker M0 nur einen Zyklus lang ist, wechselt der Signalzustand des Ausganges A bei jeder ansteigenden Flanke des Einganges E, also bei jedem Tastendruck.

Das komplette Steuerungsprogramm für den Impulsschalter lautet dann:

Funktionsplan:

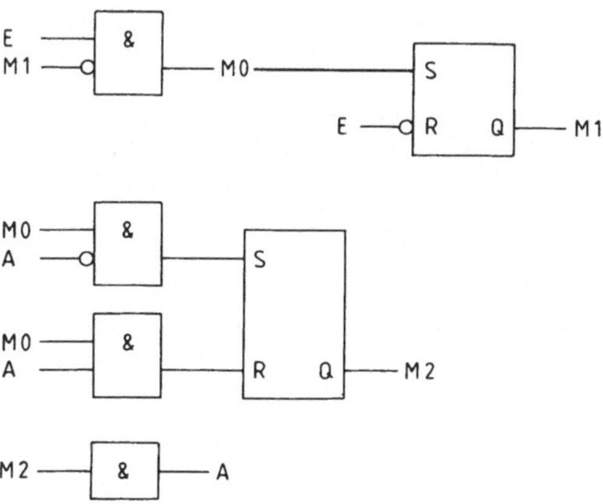

Wird die Speicherfunktion für Merker M2 rücksetzdominant programmiert, so kann in der Setzbedingung die Verriegelung mit dem Ausgang A auch weggelassen werden.

Realisierung mit einer SPS:

Zuordnung: E = E 0.0 A = A 0.0 M0 = M 0.0
M1 = M 0.1
M2 = M 0.2

AWL:

```
:U   E 0.0      :U   M 0.0      :U   M 0.2
:UN  M 0.1      :UN  A 0.0      :=   A 0.0
:=   M 0.0      :S   M 0.2      :BE
:U   M 0.0      :U   M 0.0
:S   M 0.1      :U   A 0.0
:UN  E 0.0      :R   M 0.2
:R   M 0.1
```

▲

Der „Trick" mit der versetzten Zuweisung der Ausgangsvariablen in Zusammenhang mit dem Wischkontakt für die Flankenauswertung ermöglicht es, aus RS-Speichergliedern *flankengesteuerte Speicherglieder* zu bilden. Schaltungen dieser Art können nicht mehr mit elektrischen Schaltkreisen, Schützen und pneumatischen Stellgliedern aufgebaut und nachvollzogen werden.

Der im Beispiel 5.5 dargestellte Impulsschalter wird häufig als *Binäruntersetzer* bezeichnet. Werden mehrere Binäruntersetzer hintereinander geschaltet, so ergibt sich ein Zähler.

● **Übung 5.8: Impulsschalter für zwei Meldeleuchten**

Durch einmaliges Betätigen eines Tasters S1 wird die Meldeleuchte H1 eingeschaltet. Wird der Taster S1 nochmals betätigt, wird eine zweite Meldeleuchte H2 eingeschaltet. Durch nochmaliges Betätigen des Tasters S1 werden beide Meldeleuchten wieder ausgeschaltet.

Ermitteln Sie die Zuordnungstabelle, das Funktionsdiagramm, den Funktionsplan und realisieren Sie die Steuerung mit einer SPS.

6 Verknüpfungssteuerungen mit Zeitverhalten

6.1 Betriebsarten der Zeitglieder

Die Zeitbildung ist eine binäre Grundfunktion der Steuerungstechnik. Programmierbare *Zeitglieder* haben die Aufgabe, zwischen einem Startsignal an einem Eingang und einem Antwortsignal an einem Steuerungsausgang eine gewünschte zeit-logische Beziehung herzustellen. Die Zeitglieder (Timer) werden numeriert. Dem Anwender einer SPS stehen in der Regel mehrere Zeitglieder zur Verfügung.

Für die Steuerungspraxis sind die nachfolgenden vier Zeitfunktionen von Bedeutung, wobei SI und SE am häufigsten benötigt werden.

Je nach Funktionsumfang der SPS können eine oder mehrere Zeitfunktionen per Programmiergerät aufgerufen werden.

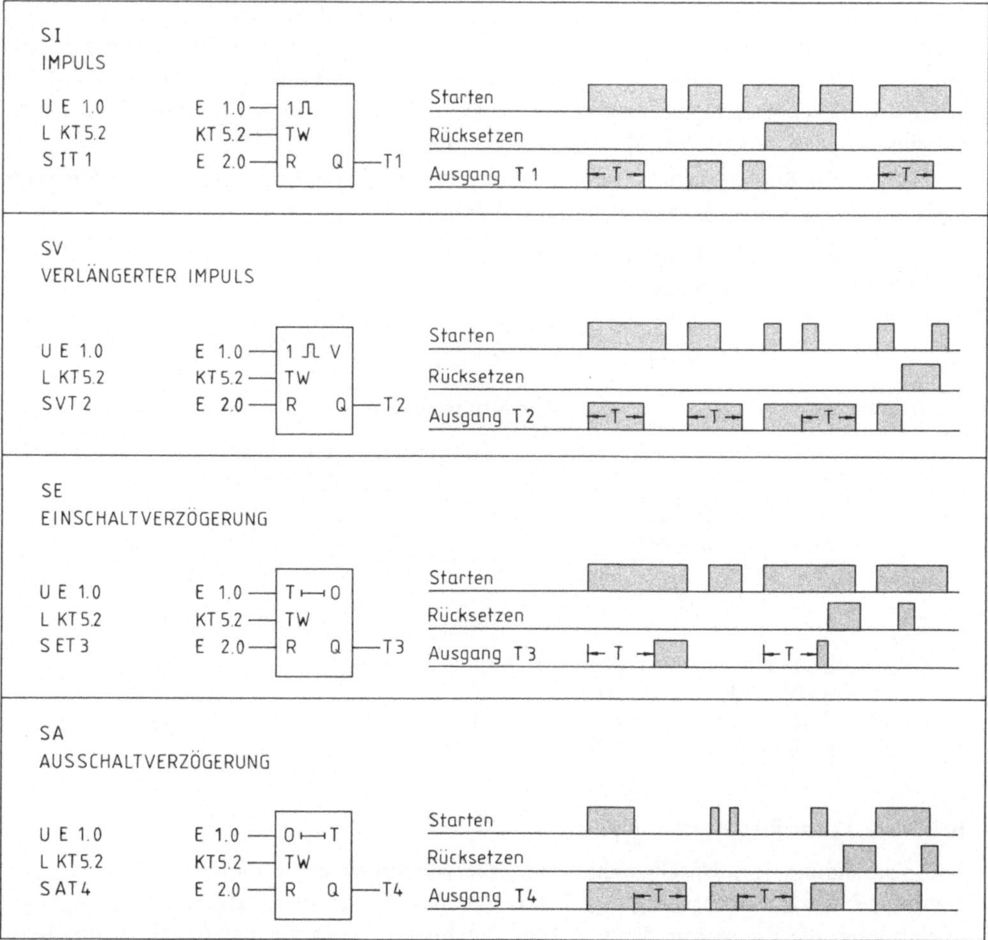

Bild 6.1 Zeitglieder

Die geräteinterne Realisierung der Zeitbildung muß vom Anwender nicht bedacht werden. Es genügt zu wissen, daß bei einfachen SPS *Analog-Zeitglieder* verwendet werden, die man wirkungsmäßig auf die Aufladung von Kondensatoren zurückführen kann. Üblicherweise kommen jedoch *Digital-Zeitglieder* zur Anwendung. Bei diesem Prinzip liefert ein interner Taktgenerator Zählimpulse, die einem Rückwärtszähler zugeführt werden. Starten einer Zeit bedeutet in diesem Fall, den Zähler auf eine bestimmte Zahl voreinstellen. Die Zeit ist dann abgelaufen, wenn die internen Zählimpulse den Zählerstand auf Null vermindert haben.

6.2 Zeit als Impuls (SI)

Bei einem *Zustandswechsel* von „0“ nach „1“ am *Starteingang* (1⎍) des Zeitgliedes wird die Zeit gestartet. Tritt während der Laufzeit des Zeitgliedes am Starteingang der Signalzustand „0“ auf, wird das Zeitglied auf Null gesetzt (gelöscht). Dies bedeutet eine vorzeitige Beendigung der Laufzeit (Abbruch der Zeit).

Während der Laufzeit führt der Binärausgang Q des Zeitgliedes den Signalzustand „1“. Eine „0“ am Steuerungsausgang Q zeigt an, daß die Zeit abgelaufen ist. Der *binäre Steuerungsausgang* Q wird abgefragt mit den Anweisungen U Tx (UND ZEIT x) bzw. 0 Tx (ODER ZEIT x). Der Signalzustand des binären Zeitausganges kann einem Steuerungsausgang A oder einem Merker M zugewiesen werden.

Direkt vor der Startoperation muß die Zeitdauer programmiert werden. Die *Zeitdauer* bestimmt sich aus dem *Zeitfaktor* und der *Zeitbasis.*

Zeitfaktor = Zahl zwischen 1 und 999
Zeitbasis = Zeitraster
0 = 0.01   2 = 1 s
1 = 0.1 s   3 = 10 s

Beispiel:
K T 50.1
(Konstante Zeit 5 s)

Funktionsplan:

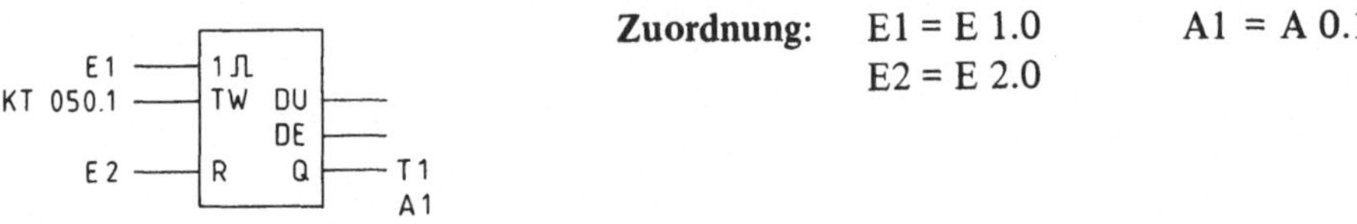

Anweisungsliste

Zuordnung: E1 = E 1.0   A1 = A 0.1
E2 = E 2.0

AWL:

```
:U   E 1.0      :R   T 1
:L   KT050.1    :U   T 1
:SI  T 1        :=   A 0.1
:U   E 2.0      :BE
```

▼ **Beispiel 6.1: Zweihandverriegelung**

Zur Vermeidung von Unfallgefahren soll die Steuerung einer Presse durch eine sogenannte „Zweihandverriegelung“ gesichert werden. Es ist die Aufgabe der Zweihandverriegelung, die Presse nur dann in Gang zu setzen, wenn die Bedienperson die Tastschalter S1 und S2 innerhalb von 0.1 s betätigt. Beide Tastschalter sind in ausreichendem Abstand voneinander angebracht.

Die Presse führt den Arbeitshub nicht aus, wenn einer oder beide Tastschalter dauernd betätigt sind (z. B. Feststellung mittels Klebeband). Ebenso wird die Bewegung des Stempels über den Excenter bei Unterbrechung der Tastenbetätigung sofort unterbunden.

Technologieschema:

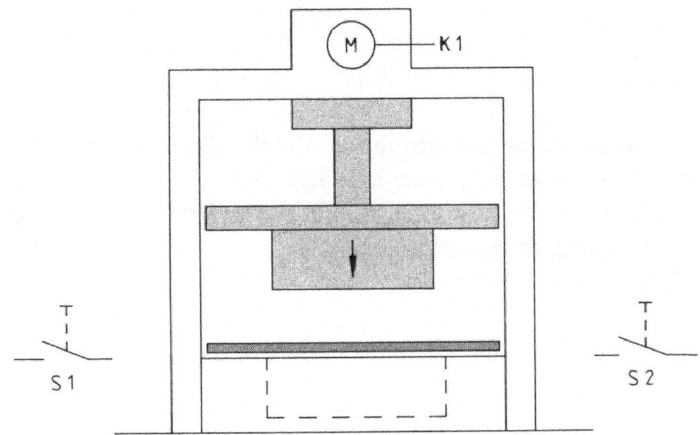

Bild 6.2 Presse

Zuordnungstabelle:

Eingangsvariable	Betriebsmittel-kennzeichen	Logische Zuordnung
Tastschalter links	S1	Taster gedrückt S1 = 1
Tastschalter rechts	S2	Taster gedrückt S2 = 1
Ausgangsvariable		
Presse	K1	Arbeitshub K1 = 1

Lösung:

Die verkürzt dargestellte Funktionstabelle weist die Eingangsvariablen S1 und S2 (Tastschalter) sowie den Zeitkontakt T und den Zustand Q des Steuerungsausgangs K1 auf (die Zustandsvariable Q beschreibt den Ausgangszustand der Steuerung vor dem Anlegen der jeweiligen Eingangskombination).

Q	T	S1	S2	K1
0	1	1	1	1
1	0	1	1	1
1	1	1	1	1
alle anderen Kombinationen				0

Schaltfunktion:

$$K1 = \overline{Q} \,\&\, T \,\&\, S2 \,\&\, S1 \vee Q \,\&\, \overline{T} \,\&\, S2 \,\&\, S1 \vee Q \,\&\, T \,\&\, S2 \,\&\, S1$$

Minimierung:

Regeln siehe Kp. 4.4.1. Nach der Regel E = E ∨ E kann der rechte Term nochmals in die Schaltfunktion geschrieben und zur Zusammenfassung genutzt werden.

$$K1 = \overline{Q} \,\&\, T \,\&\, S2 \,\&\, S1 \vee Q \,\&\, T \,\&\, S2 \,\&\, S1 \vee Q \,\&\, \overline{T} \,\&\, S2 \,\&\, S1 \vee Q \,\&\, T \,\&\, S2 \,\&\, S1$$
$$K1 = T \,\&\, S2 \,\&\, S1 \vee Q \,\&\, S2 \,\&\, S1$$
$$K1 = S1 \,\&\, S2 \,\&\, (T \vee Q)$$

Funktionsplan:

Der Funktionsplan stellt die gewonnene Schaltfunktion einschließlich der Zeitbildung dar. Das Zeitglied T1 kann nur durch einen Zustandswechsel von „0" auf „1" gestartet werden. Dieser Zustandswechsel wird durch S1 oder S2 ausgelöst. Eine Dauerbetätigung von S1 oder S2 unterbindet den Zustandswechsel!

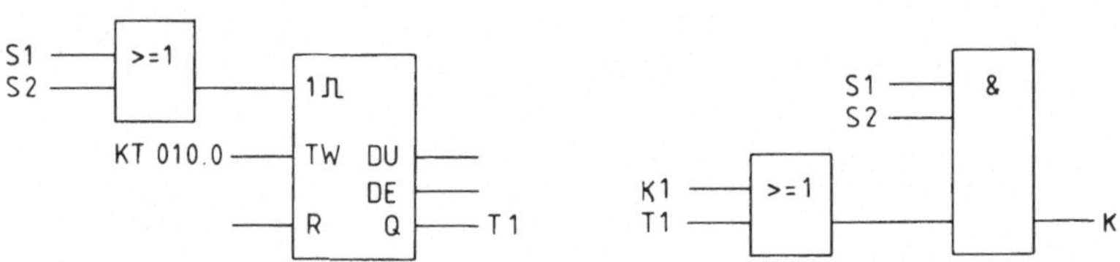

Realisierung mit einer SPS:

Zuordnung: S1 = E 0.0 K1 = A 0.0 Zeitglied T1
S2 = E 0.1

Anweisungsliste:

```
:O   E 0.0        :U(
:O   E 0.1        :O   A 0.0
:L   KT010.0      :O   T 1
:SI  T 1          :)
:U   E 0.0        :=   A 0.0
:U   E 0.1        :BE
```
▲

- **Übung 6.1: Zweihandverriegelung**

Bearbeiten Sie die voranstehende Steuerungsaufgabe noch einmal, jedoch auf einem anderen Lösungsweg:

Übertragen Sie die Angaben der Funktionstabelle in das KVS-Diagramm und ermitteln Sie dort die minimale Schaltfunktion in Disjunktiver Normalform. Setzen Sie diese Funktion in den Funktionsplan und die Anweisungsliste unter Hinzufügung des Zeitgliedes um.

- **Übung 6.2: Anlassersteuerung**

Bei Drehstrommotoren mit Schleifringläufern werden zur Vermeidung eines hohen Einschaltstromes Widerstände in den Läuferstromkreis geschaltet.

Durch Betätigung des Tastschalters S1 zieht das Netzschütz K1 an. Die Schütze K2, K3 und K4 ziehen dann jeweils nach Ablauf einer Verzögerungszeit von 5 s in der Reihenfolge K2, K3, K4 an und schließen die entsprechenden Widerstandsgruppen kurz.

Hat das letzte Schütz K4 angezogen, sind die Schleifringe des Läufers kurzgeschlossen und der Motor läuft im Nennbetrieb. Durch Betätigung des Tasters S0 wird die Steuerung sofort in den Ruhezustand versetzt.

Technologieschema:

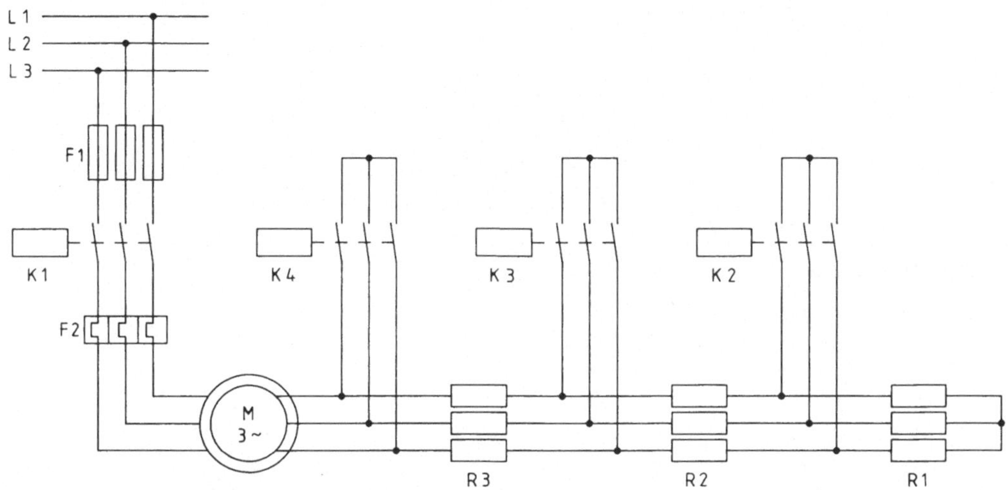

Bild 6.3 Anlassersteuerung

6.3 Zeit als verlängerter Impuls (SV)

Bei einem *Zustandswechsel* von „0" nach „1" am Starteingang (1⎍V) wird die Zeit gestartet. Unabhängig von der zeitlichen Länge des Eingangssignals erscheint am Binärausgang Q eine „1" über die programmierte Zeitdauer. Kurze oder lange Startimpulse erzeugen gleich lange *Zeitblöcke* am Ausgang. Tritt ein erneuter Startimpuls noch während der Laufzeit auf, beginnt die Zeitdauer aufs Neue, so daß sich der Ausgangsimpuls zeitlich verlängert (*Nachtriggerung*). Zur Auswertung des Zeitablaufs wird der binäre Steuerungsausgang Q mit den Anweisungen U Tx bzw. 0 Tx abgefragt. Der Signalzustand des binären Zeitausgangs kann einem Ausgang A oder Merker M zugewiesen werden.

Bei einigen SPS kann die Zeitdauer eines Zeitgliedes auch durch Laden eines Eingangswortes (EWx), Ausgangswortes (AWx), Merkerwortes (MWx) oder Datenwortes (DWx) variabel vorgegeben werden. Die Wortvorgabe muß BCD-codiert sein. Ein Wort (16 Bit) besteht aus 2 Byte (8 Bit).

Beispiel für SIMATIC S 115U:

Der Anschluß eines BCD-Zahleneinstellers für das Eingangswort EW4 erfordert 16 binäre Steuerungseingänge EW4 = E 4.0 ... 4.7 und E 5.0 ... 5.7.

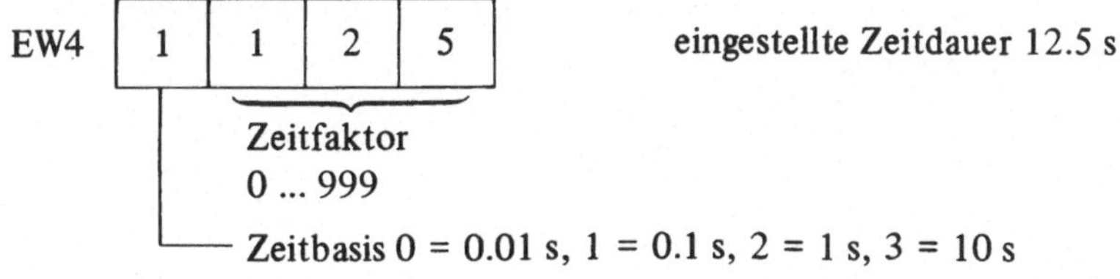

Funktionsplan:

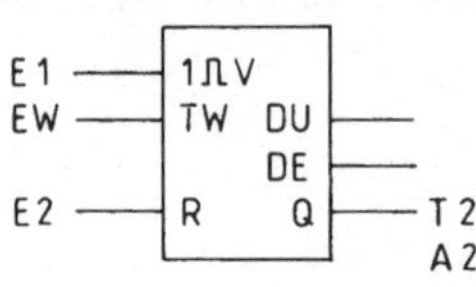

Ersatz-Funktionsplan:

Wenn die SPS nicht über die Anweisung „SV" verfügt.

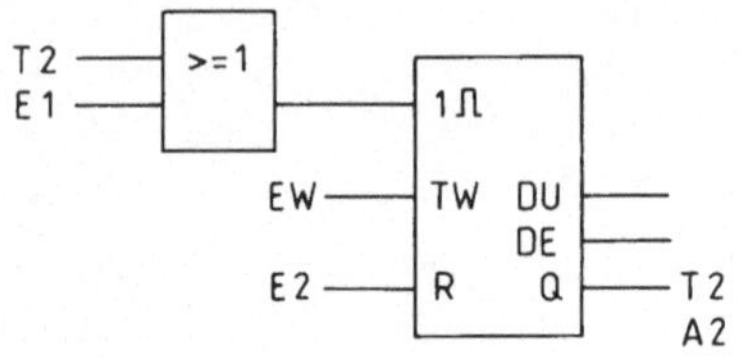

Im Ersatz-Funktionsplan ist jedoch keine Nachtriggerung möglich.

Anweisungsliste:

Zuordnung: E1 = E 1.0 A2 = A 0.2
E2 = E 2.0
EW = EW4

AWL:

```
:U    E 1.0       ODER             :U    E 2.0
:L    EW4         :O    T 2        :R    T 2
:SV   T 2         :O    E 1.0      :U    T 2
:U    E 0.2       :L    EW4        :=    A 0.2
:R    T 2         :SI   T 2        :BE
:U    T 2
:=    A 0.2
```

▼ **Beispiel 6.2: Taktgenerator**

Es ist ein Taktgenerator der Frequenz 1 Hz zu entwerfen, der bei Betätigung des Schalters S1 sofort mit einem 1-Signal am Ausgang beginnt und ein Impuls-Pausen-Verhältnis von 1 : 2 haben soll. Wird Schalter S ausgeschaltet, soll die Impulsfolge nach Beendigung des letzten vollständigen Taktzyklus unterbrochen werden.

Impulsdiagramm:

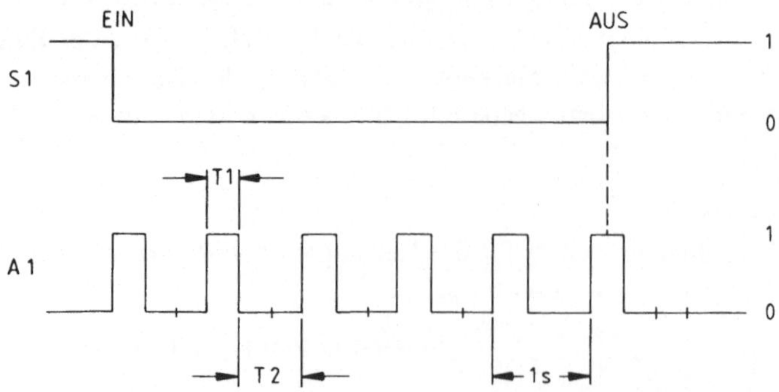

Zuordnungstabelle:

Eingangsvariable	Betriebsmittel-kennzeichen	Logische Zuordnung
Schalter	S1	gedrückt S1 = 0
Ausgangsvariable		
Leuchtdiode	A1	leuchtet A1 = 1

Lösung:

Die Lösung erfordert offensichtlich zwei Zeitglieder mit den Laufzeiten T1 = 0,33 s und T2 = 0,67 s. Somit ist der Binärausgang des Zeitgliedes 1 gleichzeitig der Ausgang A1 des Taktgenerators.

T1	A1
0	0
1	1

A1 = T1

Bei Beendigung der Laufzeit T1 wechselt der Signalzustand von „1“ nach „0“, gleichzeitig soll das Zeitglied T2 gestartet werden.

T1	T2
0	1
1	0

$T2 = \overline{T1}$

Zeitglied T1 soll bei Abschalten von S1 den letzten Impuls über die volle Zeitdauer ausführen, deshalb ist das Zeitglied SV T1 erforderlich.

Zur Ansteuerung des Zeitgliedes T1 müssen die Ausgangszustände von T2 und S2 ausgewertet werden. Wenn T2 auf den Ausgangszustand „0“ zurückwechselt und S1 = 0 (EIN) ist, muß Zeitglied T1 gestartet werden.

S1	T2	T1
0	0	1
0	1	0
1	0	0
1	0	0

$T1 = \overline{S1} \, \& \, \overline{T2}$

Funktionsplan:

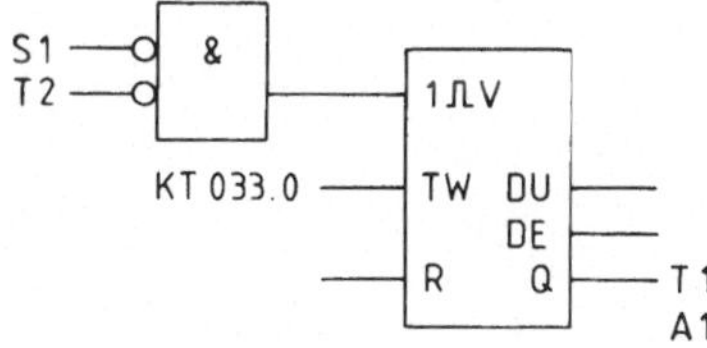

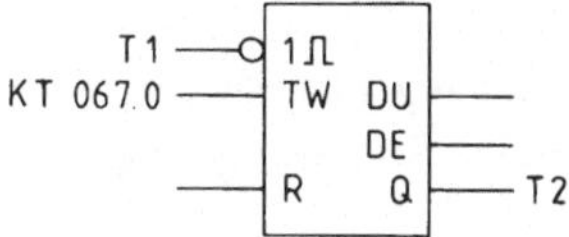

Realisierung mit einer SPS:

Zuordnung: S1 = E 0.0 Y1 = A 0.0 Zeitglied T1 (SV)
T2 (SI, SV)

Anweisungsliste:

```
:UN   E 0.0        :=    A 0.0
:UN   T 2          :UN   T 1
:L    KT033.0      :L    KT067.0
:SV   T 1          :SI   T 2
:U    T 1          :BE
```

▲

● **Übung 6.3: Förderbandkontrolle**

Ein Förderband wird durch einen Motor angetrieben. Solange das Band läuft, weil Motor M eingeschaltet ist, liefert der Bandwächter S2 24V-Impulse der Frequenz 10 Hz. Bei Stillstand meldet der Bandwächter den Signalzustand „0“.

Offensichtlich liegt dann eine Störung vor (z. B. Bandriß), wenn die Bandwächterimpulse fehlen, ohne daß der Motor ausgeschaltet wurde. In diesem Fall soll der Bandmotor abgeschaltet und ein Blinklicht der Frequenz 2 Hz an der Meldelampe H (Störung) aufleuchten. Die Bandwächterimpulse müssen bei der Erprobung der Steuerung extern bereitgestellt werden.

Ermitteln Sie FUP und AWL der Steuerung:

1. Verwenden Sie für die Bandwächterkontrolle das Zeitglied T1 (SV).
2. Der Taktgenerator für das Störmeldesignal soll ein Impuls-Pausen-Verhältnis von 1 : 1 haben und mit den Zeitgliedern T2 und T3 (SI) gebildet werden.

Technologieschema:

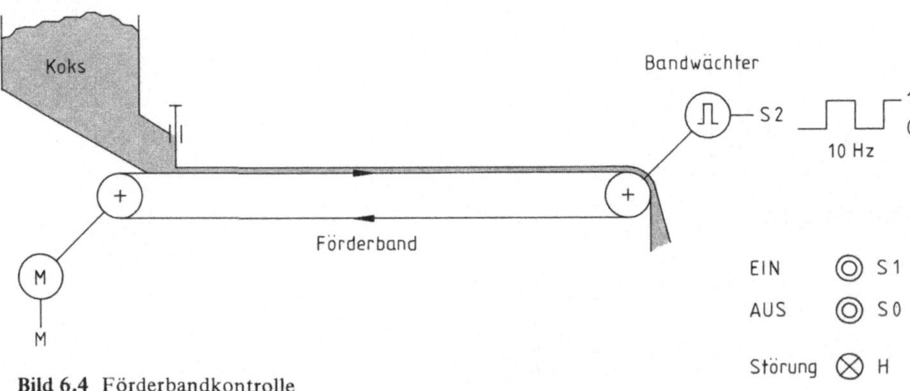

Bild 6.4 Förderbandkontrolle

6.4 Einschaltverzögerung (SE)

Bei einem *Zustandswechsel* von „0“ nach „1“ am Starteingang (T ⊢⊣ 0) wird die Zeit gestartet. Erst nach *Ablauf der Zeitdauer* erscheint am binären Steuerungsausgang Q eine „1“, sofern das Eingangssignal noch anliegt. Der Ausgang Q wird *verzögert* eingeschaltet. Eingangssignale, deren Zeitdauer kürzer als die der programmierten Zeit sind, erscheinen am Ausgang nicht mehr. In diesem Fall wirkt die Einschaltverzögerung wie eine Impulsunterdrückung für kurze Impulse.

Zur Auswertung des Zeitablaufs wird der Binärausgang Q des Zeitgliedes mit den Anweisungen U Tx bzw. 0 Tx abgefragt; sein Signalzustand kann einem Ausgang A oder Merker M zugewiesen werden.

Funktionsplan:

```
        E1 ──┤T ├─┤0  │
  KT 050.1 ──┤TW   DU ├──
             │     DE ├──
        E2 ──┤R     Q ├── T3
                          A3
```

Anweisungsliste:

Zuordnung: E1 = E 1.0 A3 = A 0.3
E2 = E 2.0

AWL:

```
:U   E 1.0
:L   KT050.1
:SE  T 3
:U   E 2.0
:R   T 3
:U   T 3
:=   A 0.3
:BE
```

▼ **Beispiel 6.3: Ofentürsteuerung**

Eine Ofentür mit den Funktionen „Öffnen, Schließen und Stillstand" wird durch einen Zylinder gesteuert. In der Grundstellung ist die Ofentür geschlossen:

- Durch den Tastschalter S1 kann die Öffnung eingeleitet und durch Endschalter S4 abgeschaltet werden.
- Befindet sich die geöffnete Tür in der Endposition, wird sie automatisch nach Ablauf der Zeit 6 s oder zuvor von Hand mit Tastschalter S2 geschlossen.
- Die Türschließung wird durch Endschalter S5 abgeschaltet.
- Die Schließbewegung muß sofort gestoppt werden, wenn die Lichtschranke LI betätigt wird, muß aber weiterlaufen, sobald die Lichtschranke wieder unbetätigt ist.
- Die Türbewegungen müssen gegenseitig verriegelt werden.

Technologieschema:

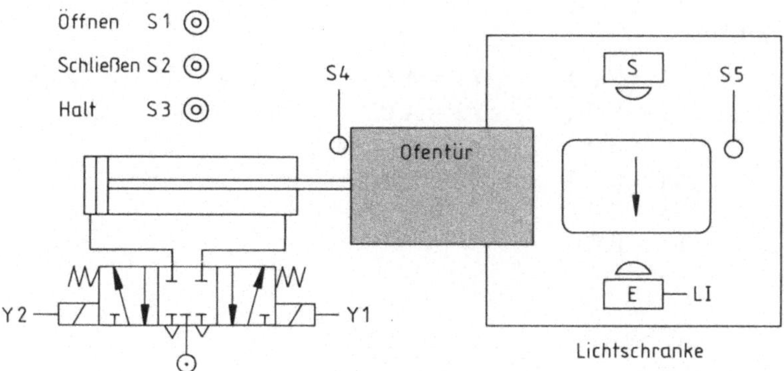

Bild 6.5 Ofentürsteuerung mit 5/3-Wege-Ventil

Zuordnungstabelle:

Eingangsvariable	Betriebsmittel-kennzeichen	Logische Zuordnung
Taster „Öffnen“	S1	gedrückt S1 = 1
Taster „Schließen“	S2	gedrückt S2 = 1
Taster „Stillstand“	S3	gedrückt S3 = 0
Endschalter „Tür auf“	S4	gedrückt S4 = 0
Endschalter „Tür zu“	S5	gedrückt S5 = 0
Lichtschranke	LI	frei LI = 1
Ausgangsvariable		
Zylinder „Tür auf“	Y1	Zyl. fährt ein Y1 = 1
Zylinder „Tür zu“	Y2	Zyl. fährt aus Y2 = 1

Funktionsplan:

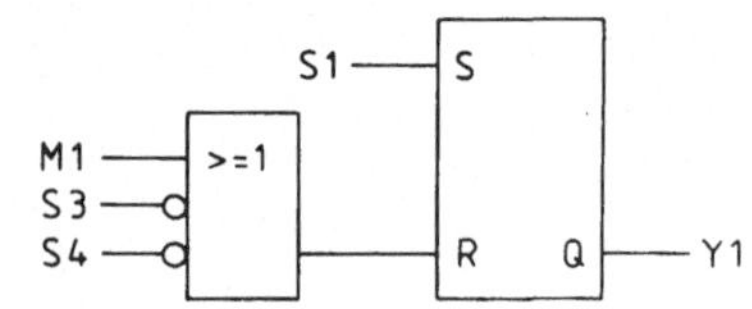

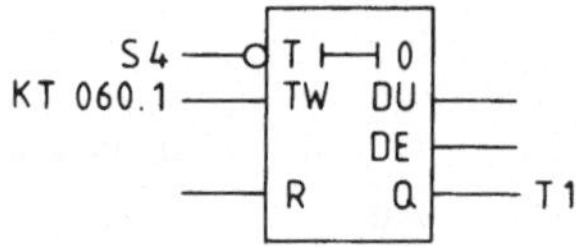

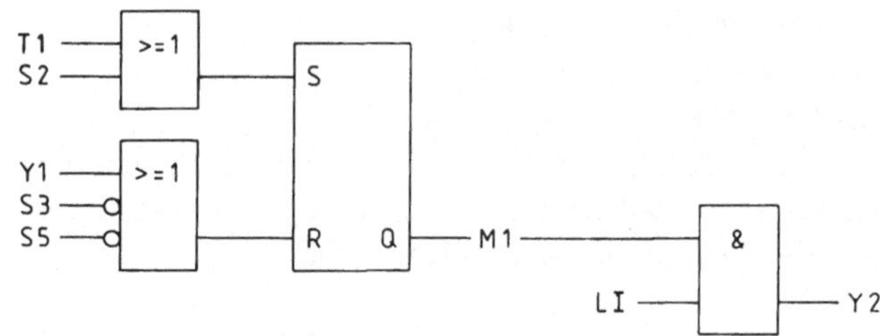

Realisierung mit SPS:

Zuordnung:	S1 = E 0.1	Y1 = A 0.1	Merker	Zeitglied T1
	S2 = E 0.2	Y2 = A 0.2	M1 = M 1.0	
	S3 = E 0.3			
	S4 = E 0.4			
	S5 = E 0.5			
	LI = E 0.6			

Anweisungsliste:

```
:U   E 0.1     :R   A 0.1       :O   E 0.2     :R   M 1.0
:S   A 0.1     :UN  E 0.4       :S   M 1.0     :U   M 1.0
:O   M 1.0     :L   KT060.1     :O   A 0.1     :U   E 0.6
:ON  E 0.3     :SE  T 1         :ON  E 0.3     :=   A 0.2
:ON  E 0.4     :O   T 1         :ON  E 0.5     :BE
```

▲

- **Übung 6.4: Überwachung der Türöffnung**

Die Öffnung der Ofentür (s.o.) soll durch eine Überwachungszeit kontrolliert werden. Wenn die Ofentüre nicht 9 s nach Beginn ihrer Öffnung wieder geschlossen ist, soll eine Störmeldung am Ausgang Y3 ausgegeben werden.

Nach Behebung der Störung und Schließen der Ofentür kann die Störmeldung mit Tastschalter S6 gelöscht werden.

- **Übung 6.5: Füllmengenkontrolle**

Auf einem Förderband werden Konservendosen transportiert. Die Dosen folgen einander mit kleinem Zwischenraum. Die bereits geschlossenen Dosen sollen auf vollständige Füllung kontrolliert werden.

Die Füllmengenkontrolle erfolgt mittels einer Gamma-Strahlenquelle, deren Empfänger bei ungenügender Füllung einer Dose den Signalzustand „1" meldet. Die Messung wird ausgeführt, wenn eine Dose den Bodenkontakt S1 betätigt (Signalzustand „1" bei Betätigung). Zum Auswerten einer nicht richtig gefüllten Dose muß das elektropneumatische Ventil Y zwei Sekunden nach der Messung kurz angesteuert werden.

Technologieschema:

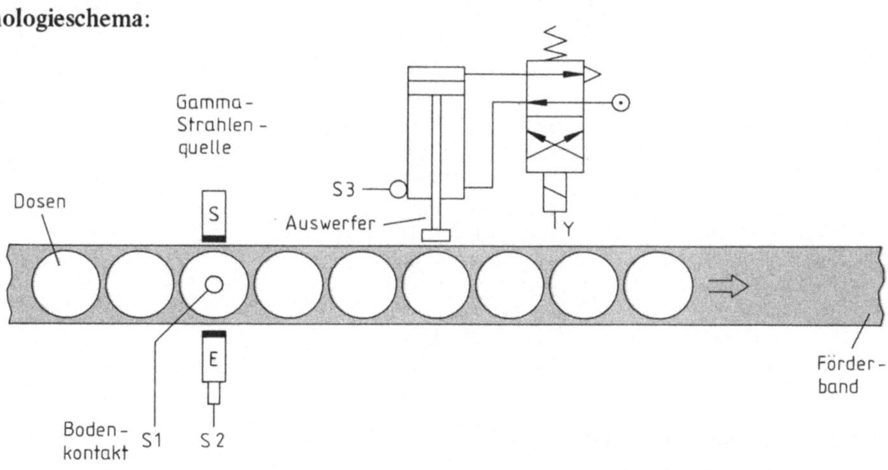

Bild 6.6 Füllmengenkontrolle

6.5 Ausschaltverzögerung (SA)

Bei einem *Zustandswechsel* von „0" nach „1" am Starteingang (0 ⊢⊣ T) erscheint am Binärausgang Q der Signalzustand „1". Wechselt der Zustand am Starteingang von „1" nach „0", so wird die Zeit gestartet. Erst *nach Ablauf der Zeitdauer* nimmt der Binärausgang Q den Signalzustand „0" an. Der Ausgang Q wird *verzögert* abgeschaltet.

Zur Auswertung des Zeitablaufs wird der Binärausgang Q des Zeitgliedes mit den Anweisungen U Tx bzw. 0 Tx abgefragt. Sein Signalzustand kann einem Ausgang A oder Merker M zugewiesen werden.

Funktionsplan:

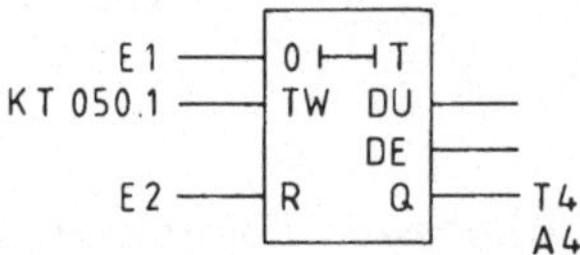

Ersatz-Funktionsplan:

Wenn die SPS nicht über die Anweisung „SA“ verfügt.

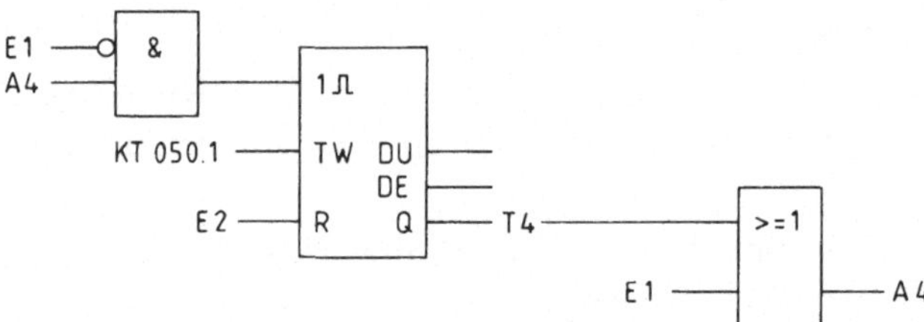

Anweisungsliste:

Zuordnung: E1 = E 1.0 A4 = A 0.4 Zeitglied T4
E2 = E 2.0

AWL:

```
:U   E 1.0          ODER
:L   KT050.1        :UN  E 1.0
:SA  T 4            :U   A 0.4
:U   E 2.0          :L   KT050.1
:R   T 4            :SI  T 4
:U   T 4            :U   E 2.0
:=   A 0.4          :R   T 4
                    :O   T 4
                    :O   E 1.0
                    :=   A 0.4
                    :BE
```

▼ **Beispiel 6.4: Bandsteuerung**

Eine Förderbandanlage ist zu steuern. Über Handtaster sollen sich die Bänder 1 und 2 ein- und ausschalten lassen. Je eine EIN- und AUS-Lampe sollen den Betriebszustand anzeigen.

Die Bänder 1 und 2 dürfen nicht gleichzeitig fördern. Band 3 soll immer fördern, wenn Band 1 oder Band 2 fördert.

Nach dem Betätigen einer der AUS-Tasten sollen vor dem Abschalten die Bänder 1 und 2 noch 2 s und das Band 3 noch 6 s leerfördern. Bandwächter signalisieren die Bewegung der Bänder mit einer Pulsfrequenz von 10 Hz. Bei Ausfall der Bandwächterimpulse liefern die Geber den Signalzustand „0“. Während der Anlaufphase von 3 s sollen diese Signale nicht ausgewertet werden.

Fällt während des Betriebes das Bandwächtersignal von Band 1 oder Band 2 aus, soll sofort der Antrieb von Band 1 oder Band 2 stillgesetzt werden. Band 3 soll leergefördert und dann ebenfalls stillgesetzt werden. Die AUS-Lampe von Band 1 oder Band 2 soll die Störung durch Blinken mit der Frequenz 2 Hz melden. Fallen die Bandwächterimpulse von Band 3 aus, so sind alle Antriebe schnellst möglich abzuschalten.

Technologieschema:

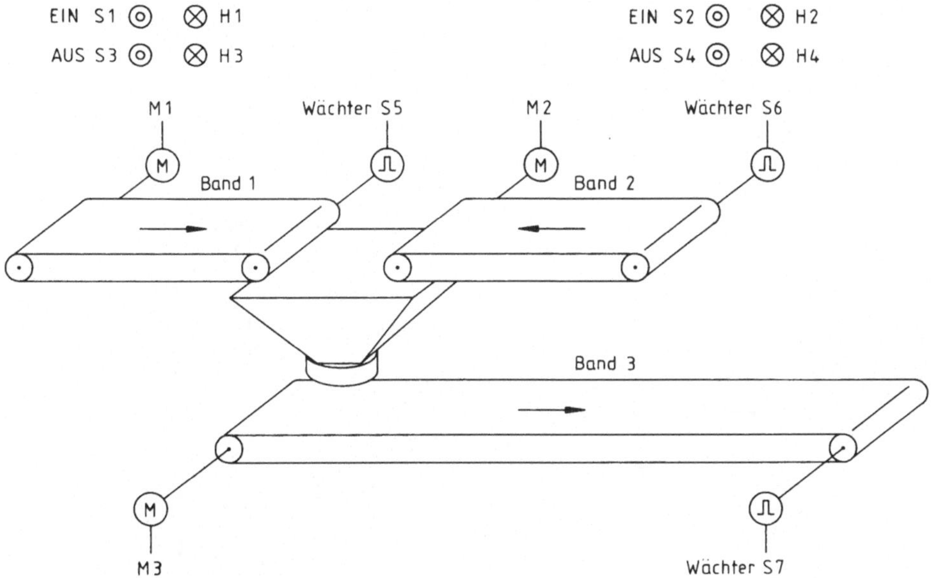

Bild 6.7 Förderbandanlage

Zuordnungstabelle:

Eingangsvariable		Betriebsmittel-kennzeichen	Logische Zuordnung
EIN-Taste	Band 1	S1	gedrückt S1 = 1
EIN-Taste	Band 2	S2	gedrückt S2 = 1
AUS-Taste	Band 1	S3	gedrückt S3 = 1
AUS-Taste	Band 2	S4	gedrückt S4 = 1
Wächter	Band 1	S5	Impulse
Wächter	Band 2	S6	Impulse
Wächter	Band 3	S7	Impulse
Ausgangsvariable			
EIN-Lampe	Band 1	H1	leuchtet H1 = 1
EIN-Lampe	Band 2	H2	leuchtet H2 = 1
AUS-Lampe	Band 1	H3	leuchtet H3 = 1
AUS-Lampe	Band 2	H4	leuchtet H4 = 1
Antrieb M1	Band 1	Y1	läuft Y1 = 1
Antrieb M2	Band 2	Y2	läuft Y2 = 1
Antrieb M3	Band 3	Y3	läuft Y3 = 1

Funktionsplan:

EIN-LAMPE BAND 1

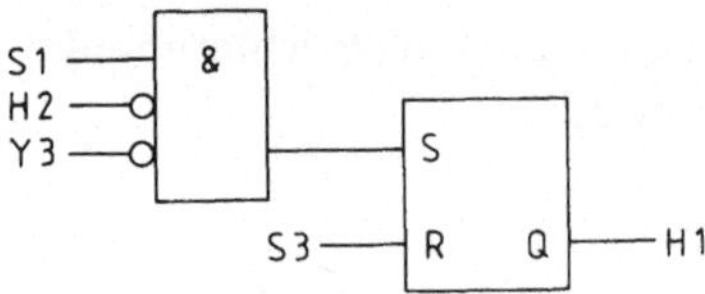

EIN-LAMPE BAND 2

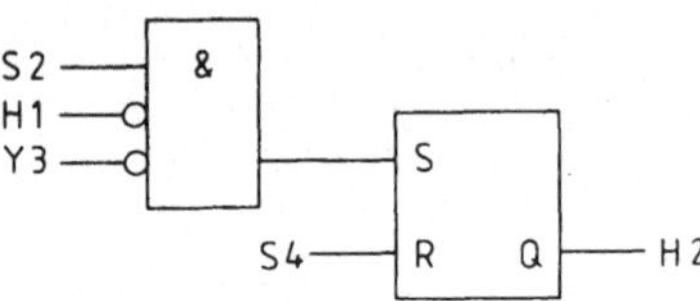

ANLAUFZEIT

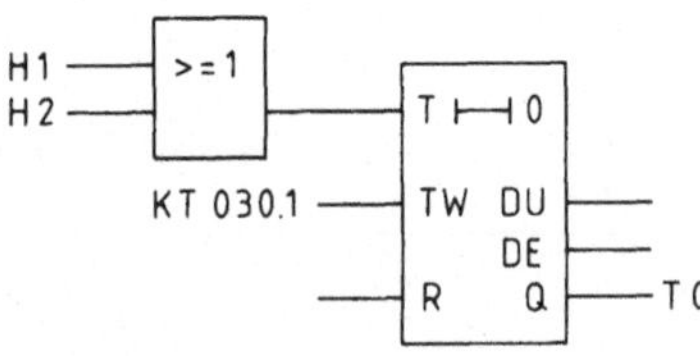

BANDWÄCHTERÜBERWACHUNG BAND 1 u. 2

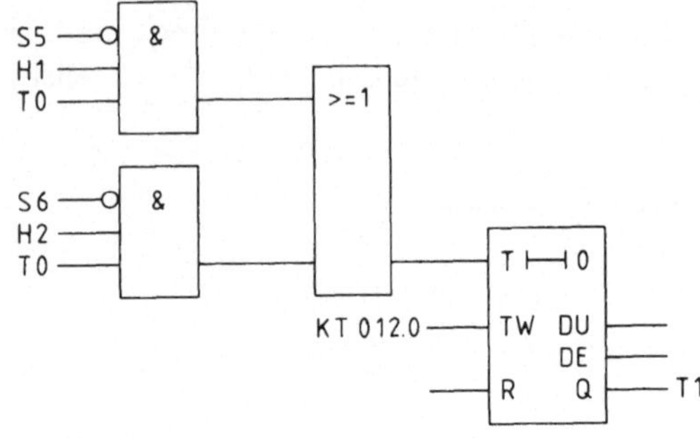

BANDWÄCHTERÜBERWACHUNG BAND 3

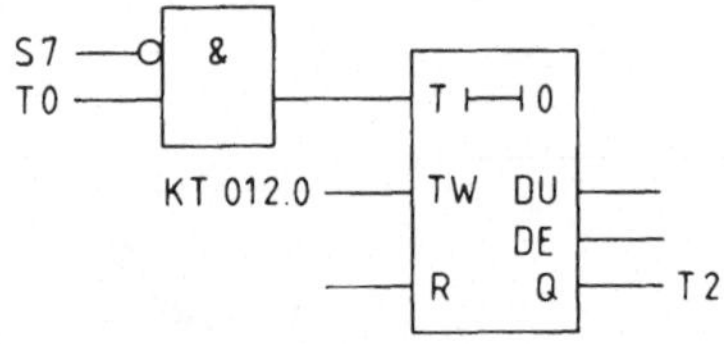

BLINKTAKT 2 HZ

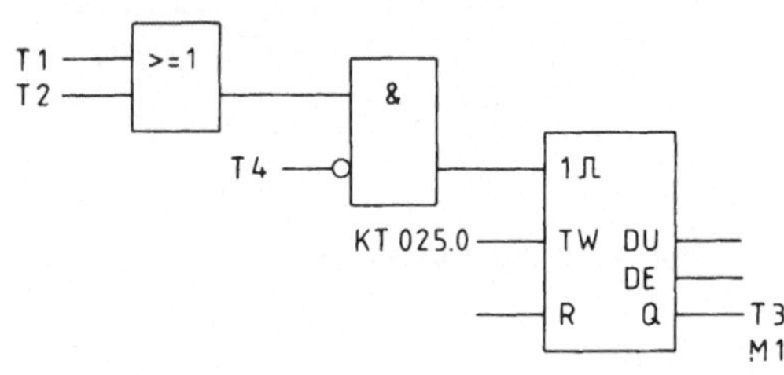

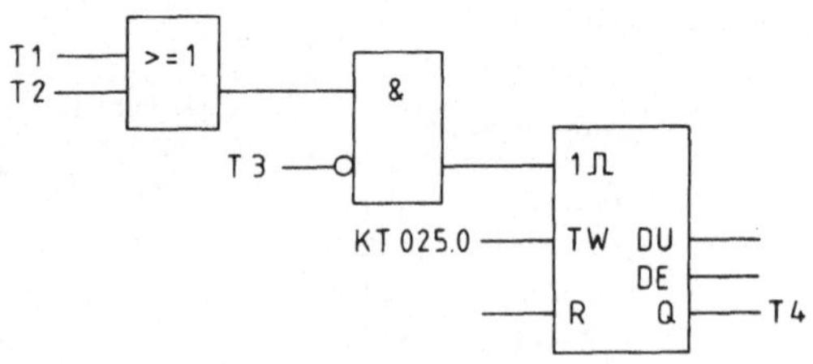

AUS-LAMPE BAND 1

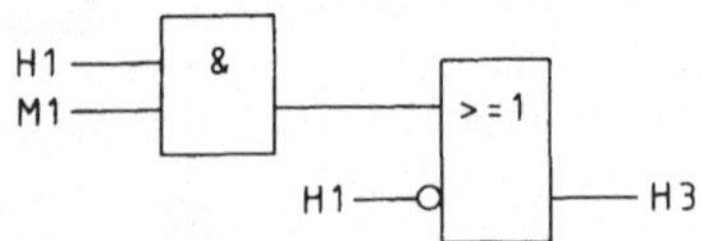

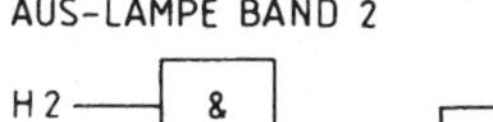

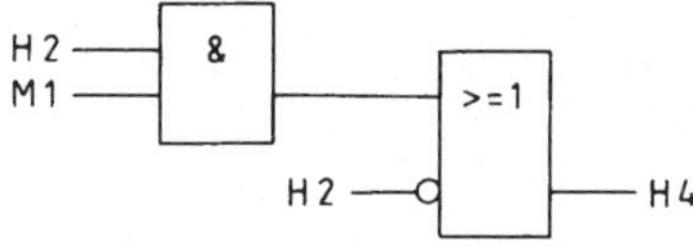

AUSSCHALTVERZÖGERUNG BAND 1

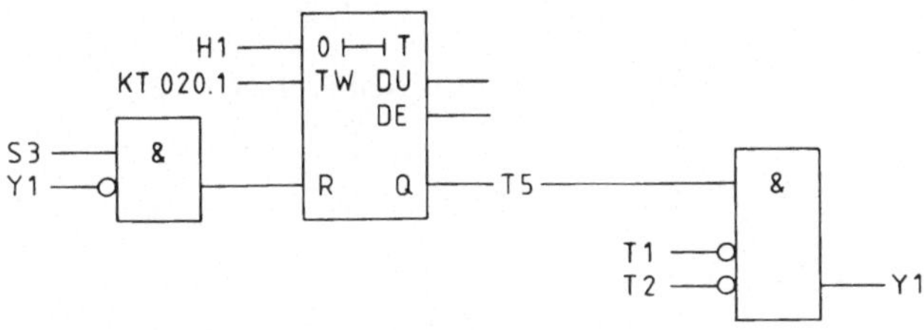

AUSSCHALTVERZÖGERUNG BAND 2

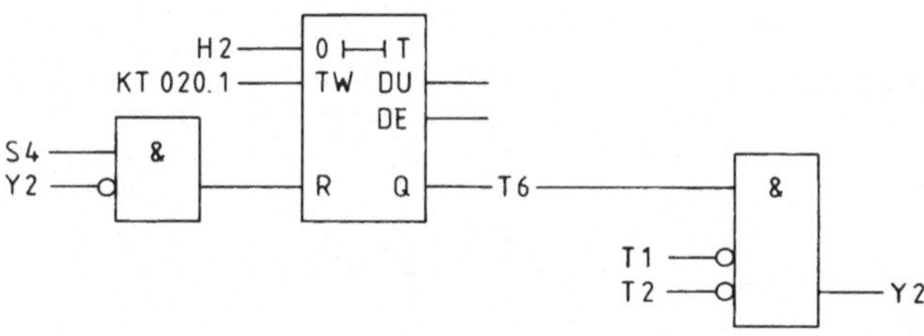

AUSSCHALTVERZÖGERUNG BAND 3

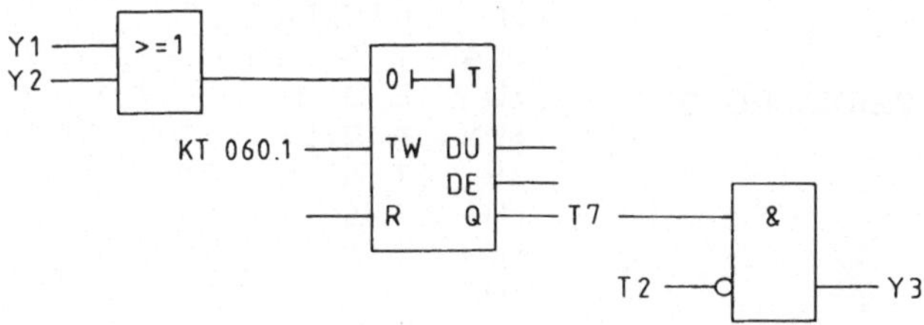

Lösung mit einer SPS:

Zuordnung				
	S1 = E 0.0	H1 = A 0.0	M1 = M 1.0	Zeitglieder
	S2 = E 0.1	H2 = A 0.1		T0 = 3 s
	S3 = E 0.2	H3 = A 0.2		T1 = 120 ms
	S4 = E 0.3	H4 = A 0.3		T2 = 120 ms
	S5 = E 0.4	Y1 = A 0.4		T3 = 250 ms
	S6 = E 0.5	Y2 = A 0.5		T4 = 250 ms
	S7 = E 0.6	Y3 = A 0.6		T5 = 2 s
				T6 = 2 s
				T7 = 6 s

Anweisungsliste:

```
EIN-LAMPE 1
:U   E 0.0
:UN  A 0.1
:UN  A 0.6
:S   A 0.0
:U   E 0.2
:R   A 0.0

EIN-LAMPE BAND 2
:U   E 0.1
:UN  A 0.0
:UN  A 0.6
:S   A 0.1
:U   E 0.3
:R   A 0.1

ANLAUFZEIT
:O   A 0.0
:O   A 0.1
:L   KT030.1
:SE  T 0

BANDWAECHTERUEBERWACHUNG
B.1 U 2
:UN  E 0.4
:U   A 0.0
:U   T 0
:O
:UN  E 0.5
:U   A 0.1
:U   T 0
:L   KT012.0
:SE  T 1

BANDWAECHTERUEBERWACHUNG
B. 3
:UN  E 0.6
:U   T 0
:L   KT012.0
:SE  T 2

BLINKTAKT 2 HZ
:U(
:O   T 1
:O   T 2
:)
:UN  T 4
:L   KT025.0
:SI  T 3
:U   T 3
:=   M 1.0
:U(
:O   T 1
:O   T 2
:)
:UN  T 3
:L   KT025.0
:SI  T 4

AUS-LAMPE BAND 1
:U   A 0.0
:U   M 1.0
:ON  A 0.0
:=   A 0.2

AUS-LAMPE BAND 2
:U   A 0.1
:U   M 1.0
:ON  A 0.1
:=   A 0.3

AUSSCHALTVERZOEGERUNG
BAND 1
:U   A 0.0
:L   KT020.1
:SA  T 5
:U   E 0.2
:UN  A 0.4
:R   T 5
:U   T 5
:UN  T 1
:UN  T 2
:=   A 0.4

AUSSCHALTVERZOEGERUNG
BAND 2
:U   A 0.1
:L   KT020.1
:SA  T 6
:U   E 0.3
:UN  A 0.5
:R   T 6
:U   T 6
:UN  T 1
:UN  T 2
:=   A 0.5

AUSSCHALTVERZOEGERUNG
BAND 3
:O   A 0.4
:O   A 0.5
:=   M 2.0
:U   M 2.0
:L   KT060.1
:SA  T 7
:U(
:O   T 7
:O   M 2.0
:)
:UN  T 2
:=   A 0.6
:BE
```

▲

6.6 Laden und Transferieren von Zeitworten

Bei einigen Speicherprogrammierten Steuerungen haben die Zeitglieder neben dem binären Steuerungsausgang auch noch *digitale Zeitwortausgänge*. D.h. es besteht die Möglichkeit, die Zeit nicht nur grob zu unterscheiden nach „Zeit läuft ≙ Q = 1“ und „Zeit ist abgelaufen ≙ Q = 0“, sondern die Zeit kann auch exakt erfaßt und auf einer Ziffernanzeige sichtbar gemacht werden. Die nachstehende Abbildung zeigt die vollständige Darstellung eines Zeitgliedes mit allen Ein- und Ausgängen.

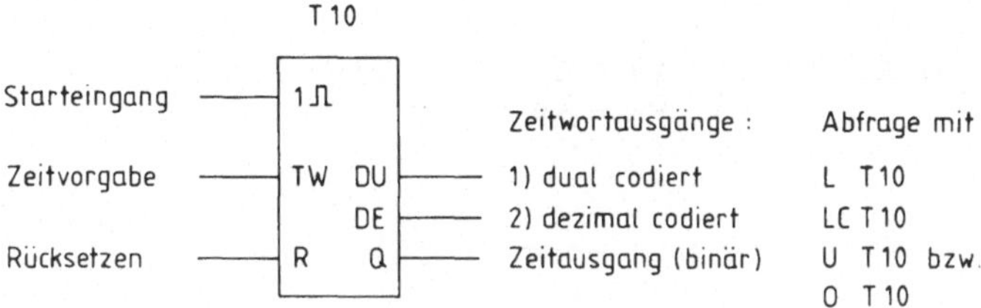

Die *digitalen Abfragen* an den Ausgängen DU = DUAL-Zahl bzw. DE = DEZIMAL-Zahl (BCD) liefern den aktuellen Zeitwert, der noch ablaufen muß. Diese Zeitwerte können mit Lade- und Transferoperationen weiterverarbeitet werden. *Laden* heißt, eine Zahl in den Akkumulator des Automatisierungsgerätes bringen. *Transferieren* bedeutet, eine Zahl aus dem Akkumulator herauslesen und z.B. zu einer Ziffernanzeige im Ausgabebereich bringen.

▼ **Beispiel 6.5: Anzeigen der Bearbeitungszeit**

Der Einbrennvorgang einer Charge Fliesen dauere 30 min (Zeitwert 4 s bei der Simulation der Steuerung). Zu Beobachtungszwecken soll während des Einbrennvorgangs die noch verbleibende Restzeit an einer BCD-codierten Ziffernanzeige sichtbar gemacht werden. Die Wortadresse AW4 der Ziffernanzeige umfaßt die 16 Bitausgänge A 4.0 ... A 4.7, A 5.0 ... A 5.7 gemeinsam.

Die digitale Abfrage muß in diesem Fall den Dezimalausgang DE ansprechen. Dies erfolgt durch die Anweisung LC T 10 (Lade codiert T10). Der Dualausgang DU wird in diesem Beispiel nicht benutzt, seine Abfrage müßte mit der Anweisung L T 10 (Lade T 10) erfolgen.

Zuordnungstabelle:

Eingangsvariable	Betriebsmittel-kennzeichen	Logische Zuordnung
Schalter EIN/AUS	S1	Brennvorgang EIN S1 = 1 AUS S1 = 0
Ausgangsvariable		
Ofen	Y1	heizen Y1 = 1
Anzeige	YW	Ziffernanzeige

Funktionsplan:

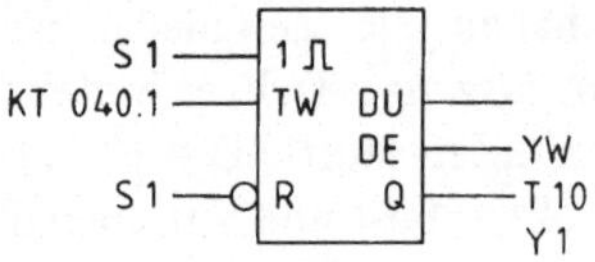

```
          S1 ───┤1 ⎍      │
    KT 040.1 ───┤TW     DU├───
                │       DE├─── YW
          S1 ──o┤R       Q├─── T10
                                Y1
```

Lösung mit einer SPS:

Anweisungsliste:

Zuordnung: S1 = E 1.0 Y1 = A 0.0 Zeit T1
Yw = AW4

AWL:

```
:U    E 1.0
:L    KT040.1
:SI   T 10
:UN   E 1.0
:R    T 10
:LC   T 10
:T    AW4
:U    T 10
:=    A 0.0
:BE
```

▲

7 Systematischer Entwurf von Verknüpfungssteuerungen

7.1 Einführung

Steuerungen mit Speicher- oder Zeitverhalten, jedoch ohne zwangsläufig schrittweisen Ablauf bezeichnet man allgemein als *Verknüpfungssteuerung.* Da bei solchen Steuerungen der Prozeß selbst keine Steuerungsstruktur vorgibt, ist es schwierig, aus der Aufgabenstellung heraus das Steuerungsprogramm zu finden.

Empirisch gefundene Lösungen haben oftmals folgende Nachteile:

- das Steuerungsprogramm ist schwer nachvollziehbar
- die Fehlersuche ist erschwert
- die Dokumentation ist wenig aussagefähig.

Ziel dieses Kapitels ist es, Steuerungsprogramme für Verknüpfungssteuerungen mit Hilfe eines *Entwurfsverfahrens* zu finden.

Kennzeichen dieses Verfahrens ist die Ablaufbeschreibung der Steuerungsprozesse durch die *Einführung von Steuerungszuständen.* Die so ermittelten Steuerungsprogramme sind in der Regel umfangreicher als empirisch gefundene (trickreiche) Lösungen, vermeiden jedoch die oben genannten Nachteile.

Für die Steuerungspraxis in Schule und Betrieb sind daher systematisch gefundene Lösungen zu bevorzugen.

7.2 Entwurfsmethode Zustandsgraph

Zur Beschreibung von Verknüpfungssteuerungen ohne Speicherverhalten (Schaltnetze) bietet sich wie in Kapitel 4 gezeigt die Funktionstabelle an. Diese Beschreibungsart ist jedoch nicht ohne weiteres auf Verknüpfungssteuerungen mit Speicherverhalten (Schaltwerke) übertragbar. Bei Schaltwerken, die ja im Unterschied zu Schaltnetzen Speichereigenschaften besitzen, muß eine zusätzliche Einflußgröße berücksichtigt werden. Die Ausgangssignalwerte sind sowohl von momentanen wie zurückliegenden Einwirkungen abhängig.

Der Einfluß einer „Vorgeschichte" auf die Ausgangssignale kann über die Einführung von Zuständen berücksichtigt werden. *Jede Steuerung nimmt zu einem bestimmten Zeitpunkt einen ganz bestimmten Zustand ein.* Mit einer Ablaufbeschreibung können die unterschiedlichen Zustände und Bedingungen für die Beibehaltung oder Änderung eines Zustandes angegeben werden.

Sehr übersichtlich und anschaulich wird eine solche Ablaufbeschreibung, wenn diese in einem Zustandsgraphen dargestellt wird. Der *Zustandsgraph* zeigt alle möglichen Zustände und Zustandsänderungen, die ein Schaltwerk annehmen kann. Die Regeln und graphischen Symbole für den Zustandsgraph sind an die DIN 40719 angelehnt.

Innerhalb des Zustandsgraphen wird ein Zustand mit einem *rechteckigen Zustandssymbol* gekennzeichnet, das durch einen waagrechten Strich unterteilt ist. In den oberen Teil wird die Zustandsnummer eingetragen und im unteren Teil kann Text stehen. Wirkungslinien führen zu vorherigen und nachfolgenden Zuständen.

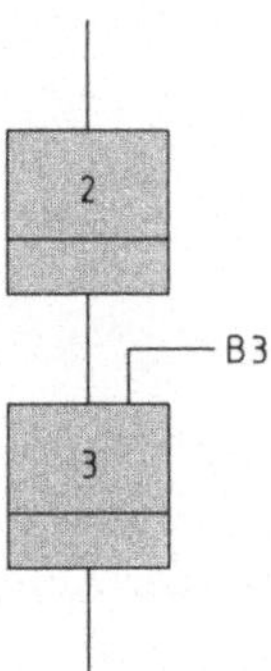

Der Zustand 3 wird erreicht, wenn sich das Schaltwerk in Zustand 2 befindet und die logische Bedingung B3 erfüllt ist. Die beiden zum Zustand 3 führenden Linien werden als Wirkungslinien bezeichnet, die UND-Verknüpft sind und beide den Signalzustand „1“ führen müssen, damit Zustand 3 erreicht wird.

In jedem Zustand können bestimmte Ausgabebefehle gegeben werden. Die Ausgabebefehle können Ausgänge A, Merker M, später auch Zeiten, Zähler usw. betreffen. Die Befehle werden in ein Rechtecksymbol eingetragen, das mit einer Wirkungslinie rechts mit dem Rechtecksymbol des Zustandes verbunden wird. Werden mehrere Befehle durch einen Zustand veranlaßt, so sind mehrere Ausgaberechtecksymbole untereinander oder nebeneinander anzuordnen und gegebenenfalls zu numerieren.

Ist der Ausgabebefehl noch von einer weiteren Bedingung abhängig, so kann diese Bedingung mit einer Wirkungslinie oben an das Symbol angebracht werden.

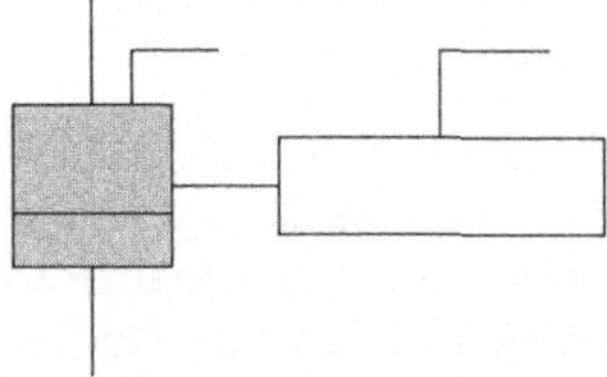

Zustandsgraphen können Verzweigungen aufweisen, wie auf der folgenden Seite gezeigt wird. Nach Zustand 2 kann der Zustand 3 oder der Zustand S auftreten. Beim Entwurf eines Zustandsgraphen spielt dieser Sachverhalt noch keine Rolle. Erst bei der Umsetzung in ein Steuerungsprogramm muß für eine gegenseitige Verriegelung der Folgezustände gesorgt werden, wenn deren Weiterschaltbedingungen gleichzeitig auftreten können.

Wird beim Aufbau des Zustandsgraphen in einen Zustand übergegangen, der bereits eingetragen ist, so müßte die Wirkungslinie zu diesem Zustand führen. Dies würde jedoch bei häufigerem Aufreten den Zustandsgraph unübersichtlich werden lassen. Besser ist es, solche Zustände nochmals, allerdings mit einem *runden Zustandssymbol* zu zeichnen.

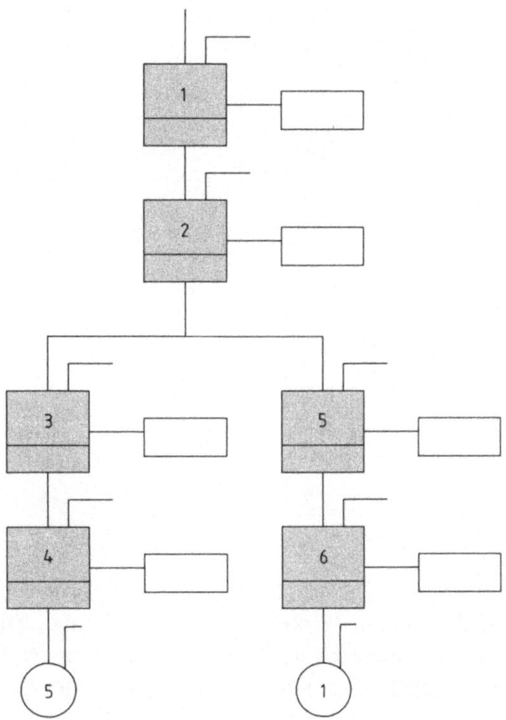

Ein Schaltwerk kann sich stets nur in einem Zustand befinden. Wird der Zustandsgraph in ein Steuerungsprogramm übertragen, so bieten sich je nach dem Operationsvorrat des verwendeten Automatisierungsgerätes unterschiedliche Möglichkeiten an. Eine vom Operationsvorrat unabhängige Umsetzung des Funktionsgraphen in ein Steuerungsprogramm ist die Zuweisung eines Zustandes zu einem Speicher.

Es werden soviele Speicher verwendet, wie Zustände vorhanden sind.

Der für einen Zustand verwendete Merker kann mit in das Zustandssymbol eingetragen werden.

Umsetzung des Zustandes 3 in ein RS-Speicherglied:

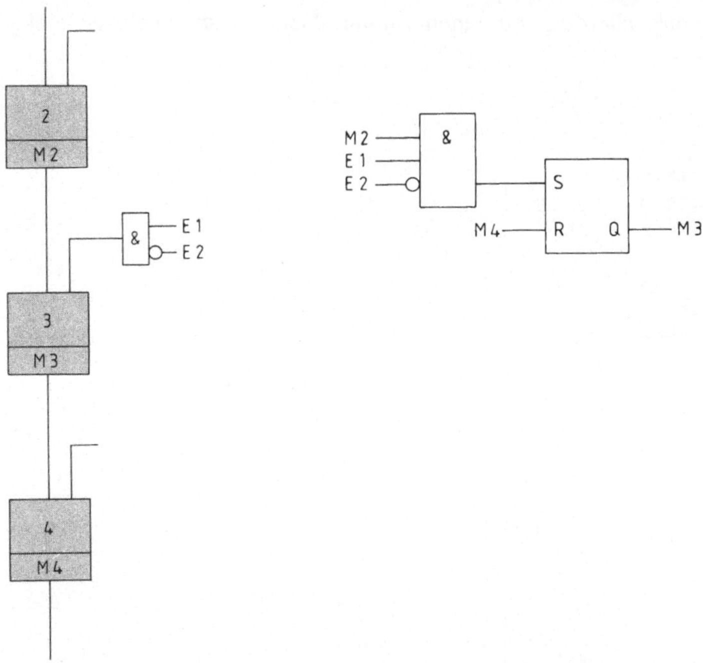

Am Setzeingang sind die Bedingungen der beiden Wirkungslinien, die zu dem Zustand hinführen, UND-Verknüpft eingetragen. Der Speicher wird mit dem Merker des Folgezustandes zurückgesetzt. Erst wenn der nächste Zustand erreicht ist, wird der bisherige Zustand zurückgesetzt.

Bei der Umsetzung des Zustandsgraphen in ein Steuerungsprogramm werden zunächst alle Zustände in RS-Speicherglieder übertragen. Danach wird die Befehlsausgabe erstellt. Soll beispielsweise der Ausgang A1 im Zustand 2, 4 und 6 „1"-Signal haben, so wird dies mit einer ODER-Verknüpfung der Merker, die den entsprechenden Zuständen zugeordnet sind, ausgeführt.

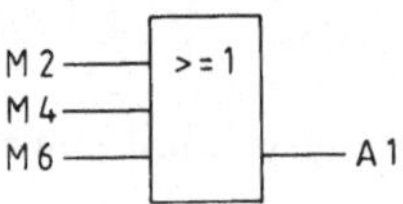

▼ Beispiel 7.1: Baustellenampel

Wegen Bauarbeiten muß der Verkehr auf einer Zufahrtsstraße zu einer Fabrik über eine Fahrspur geleitet werden. Da am Tage das Verkehrsaufkommen sehr hoch ist, wird eine Bedarfsampelanlage installiert. Beim Einschalten der Anlage sollen beide Ampeln rot signalisieren. Wird ein Initiator betätigt, soll die entsprechende Ampel nach 10 s auf grün schalten.

Die Grün-Phase soll mindestens 20 s andauern, bevor durch eventuelle Betätigung des anderen Initiators beide Signallampen wieder rot zeigen. Nach 10 s wird dann die andere Fahrspur mit grün bedient. Liegt keine Meldung eines Initiators vor, so bleibt die Ampelanlage in ihrem jeweiligen Zustand.

Das Ausschalten der Anlage soll nur nach der Grünphase einer Fahrspur möglich sein.

Technologieschema:

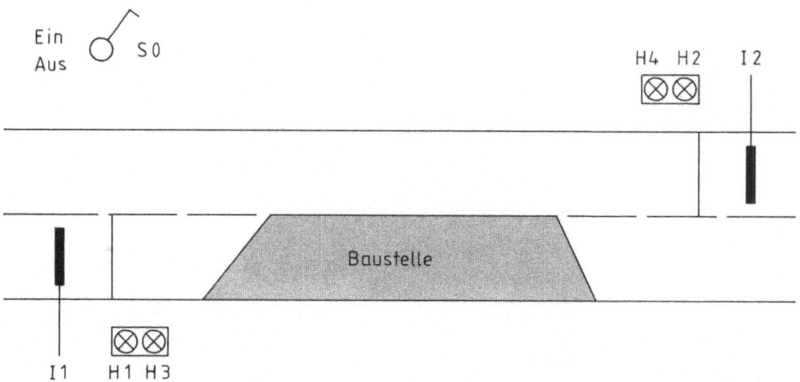

Bild 7.1 Baustellenampel

Zuordnungstabelle:

Eingangsvariable	Betriebsmittel-kennzeichen	logische Zuordnung
Schalter EIN	S0	gedrückt S0 = 1
Initiator 1	I1	betätigt I 1 = 1
Initiator 2	I2	betätigt I 2 = 1
Ausgangsvariable		
Lampe Grün 1	H1	leuchtet H1 = 1
Lampe Grün 2	H2	leuchtet H2 = 1
Lampe Rot 1	H3	leuchtet H3 = 1
Lampe Rot 2	H4	leuchtet H4 = 1

Die verbale Beschreibung der Steuerungsaufgabe ist in den Zustandsgraph zu übertragen.

Zustandsgraph:

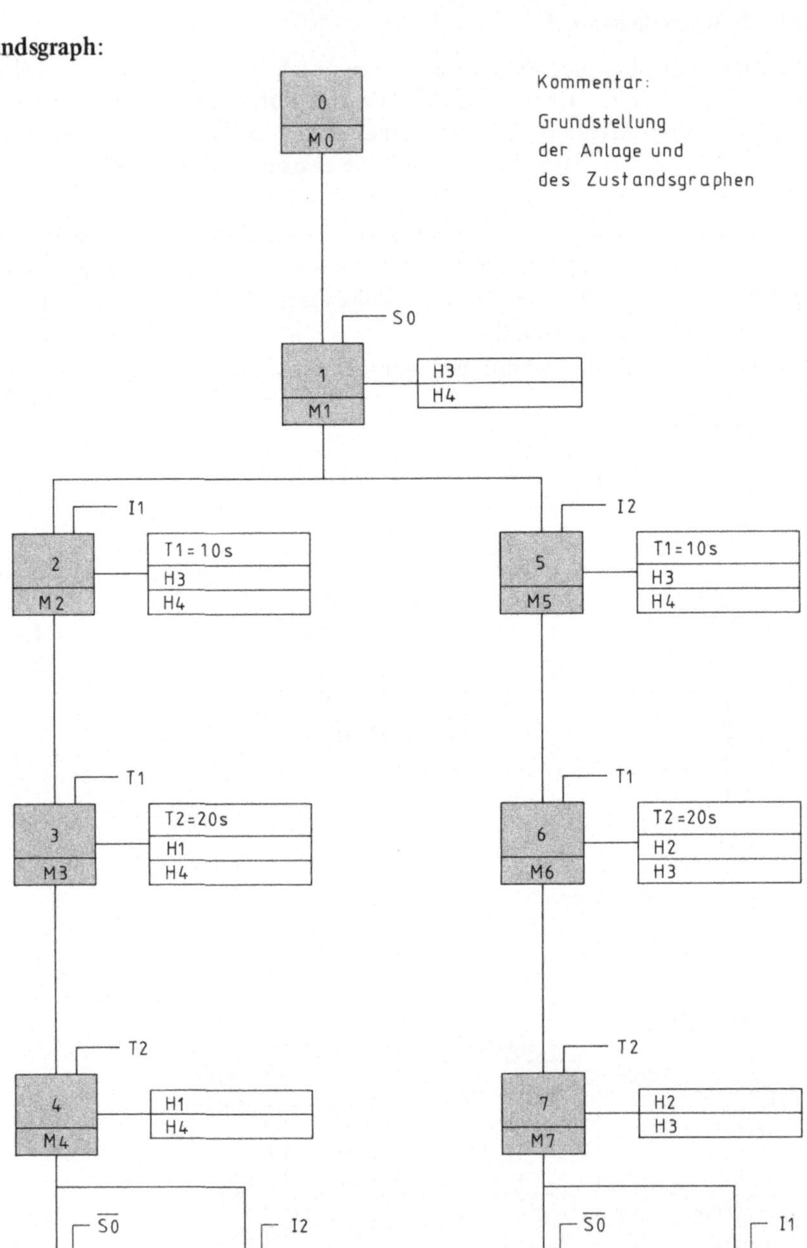

Mit der Darstellung der Steuerung im Zustandsgraph ist die Steuerungsaufgabe bereits gelöst. Das Umsetzen des Zustandsgraphen in ein Steuerungsprogramm läßt sich nach den beschriebenen Regeln leicht ausführen, und kann sogar mit einem entsprechenden Rechnerprogramm erfolgen.

Bei Verzweigungen ist darauf zu achten, daß mögliche Folgezustände gegenseitig verriegelt werden, wenn Weiterschaltbedingungen gleichzeitig auftreten können.

Dies ist unbedingt erforderlich, damit beispielsweise nach Zustand 1 nicht gleichzeitig Zustand 2 und Zustand 5 gesetzt werden können, wenn beide Initiatoren I1 und I2 1-Signal melden. Die Verriegelung kann wie in Kapitel 5.3 gezeigt an den Rücksetzeingängen erfolgen.

Beim Einschalten der Steuerung muß der Zustand 0 (Grundzustand) ohne Bedingung gesetzt werden. Dies kann mit einem *Richtimpuls* geschehen. Realisiert man die Steuerung mit einer SPS, so erzeugen manche Automatisierungsgeräte beim Einschalten der Spannungsversorgung einen solchen Richtungsimpuls.

Bietet ein Automatisierungsgerät diesen Einschaltimpuls nicht, so kann dieser mit der Anweisungsfolge

```
UN M X          X, Y = Operandenparameter (Merkernummer)
=  M Y
S  M X
```

erzeugt werden.

Nur beim ersten Zyklusdurchlauf nach dem Einschalten des Automatisierungsgerätes, also beim Programmstart hat der Merker Y den Signalwert „1“. Voraussetzung allerdings ist, daß Merker X ein nichtremanenter Merker ist, der also beim Stopp-Betrieb oder Spannungsausfall des Automatisierungsgeräts sein Signalwert verliert. Bei der Verwendung der Zustandsmerker ist ebenfalls zu beachten, daß dies nichtremanente Merker sind. Ansonsten müßte der Richtimpuls beim Einschalten oder Programmstart noch auf die Rücksetzeingänge der Zustandsmerker geführt werden.

Umsetzung des Zustandsgraphen in die ausführliche Darstellung mit RS-Speicherfunktionen:

Funktionsplan:

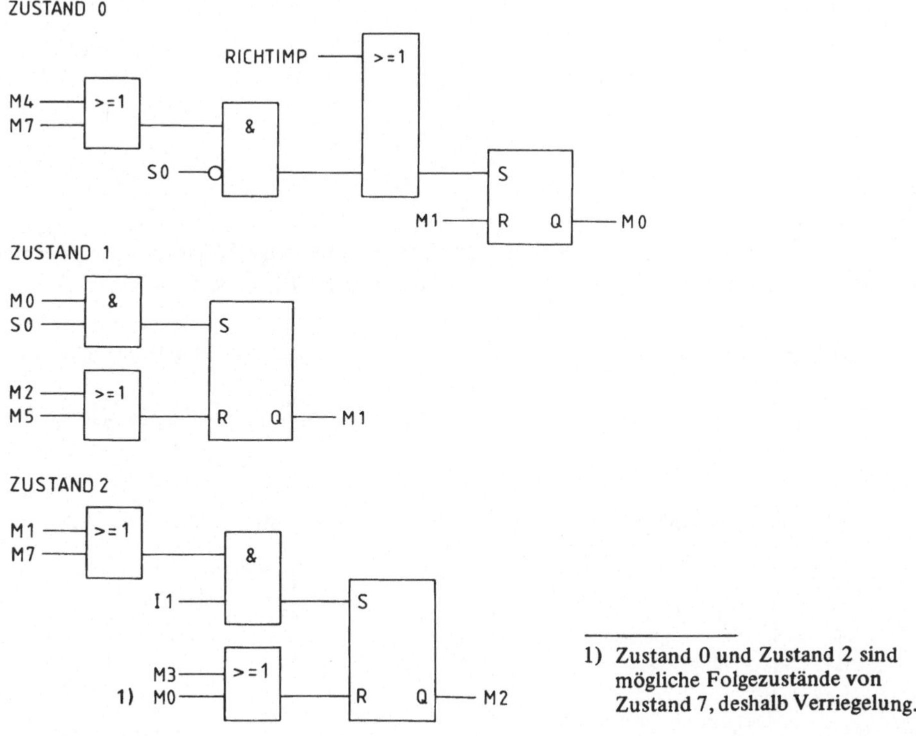

1) Zustand 0 und Zustand 2 sind mögliche Folgezustände von Zustand 7, deshalb Verriegelung.

ZUSTAND 3

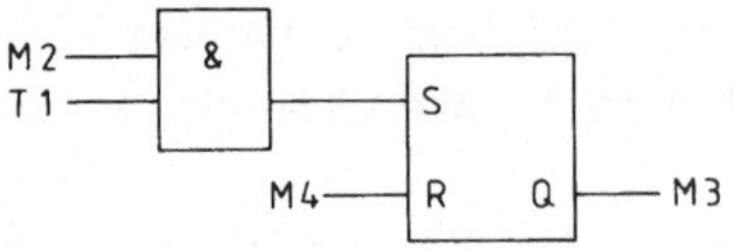

M2
T1
&
S
M4
R
Q
M3

ZUSTAND 4

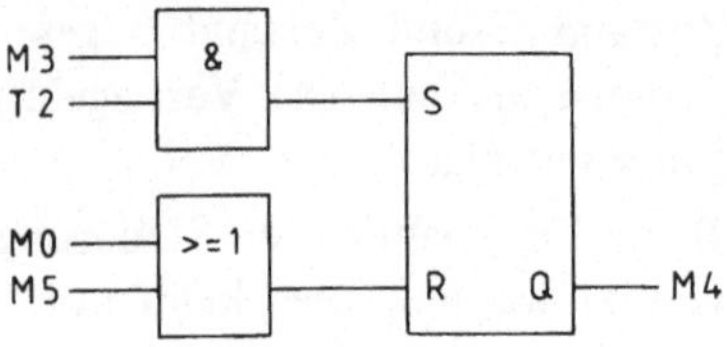

M3
T2
&
S
M0
M5
>=1
R
Q
M4

ZUSTAND 5

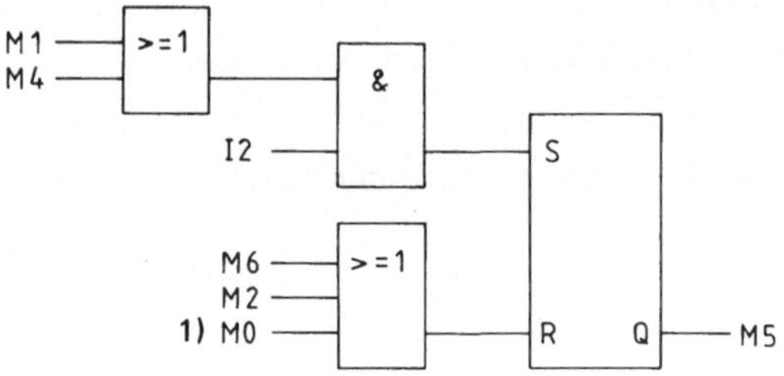

M1
M4
>=1
&
I2
S
M6
M2
1) M0
>=1
R
Q
M5

1) M0 oder M2 verriegeln Zustand 5 (s. Zustandsgraph S. 108)

ZUSTAND 6

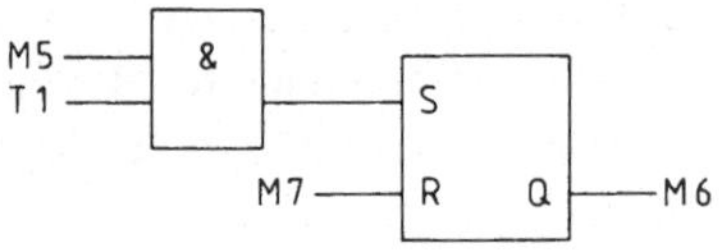

M5
T1
&
S
M7
R
Q
M6

ZUSTAND 7

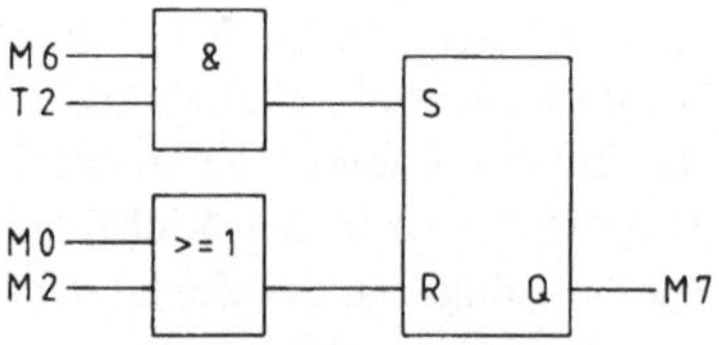

M6
T2
&
S
M0
M2
>=1
R
Q
M7

ZEITGLIED 1 (SE)

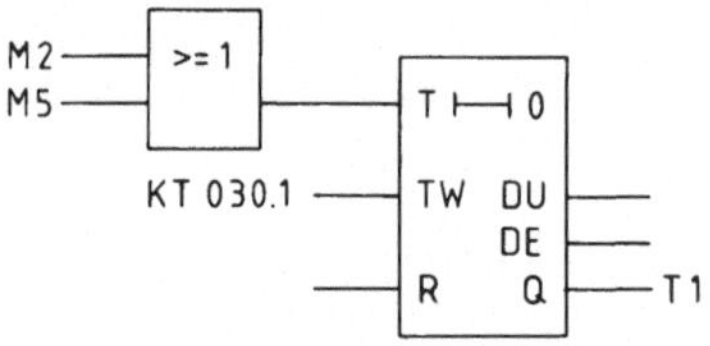

M2
M5
>=1
T ⊢⊣ 0
KT 030.1
TW
DU
DE
R
Q
T1

ZEITGLIED 2 (SE)

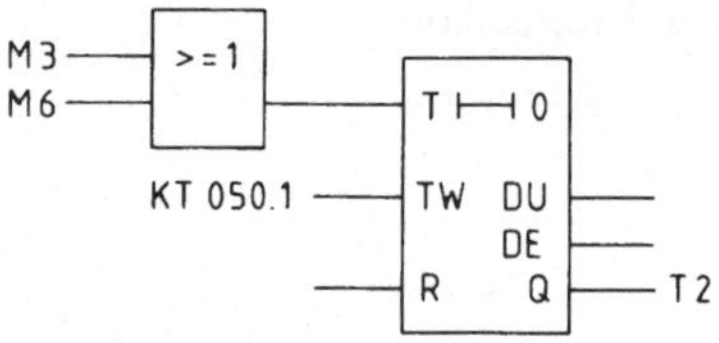

M3
M6
>=1
T ⊢⊣ 0
KT 050.1
TW
DU
DE
R
Q
T2

Anmerkung:

Um bei der Inbetriebnahme des Steuerungsprogramms lange Wartezeiten zu vermeiden, wurden den Zeitgliedern folgende Zeitwerte zugeordnet: T1 = 3 s; T2 = 5 s.

AUSGANGSZUWEISUNG GRÜN 1

M3
M4
>=1
H1

AUSGANGSZUWEISUNG GRÜN 2

M6
M7
>=1
H2

AUSGANGSZUWEISUNG ROT 1

M1
M2
M5
M6
M7
>=1
H3

AUSGANGSZUWEISUNG ROT 2

M1
M2
M3
M4
M5
>=1
H4

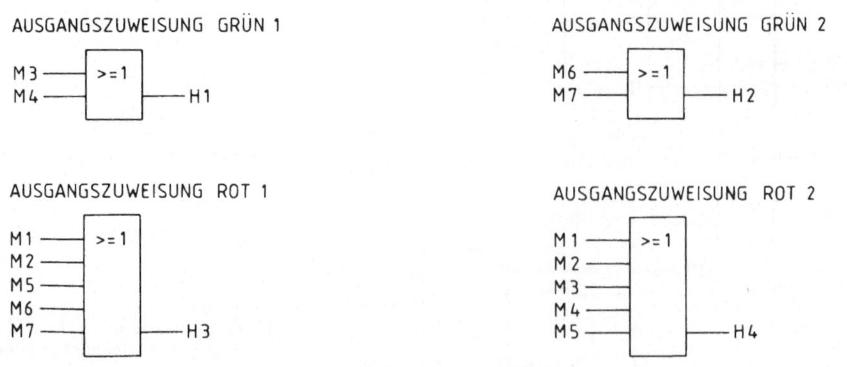

Realisierung mit einer SPS:

Zuordnung:	S0 = E 0.0	H1 = A 0.1	M0 = M 40.0
	I1 = E 0.1	H2 = A 0.2	M1 = M 40.1
	I2 = E 0.2	H3 = A 0.3	M2 = M 40.2
		H4 = A 0.4	M3 = M 40.3
			M4 = M 40.4
		Zeitglieder:	M5 = M 40.5
		T1; T2	M6 = M 40.6
			M7 = M 40.7
			MX = M 60.6
			MY = M 60.7

Anweisungsliste:

```
EINSCHALTFLANKE
:UN  M 60.6
:=   M 60.7
:S   M 60.6

ZUSTAND 0
:O   M 60.7
:O
:U(
:O   M 40.4
:O   M 40.7
:)
:UN  E 0.0
:S   M 40.0
:U   M 40.1
:R   M 40.0

ZUSTAND 1
:U   M 40.0
:U   E 0.0
:S   M 40.1
:O   M 40.2
:O   M 40.5
:R   M 40.1

ZUSTAND 2
:U(
:O   M 40.1
:O   M 40.7
:)
:U   E 0.1
:S   M 40.2
:O   M 40.3
:O   M 40.0
:R   M 40.2

ZUSTAND 3
:U   M 40.2
:U   T 1
:S   M 40.3
:U   M 40.4
:R   M 40.3

ZUSTAND 4
:U   M 40.3
:U   T 2
:S   M 40.4
:O   M 40.0
:O   M 40.5
:R   M 40.4

ZUSTAND 5
:U(
:O   M 40.1
:O   M 40.4
:)
:U   E 0.2
:S   M 40.5
:O   M 40.6
:O   M 40.2
:O   M 40.0
:R   M 40.5

ZUSTAND 6
:U   M 40.5
:U   T 1
:S   M 40.6
:U   M 40.7
:R   M 40.6

ZUSTAND 7
:U   M 40.6
:U   T 2
:S   M 40.7
:O   M 40.0
:O   M 40.2
:R   M 40.7

ZEITGLIED 1 (SE)
:O   M 40.2
:O   M 40.5
:L   KT030.1
:SE  T 1

ZEITGLIED 2 (SE)
:O   M 40.3
:O   M 40.6
:L   KT050.1
:SE  T 2

AUSGANGSZUWEISUNG
GRUEN 1
:O   M 40.3
:O   M 40.4
:=   A 0.1

AUSGANGSZUWEISUNG
GRUEN 2
:O   M 40.6
:O   M 40.7
:=   A 0.2

AUSGANGSZUWEISUNG
ROT 1
:O   M 40.1
:O   M 40.2
:O   M 40.5
:O   M 40.6
:O   M 40.7
:=   A 0.3

AUSGANGSZUWEISUNG
ROT 2
:O   M 40.1
:O   M 40.2
:O   M 40.3
:O   M 40.4
:O   M 40.5
:=   A 0.4
:BE
```

Wie mit einem Zustandsgraph Schaltwerke beschrieben werden, bei denen einmal bestimmte Signalgeber vorverarbeitet werden müssen und zum anderen eine Mehrfachverzweigung vorhanden ist, wird im folgenden Beispiel 7.2 „Türsteuerung einer Schleuse“ gezeigt.

▼ **Beispiel 7.2: Türsteuerung einer Schleuse**

Damit ein Raum möglichst staubfrei bleibt, ist eine Schleuse mit zwei Schiebetüren A und B eingebaut.

Zum Passieren der Schleuse muß Taster S1 oder S2 betätigt werden. Möchte man zum Beispiel von außen nach innen, wird Taster S1 betätigt. Es öffnet sich Tür A. Man betritt die Schleuse. Nachdem Tür A 3 s offen war, schließt die Tür. Tür B öffnet sich erst dann automatisch, wenn Tür A geschlossen ist. Ein entsprechender Ablauf gilt auch für die umgekehrte Bewegungsrichtung.

Neben den Tastern sind Meldeleuchten angebracht, die anzeigen, daß die Steuerung den Tastendruck erkannt hat.

An jeder Tür sind zwei induktive Endschalter angebracht, die melden, wenn die Tür geöffnet bzw. geschlossen ist.

Außerdem wird jeder Eingang der Schleuse mit einer Lichtschranke überwacht. Solange die Lichtschranke unterbrochen ist, darf die geöffnete Tür nicht zugehen.

In der Schleuse sind zur Sicherheit zwei Taster S3 und S4 angebracht, die die zugehörige Tür im Notfall öffnen, wenn jemand die Schleuse betreten hat, ohne vorher den entsprechenden Taster S1 oder S2 betätigt zu haben. Dies ist denkbar, wenn jemand von der anderen Seite gerade gekommen ist und so die eine Tür offen war. Ist jedoch der entsprechende Taster S1 oder S2 vor dem Betreten der Schleuse betätigt worden, so öffnet die Tür automatisch. Wird während des Schließens einer Tür die zugehörige Lichtschranke unterbrochen, oder der zugehörige Taster S1, S2, S3 oder S4 gedrückt, so öffnet die Tür sofort wieder.

Technologieschema

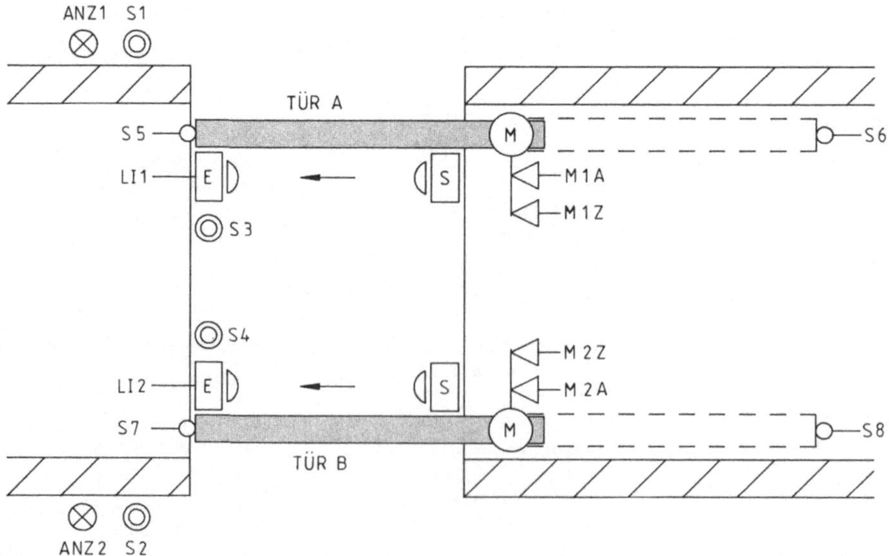

Bild 7.2 Türschleuse

Zuordnungstabelle:

Eingangsvariable	Betriebsmittel-kennzeichen	logische Zuordnung	
Taster Tür A außen	S1	Taster gedrückt	S1 = 1
Taster Tür B außen	S2	Taster gedrückt	S2 = 1
Taster Tür A innen	S3	Taster gedrückt	S3 = 1
Taster Tür B innen	S4	Taster gedrückt	S4 = 1
Endsch. Tür A zu	S5	Tür A zu	S5 = 1
Endsch. Tür A auf	S6	Tür A auf	S6 = 1
Endsch. Tür B zu	S7	Tür B zu	S7 = 1
Endsch. Tür B auf	S8	Tür B auf	S8 = 1
Lichtschr. Tür A	LI1	Lichtschr. unterbr.	LI1 = 0
Lichtschr. Tür B	LI2	Lichtschr. unterbr.	LI2 = 0
Ausgangsvariable			
Motor Tür A auf	M1A	Tür A geht auf	M1A = 1
Motor Tür A zu	M1Z	Tür A geht zu	M1Z = 1
Motor Tür B auf	M2A	Tür B geht auf	M2A = 1
Motor Tür B zu	M2Z	Tür B geht zu	M2Z = 1
Anzeige Taster S1	ANZ1	Anzeigeleuchte an	ANZ1 = 1
Anzeige Taster S2	ANZ2	Anzeigeleuchte an	ANZ2 = 1

Bevor der Zustandsgraph für die Steuerung aus der verbalen Beschreibung entwickelt wird, müssen die Eingangssignale daraufhin überprüft werden, ob Kurzzeitsignale gespeichert werden müssen.

Die Eingangssignale der beiden Türtaster außen S1/S2 müssen für die Verarbeitung mit dem Zustandsgraph gespeichert werden, da die Steuerung nicht unbedingt sofort auf einen Tastendruck durch Öffnen einer Schleusentür reagieren kann.

Damit jedoch nach einem Tastendruck die Steuerung eine Reaktion zeigt, sollen die zu den Tastern zugehörigen Anzeigeleuchten sofort aufleuchten, bis die entsprechende Schleusentür geöffnet wird.

Solche Rückmeldungen sind in der Steuerungstechnik stets erforderlich, wenn die Steuerung nicht sofort auf Eingabesignale die geforderte Reaktion zeigen kann, dem Benutzer jedoch angezeigt werden muß, daß die Anforderung zu gegebener Zeit bedient wird.

Mit S1 bzw. S2 werden also Speicherglieder gesetzt, deren Ausgänge die Anzeigelampen ANZ1 bzw. ANZ2 ansteuern (Anzeigespeicher).

Da die Anzeigespeicher jeweils zurückgesetzt werden, wenn die entsprechende Schleusentür aufgeht, sind in der Signalvorverarbeitung noch zwei weitere Speicher erforderlich. Einer der beiden Speicher (Tastenspeicher 1) wird abgefragt, ob nach Tür A noch Tür B geöffnet werden muß oder nicht. Der andere Speicher (Tastenspeicher 2) gibt an, ob, nachdem Tür B geöffnet war, noch Tür A geöffnet werden muß.

Tastenspeicher 1 wird mit der Anzeigeleuchte 1 und Tastenspeicher 2 mit der Anzeigeleuchte 2 gesetzt.

Mit welchen Zuständen die Anzeigespeicher und Tastenspeicher jeweils zurückgesetzt werden, ergibt sich bei der Erstellung des Zustandsgraphen.

Die anderen Eingabesignale müssen bei Betätigung sofort auf die Steuerung einwirken. Eine Speicherung der Signale ist deshalb nicht erforderlich.

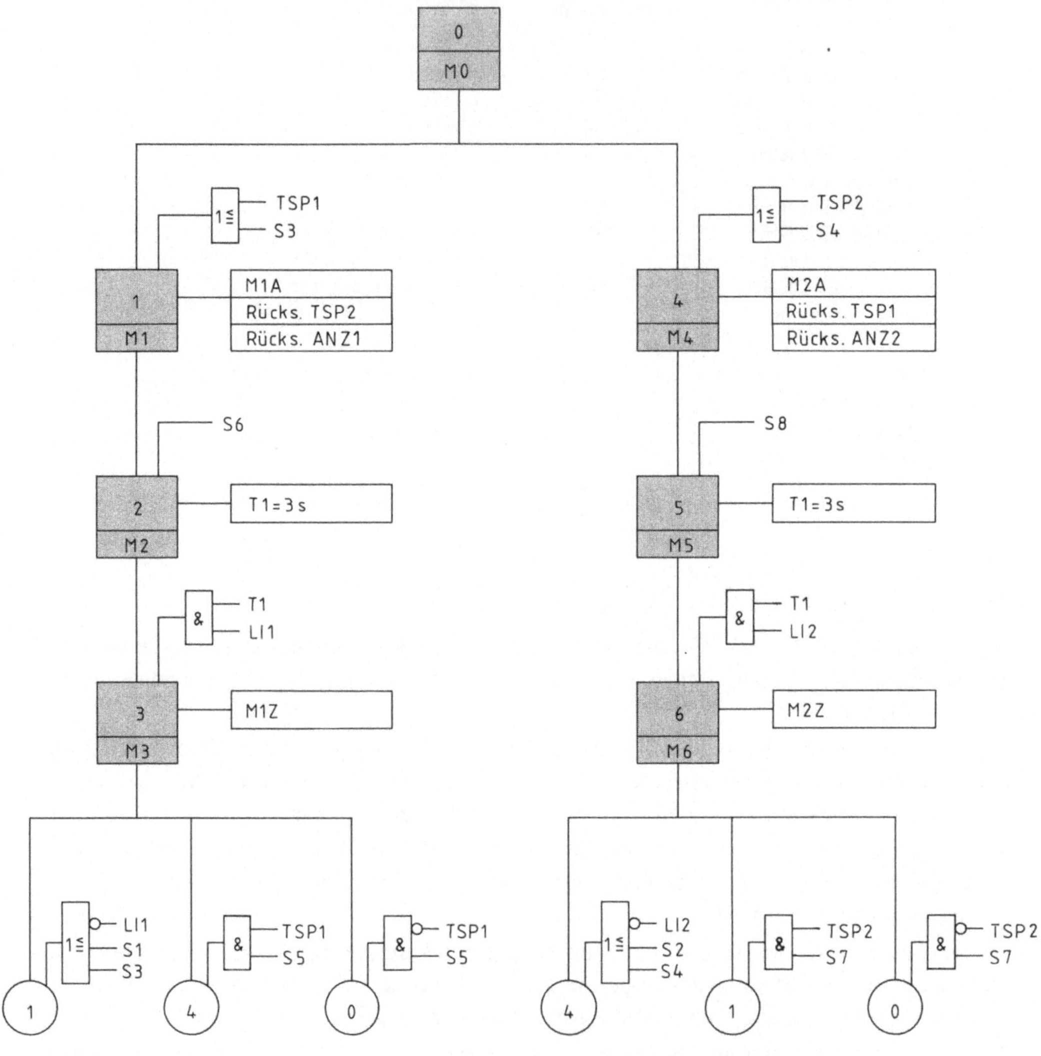

Sowohl in Zustand 3 wie in Zustand 6 kann in verschiedene Folgezustände übergegangen werden.

Betrachtet man beispielsweise Zustand 3, so wird mit diesem die Tür A zugesteuert. Wird nun die Lichtschranke LI1 unterbrochen oder einer der Taster S1 bzw. S3 betätigt, so wird die Tür A sofort wieder geöffnet, also in den Zustand 1 übergegangen.

Der Übergang von Zustand 3 nach Zustand 4 erfolgt, wenn der Tastenspeicher TSP1 gesetzt ist und die Tür A geschlossen ist. Die Tür B muß dann geöffnet werden, damit die Schleuse verlassen werden kann.

Der Übergang von Zustand 3 nach Zustand 0 erfolgt, wenn die Tür B für das Betreten der Schleuse bereits geöffnet war. Vom Zustand 3 wird dann in den Zustand 0 übergegangen, wenn der Tastenspeicher TSP1 nicht gesetzt wurde.

Umsetzung des Zustandsgraphen in die ausführliche Darstellung mit RS-Speichergliedern:

Funktionsplan:

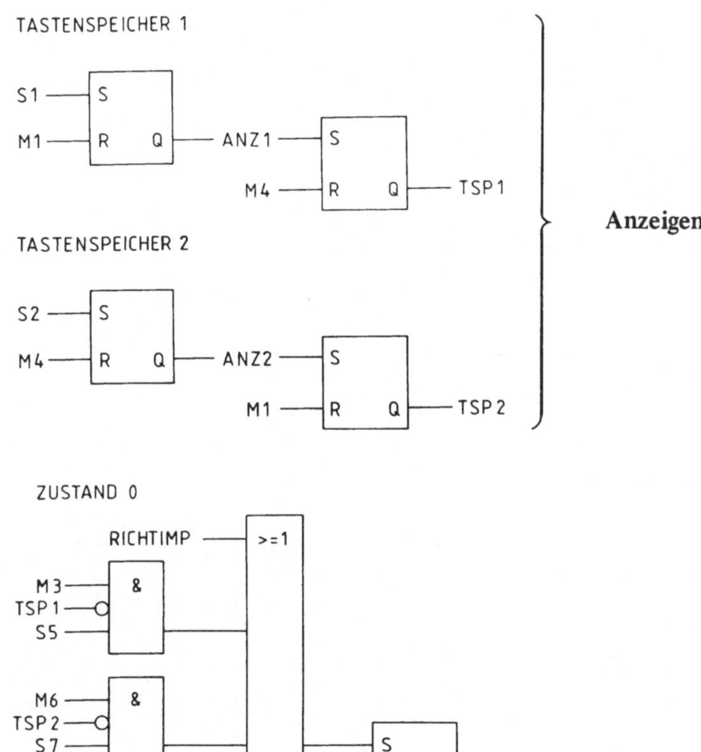

Bei Verzweigungen müssen die möglichen Folgezustände stets verriegelt werden, damit nicht in beide Zustände übergegangen werden kann, wenn gleichzeitig beide Bedingungen für die Zustände erfüllt sind.

Nach Zustand 0 dürfen also nicht Zustand 1 und Zustand 4 gleichzeitig gesetzt werden können. Mit der Programmerstellung entscheidet man sich, welcher der beiden Zustände gesetzt wird, wenn beide Bedingungen gleichzeitig erfüllt sind. In diesem Beispiel wird in Zustand 1 übergegangen.

Nach Zustand 3 können gar drei mögliche Folgezustände erreicht werden. Zustand 1 und Zustand 4 sind bereits durch die Verzweigung nach Zustand 0 gegenseitig verriegelt. Die Zustände 4 und 0 sind über die Eingangsbedingungen gegenseitig verriegelt, können also nicht gleichzeitig gesetzt werden.

Für die Folgezustände des Zustandes 6 gilt das gleiche wie für die Folgezustände von Zustand 3.

Die hier angegebene Art der Verriegelung greift nur unter Berücksichtigung der linearen Programmabarbeitung bei einer SPS. Bei der Realisierung der Steuerung mit elektrischen Schaltkreisen, Schützen oder pneumatischen Ventilen ist eine andere Verriegelung der entsprechender Zustände zu verwenden.

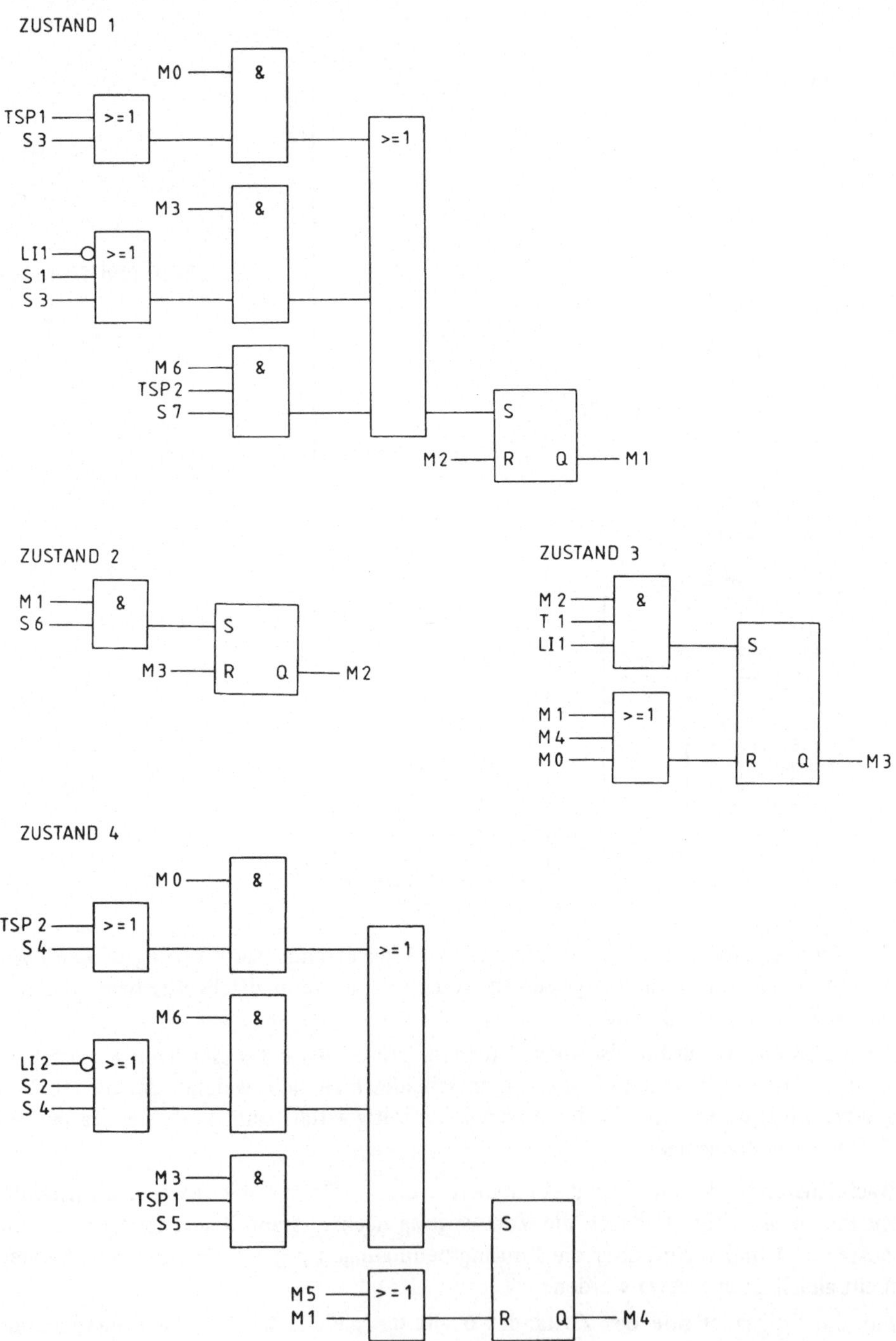

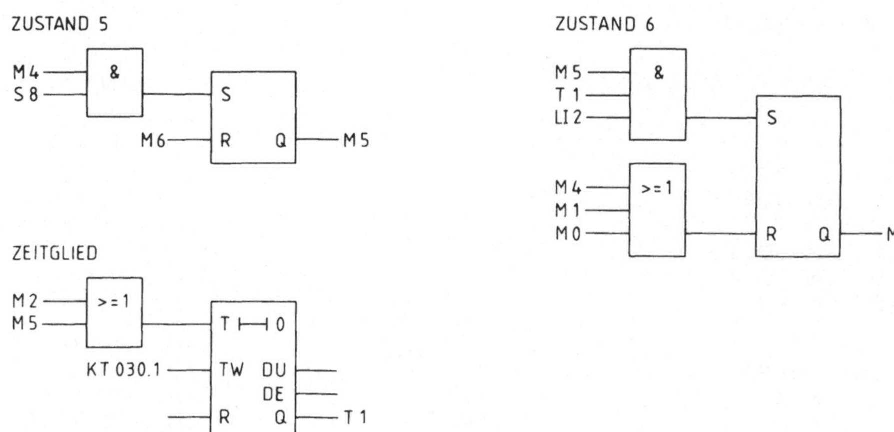

Ausgangszuweisung:

Damit in jedem Fall ein Überfahren der Endschalter mit den Türen vermieden wird, werden in den Ausgangszuweisungen für die Türmotoren die zugehörigen Endschalter nochmals berücksichtigt.

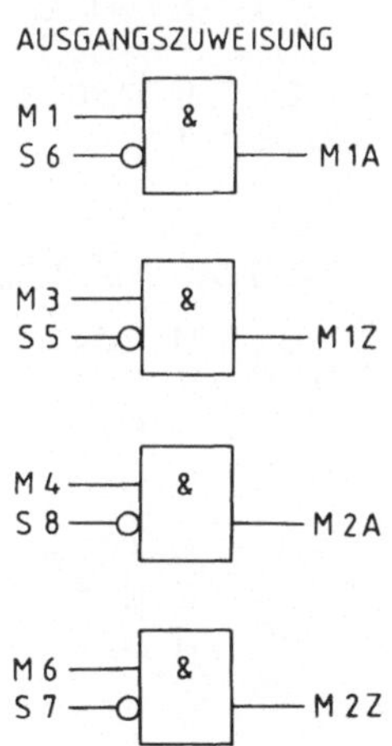

Realisierung mit einer SPS:

Zuordnung:			
	S1 = E 0.1	M1A = A 0.1	M0 = M 40.0
	S2 = E 0.2	M1Z = A 0.2	M1 = M 40.1
	S3 = E 0.3	M2A = A 0.3	M2 = M 40.2
	S4 = E 0.4	M2Z = A 0.4	M3 = M 40.3
	S5 = E 0.5	ANZ1 = A 0.5	M4 = M 40.4
	S6 = E 0.6	ANZ2 = A 0.6	M5 = M 40.5
	S7 = E 0.7		M6 = M 40.6
	S8 = E 1.0		TSP1 = M 50.1
	LI1 = E 1.1		TSP2 = M 50.2
	LI2 = E 1.2		MX = M 60.6
			MY = M 60.7

Anweisungsliste:

```
TASTENSPEICHER 1

:U    E 0.1
:S    A 0.5
:U    M 40.1
:R    A 0.5
:U    A 0.5
:S    M 50.1
:U    M 40.4
:R    M 50.1

TASTENSPEICHER 2

:U    E 0.2
:S    A 0.6
:U    M 40.4
:R    A 0.6
:U    A 0.6
:S    M 50.2
:U    M 40.1
:R    M 50.2

RICHTIMPULS

:UN   M 60.6
:=    M 60.7
:S    M 60.6

ZUSTAND 0

:O    M 60.7
:O
:U    M 40.3
:UN   M 50.1
:U    E 0.5
:O
:U    M 40.6
:UN   M 50.2
:U    E 0.7
:S    M 40.0
:O    M 40.1
:O    M 40.4
:R    M 40.0

ZUSTAND 1

:U    M 40.0
:U(
:O    M 50.1
:O    E 0.3
:)
:O
:U    M 40.3
:U(
:ON   E 1.1
:O    E 0.1
:O    E 0.3
:)
:O
:U    M 40.6
:U    M 50.2
:U    E 0.7
:S    M 40.1
:U    M 40.2
:R    M 40.1

ZUSTAND 2

:U    M 40.1
:U    E 0.6
:S    M 40.2
:U    M 40.3
:R    M 40.2

ZUSTAND 3

:U    M 40.2
:U    T 1
:U    E 1.1
:S    M 40.3
:O    M 40.1
:O    M 40.4
:O    M 40.0
:R    M 40.3

ZUSTAND 4

:U    M 40.0
:U(
:O    M 50.2
:O    E 0.4
:)
:O
:U    M 40.6
:U(
:ON   E 1.2
:O    E 0.2
:O    E 0.4
:)
:O
:U    M 40.3
:U    M 50.1
:U    E 0.5
:S    M 40.4
:O    M 40.5
:O    M 40.1
:R    M 40.4

ZUSTAND 5

:U    M 40.4
:U    E 1.0
:S    M 40.5
:U    M 40.6
:R    M 40.5

ZUSTAND 6

:U    M 40.5
:U    T 1
:U    E 1.2
:S    M 40.6
:O    M 40.4
:O    M 40.1
:O    M 40.0
:R    M 40.6

ZEITGLIED

:O    M 40.2
:O    M 40.5
:L    KT030.1
:SE   T 1

AUSGANGSZUWEISUNG

:U    M 40.1
:UN   E 0.6
:=    A 0.1

:U    M 40.3
:UN   E 0.5
:=    A 0.2

:U    M 40.4
:UN   E 1.0
:=    A 0.3

:U    M 40.6
:UN   E 0.7
:=    A 0.4
:BE
```

7.3 Schleifen im Zustandsgraph

Die Umsetzung eines Zustandsgraphen in einen Funktionsplan mit RS-Speichergliedern kann dann Schwierigkeiten bereiten, wenn eine Schleife zwischen zwei Zuständen entsteht.

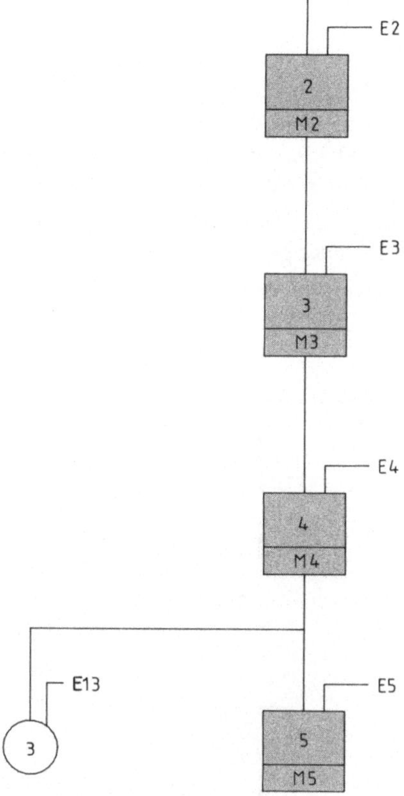

Zustand 3 und Zustand 4 können in einer Schleife bei entsprechenden Bedingungen ständig durchlaufen werden. Zustand 3 bereitet das Setzen von Zustand 4 vor und setzt diesen als Folgezustand wieder zurück. M3 erscheint also in der Setz- und Rücksetzbedingung des Speichers für Zustand 4. Genauso erscheint Merker M4 in der Setz- und Rücksetzbedingung des Speichers M3.

> Bei Schleifen müssen die beiden zugehörigen Zustände mit dem Folgezustand und der Setzbedingung des Folgezustandes zurückgesetzt werden.

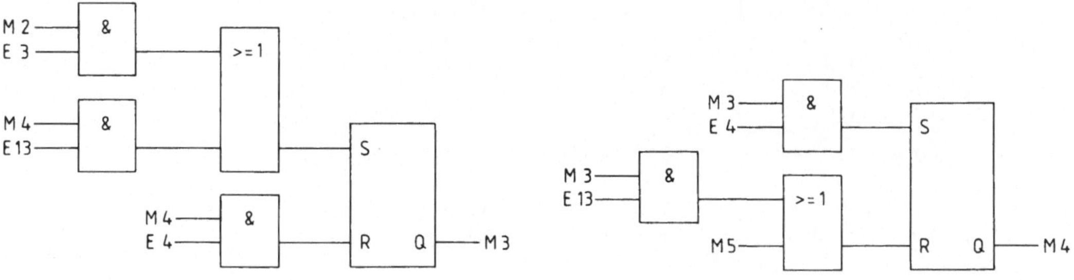

Das nächste Beispiel 7.3 „Behältersteuerung" entspricht der Übungsaufgabe 5.5. Mit diesem soll einmal gezeigt werden, wie die Steuerungsaufgabe systematisch mit dem Funktionsgraph entworfen werden kann. Zum anderen tritt bei dieser Steuerungsaufgabe eine Schleife zwischen zwei Zuständen auf.

▼ **Beispiel 7.3: Behältersteuerung**

Drei Vorratsbehälter mit den Signalgebern S1; S3 und S5 für die Vollmeldung und S2; S4 und S6 für die Leermeldung können von Hand in beliebiger Reihenfolge entleert werden. Eine Steuerung soll bewirken, daß stets nur ein Behälter nach erfolgter Leermeldung gefüllt werden kann. Das Füllen eines Behälters dauert bis die entsprechende Vollmeldung erfolgt ist. Das Füllen der Behälter soll in der Reihenfolge ausgeführt werden, in der sie entleert werden. Werden die Behälter beispielsweise in der Reihenfolge 2-1-3 entleert, müssen sie auch in der Reihenfolge 2-1-3 wieder gefüllt werden.

Die Steuerung ist mit einem Zustandsgraph zu entwerfen.

Technologieschema:

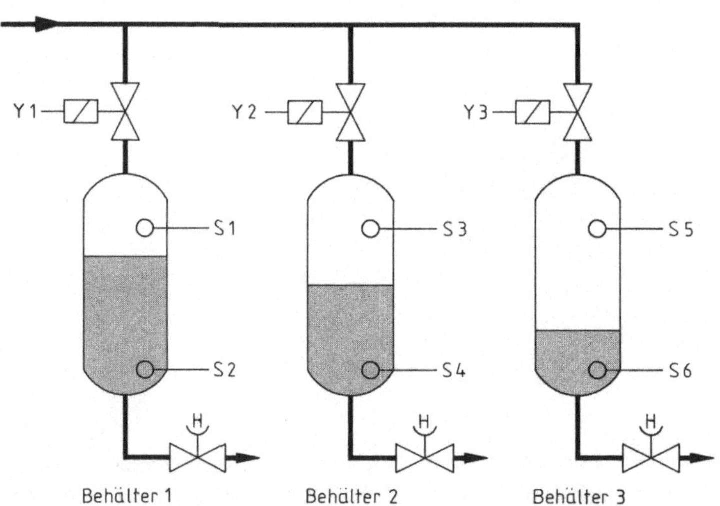

Bild 7.3 Behältersteuerung

Zuordnungstabelle:

Eingangsvariable	Betriebsmittel-kennzeichen	logische Zuordnung
Vollmeld. Beh. 1	S1	Beh. 1 voll S1 = 1
Vollmeld. Beh. 2	S3	Beh. 2 voll S3 = 1
Vollmeld. Beh. 3	S5	Beh. 3 voll S5 = 1
Leermeld. Beh. 1	S2	Beh. 1 leer S2 = 1
Leermeld. Beh. 2	S4	Beh. 2 leer S4 = 1
Leermeld. Beh. 3	S6	Beh. 3 leer S6 = 1
Ausgangsvariable		
Ventil Beh. 1	Y1	Ventil offen Y1 = 1
Ventil Beh. 2	Y2	Ventil offen Y2 = 1
Ventil Beh. 3	Y3	Ventil offen Y3 = 1

Zustandsgraph:

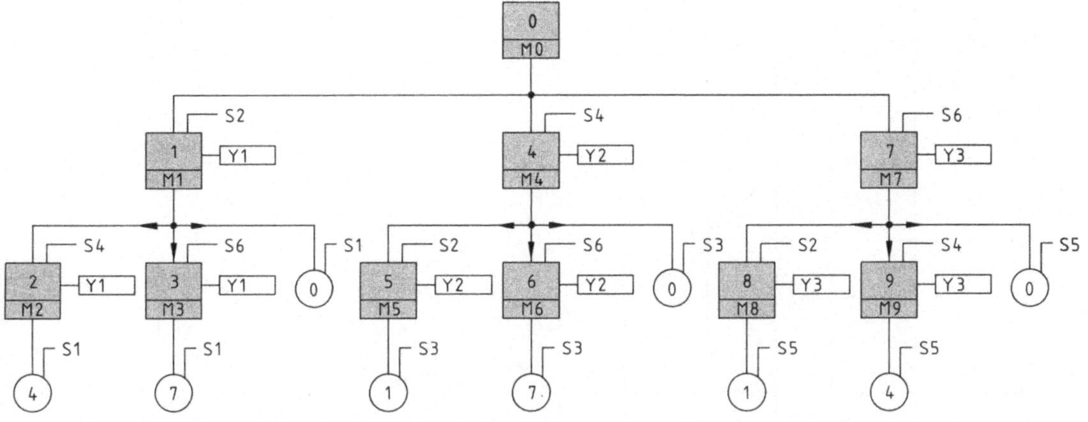

Wie aus dem Zustandsgraph zu ersehen ist, können die Zustände 0 und 1, 0 und 4 sowie 0 und 7 in Schleifen durchlaufen werden. Bei der Umsetzung des Zustandsgraphen sind diese möglichen Schleifen zu berücksichtigen.

Umsetzung des Zustandsgraphen in die ausführliche Darstellung mit RS-Speichergliedern:

Funktionsplan:

Einschaltflanke

UN M X
= M Y
S M X

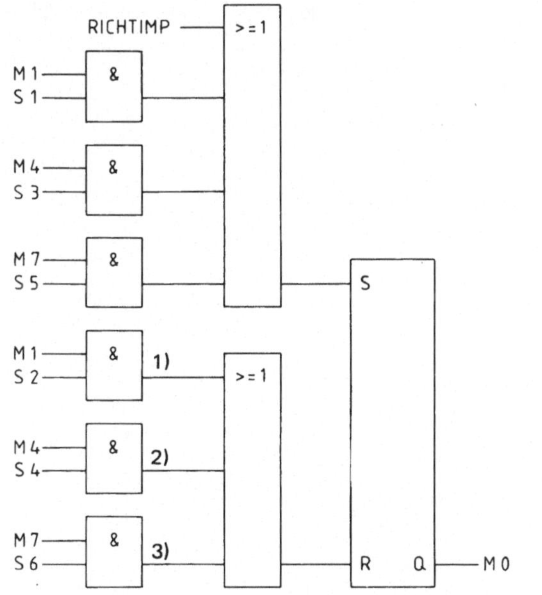

1) Schleife 0-1-0
2) Schleife 0-4-0
3) Schleife 0-7-0

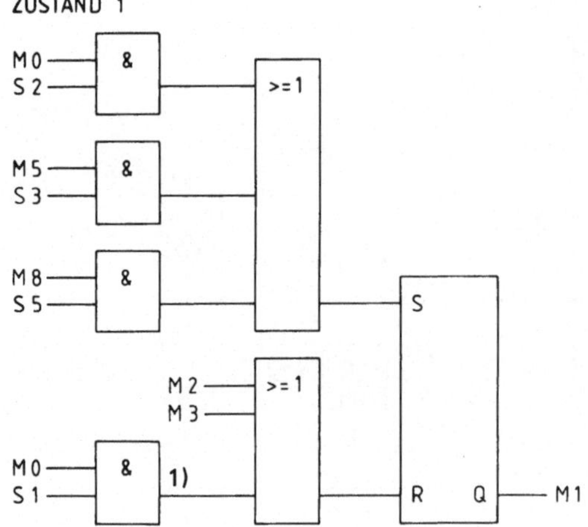

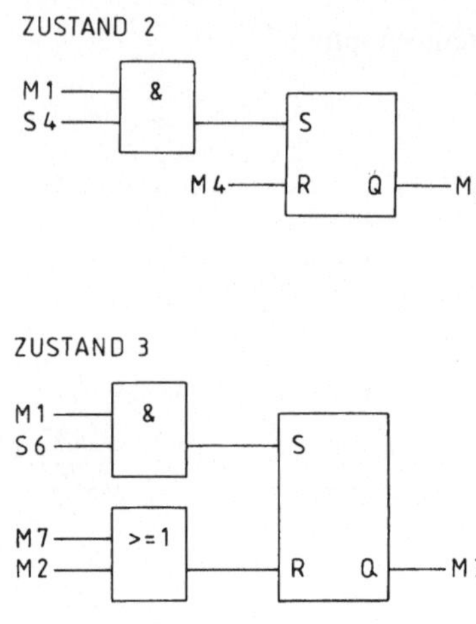

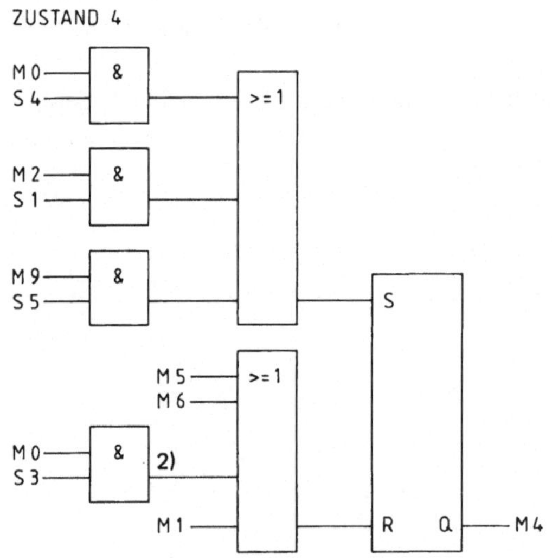

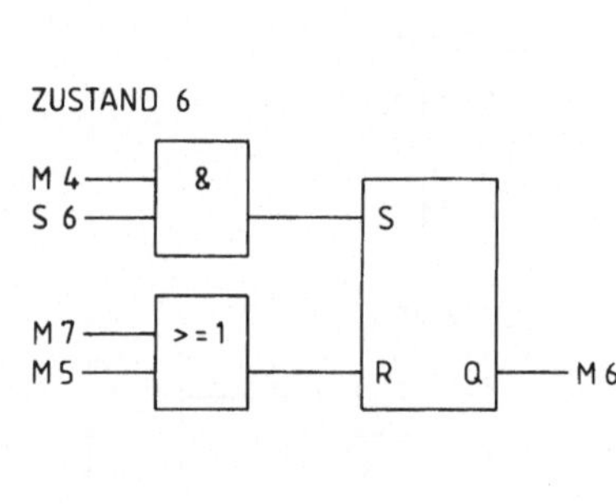

1) Schleife 1-0-1
2) Schleife 4-0-4

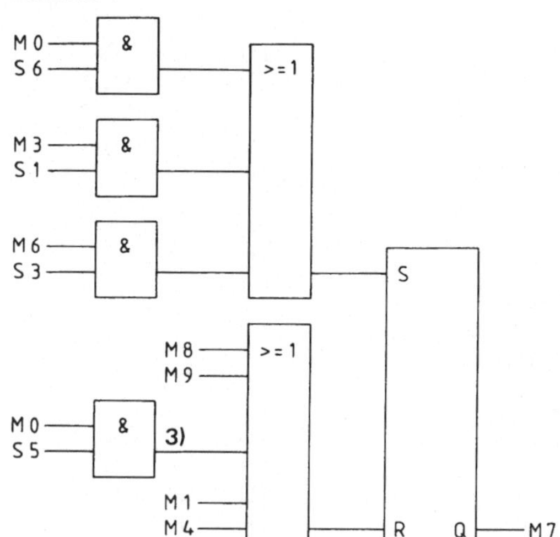

BEFEHLSAUSGABE

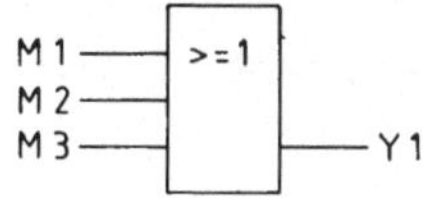

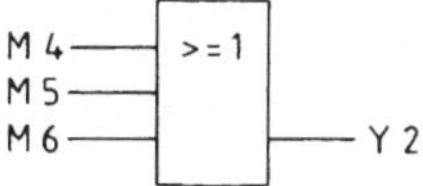

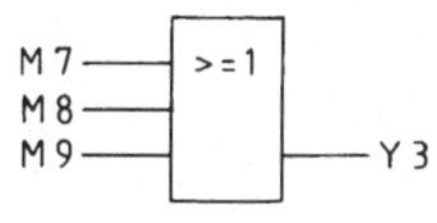

ZUSTAND 8

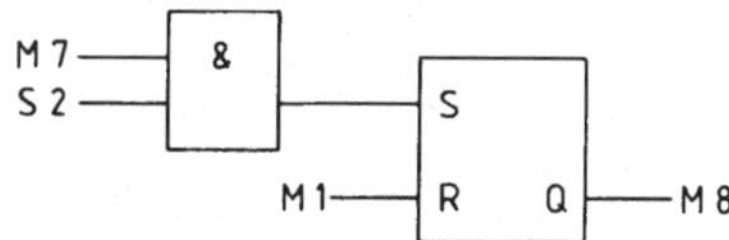

ZUSTAND 9

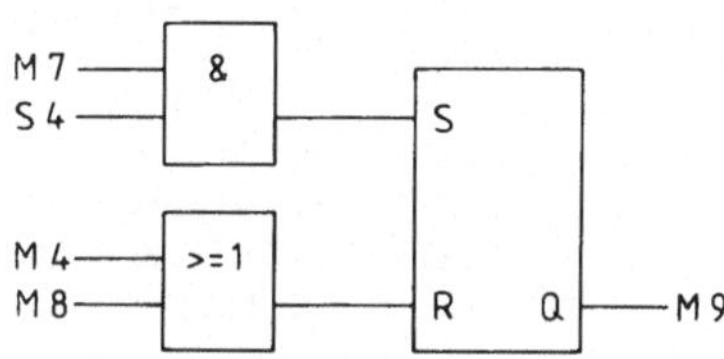

Realisierung mit einer SPS:

Zuordnung:	S1 = E 0.1	Y1 = A 0.1	M0 = M 40.0
	S2 = E 0.2	Y2 = A 0.2	M1 = M 40.1
	S3 = E 0.3	Y3 = A 0.3	M2 = M 40.2
	S4 = E 0.4		M3 = M 40.3
	S5 = E 0.5		M4 = M 40.4
	S6 = E 0.6		M5 = M 40.5
			M6 = M 40.6
			M7 = M 40.7
			M8 = M 41.0
			M9 = M 41.1
			MX = M 60.6
			MY = M 60.7

3) Schleife 7-0-7

Anweisungsliste:

```
EINSCHALTFLANKE
:UN   M 60.6
:=    M 60.7
:S    M 60.6

ZUSTAND 0
:O    M 60.7
:O
:U    M 40.1
:U    E 0.1
:O
:U    M 40.4
:U    E 0.3
:O
:U    M 40.7
:U    E 0.5
:S    M 40.0
:U    M 40.1
:U    E 0.2
:O
:U    M 40.4
:U    E 0.4
:O
:U    M 40.7
:U    E 0.6
:R    M 40.0

ZUSTAND 1
:U    M 40.0
:U    E 0.2
:O
:U    M 40.5
:U    E 0.3
:O
:U    M 41.0
:U    E 0.5
:S    M 40.1
:O    M 40.2
:O    M 40.3
:O
:U    M 40.0
:U    E 0.1
:R    M 40.1

ZUSTAND 2
:U    M 40.1
:U    E 0.4
:S    M 40.2
:U    M 40.4
:R    M 40.2

ZUSTAND 3
:U    M 40.1
:U    E 0.6
:S    M 40.3
:O    M 40.7
:O    M 40.2
:R    M 40.3

ZUSTAND 4
:U    M 40.0
:U    E 0.4
:O
:U    M 40.2
:U    E 0.1
:O
:U    M 41.1
:U    E 0.5
:S    M 40.4
:O    M 40.5
:O    M 40.6
:O
:U    M 40.0
:U    E 0.3
:O    M 40.1
:R    M 40.4

ZUSTAND 5
:U    M 40.4
:U    E 0.2
:S    M 40.5
:U    M 40.1
:R    M 40.5

ZUSTAND 6
:U    M 40.4
:U    E 0.6
:S    M 40.6
:O    M 40.7
:O    M 40.5
:R    M 40.6

ZUSTAND 7
:U    M 40.0
:U    E 0.6
:O
:U    M 40.3
:U    E 0.1
:O
:U    M 40.6
:U    E 0.3
:S    M 40.7
:O    M 41.0
:O    M 41.1
:O
:U    M 40.0
:U    E 0.5
:O    M 40.1
:O    M 40.4
:R    M 40.7

ZUSTAND 8
:U    M 40.7
:U    E 0.2
:S    M 41.0
:U    M 40.1
:R    M 41.0

ZUSTAND 9
:U    M 40.7
:U    E 0.4
:S    M 41.1
:O    M 40.4
:O    M 41.0
:R    M 41.1

BEFEHLSAUSGABE
:O    M 40.1
:O    M 40.2
:O    M 40.3
:=    A 0.1
:O    M 40.4
:O    M 40.5
:O    M 40.6
:=    A 0.2

:O    M 40.7
:O    M 41.0
:O    M 41.1
:=    A 0.3
:BE
```

- **Übung 7.1: Ölbrennersteuerung**

Der Ölbrenner einer Heizungsanlage besteht aus einem Motor, der das Gebläse und die Ölpumpe antreibt, einem Magnetventil, welches die Ölzufuhr von der Pumpe zur Düse freigibt und einer Zündeinrichtung, die mit Hilfe eines Hochspannungstransformators einen Lichtbogen unmittelbar vor der Düse erzeugt.

Die Ölbrennersteuerung soll den Motor mit Gebläse und Ölpumpe einschalten, wenn der Thermostat anspricht, weil die eingestellte Wassertemperatur unterschritten wird.

Nach einer Vorbelüftungszeit von drei Sekunden wird durch das Magnetventil die Ölzufuhr freigegeben und gleichzeitig die Zündung eingeschaltet. Die Zündung wird sofort ausgeschaltet, sobald der Flammenwächter das Entstehen der Flamme meldet. Ist die am Thermostaten eingestellte Wassertemperatur erreicht, müssen Motor und Magnetventil ausgeschaltet werden.

Wenn trotz eingeschalteter Zündung keine Flamme erscheint, liegt eine Störung vor. Nach einer Sicherheitszeit von 10 Sekunden muß die Ölzufuhr gesperrt, der Motor abgeschaltet und ein Alarm ausgelöst werden (Störungslampe).

Nach einem Alarmzustand kann die Anlage von Hand durch Betätigen eines Entriegelungstasters wieder in Betrieb genommen werden.

Erlischt die Flamme während des Brennerbetriebs, so muß die Zündung automatisch eingeschaltet werden.

Technologieschema:

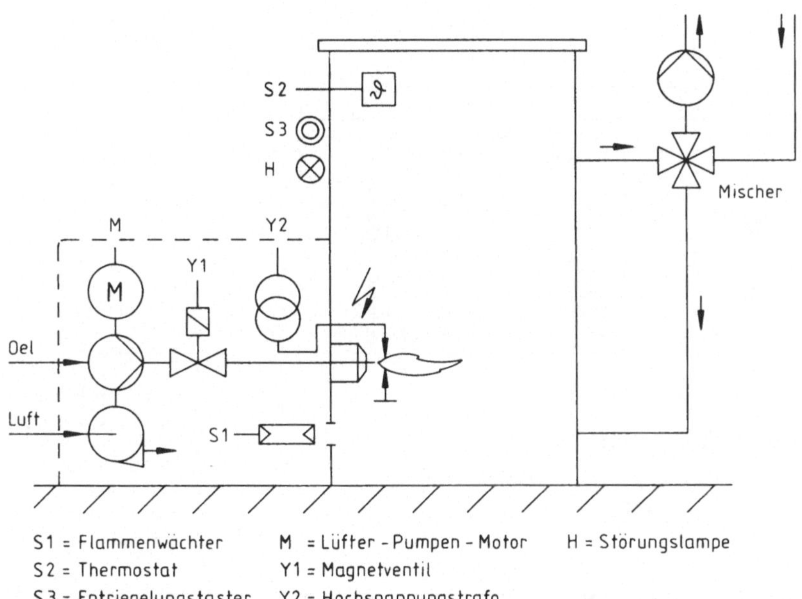

Bild 7.4 Ölbrenner

- **Übung 7.2: Speiseaufzug**

Ein Speiseaufzug stellt die Verbindung von der im Keller gelegenen Küche zu dem im Erdgeschoß befindliche Restaurant dar. In der Küche und im Restaurant sind hierzu automatische Türen und entsprechende Ruftaster angebracht.

Tech

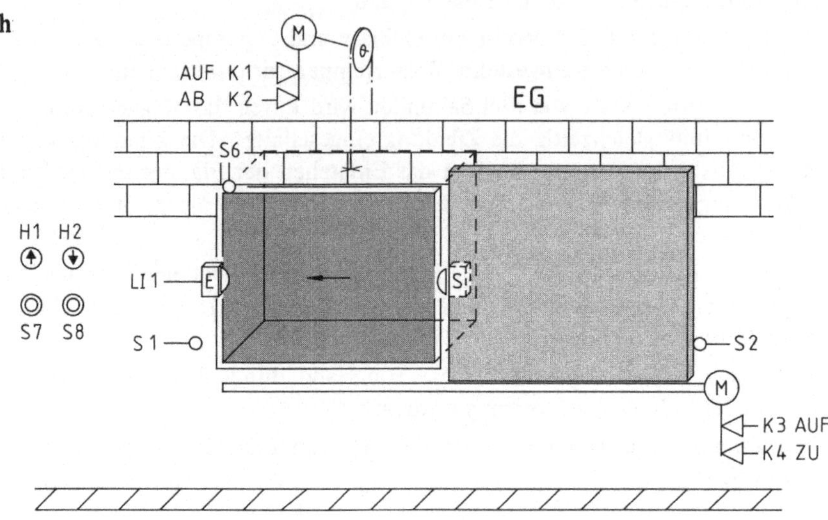

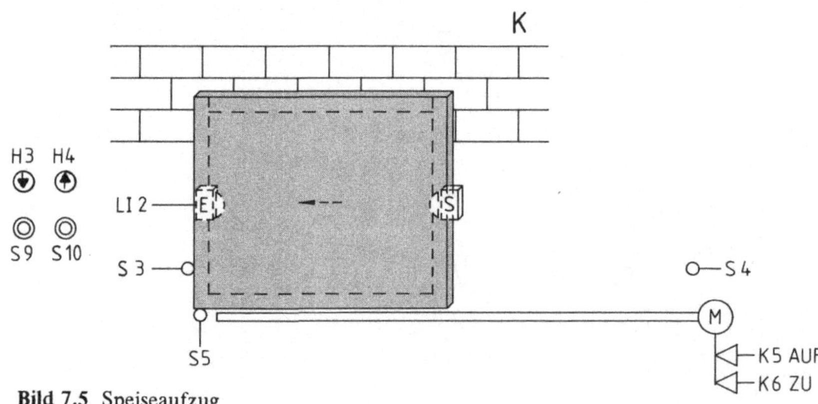

Bild 7.5 Speiseaufzug

Das System Aufzugkorb mit Gegengewicht wird von einem Elektromotor M mit zwei Drehrichtungen angetrieben. Hierfür sind die beiden Leistungsschütze K1 und K2 anzusteuern.

Sowohl in der Küche wie auch im Restaurant sind je zwei Ruftaster angebracht. Mit S7 und S9 kann der Fahrkorb geholt werden und mit S8 und S10 kann der Fahrkorb in das jeweils andere Stockwerk geschickt werden.

Die zu den Tastern gehörenden Rufanzeigen in den Stockwerken zeigen an, daß die Steuerung den Tastendruck bearbeitet.

Die Türen zum Aufzugsschacht werden automatisch geöffnet, wenn der Fahrkorb in dem entsprechenden Stockwerk steht. Hierzu werden die beiden Türöffnermotoren M1 und M2 über die Leistungsschütze K3, K4 und K5, K6 in zwei Drehrichtungen betrieben. Die Mindestöffnungszeit einer Tür beträgt 3 s.

In dem Stockwerk, in dem sich der Fahrkorb befindet, bleibt die Tür stets geöffnet.

Die Türöffnungen werden mit den Lichtschranken LI 1 und LI 2 überwacht. Wird während des Schließens der Tür die Lichtschranke unterbrochen, oder auf einen entsprechenden Taster S7 bzw. S9 gedrückt, geht die Tür sofort wieder auf.

Beim Einschalten der Steuerung sollen beide Türen zunächst geschlossen werden und der Förderkorb in den Keller fahren.

Ermitteln Sie für diese Steuerungsaufgabe den Zustandsgraph und setzen Sie diesen in ein Steuerungsprogramm um. Realisieren Sie die Steuerung mit einer SPS.

8 Zähler

8.1 Zählen in der Steuerungstechnik

Das Erfassen einer bestimmten Menge erfolgt in vielen Fällen durch Aufsummieren von Impulsen. Dabei werden die einer Teilmenge entsprechenden Impulse einem *Zähler* zugeführt, der die Summe der eintreffenden Impulse bildet. Der Zählerstand, der im Dual- oder BCD-Code ausgegeben wird, entspricht dem der erfaßten Menge. Im einzelnen können sich folgende Probleme stellen:

- Abzählen einer Menge
- Vergleichen mit einer Sollmenge auf Gleichheit (=), kleiner als (<), größer als (>)
- Erfassung von Mengendifferenzen.

Bei Positioniersteuerungen ist die Wegerfassung von Bedeutung. Diese Aufgabe kann durch Einsatz eines Winkelschrittgebers in Verbindung mit einem Zähler gelöst werden. Der Winkelschrittgeber liefert proportional zum Drehwinkel Impulse, die in einem Zähler aufsummiert werden. Je Winkeleinheit und damit auch Wegeeinheit (bei geeigneter Umsetzung der Längsbewegung in eine Drehbewegung) wird ein Impuls in den Zähler gegeben, so daß der Zahlenwert des Zählers der momentanen Position entspricht.

Zähler können auch die Funktion einfacher Steuerwerke übernehmen: z.B. die Impulse eines Taktgebers werden im Zähler summiert und dienen zum Aufruf aufeinanderfolgender Steuerungsphasen. Voraussetzung ist, daß es sich um Steuerungen mit zyklischer Wiederholung ihrer Einzelschritte handelt (z.B. Ampelsteuerung). Für weitergehende Zähleranwendungen siehe Band 2.

8.2 Zählfunktionen

Die meisten Speicherprogrammierten Steuerungen stellen dem Anwender mehrere programmierbare Zähler zur Verfügung, die zu ihrer Unterscheidung numeriert werden. Die nachfolgende Abbildung zeigt die vollständige Darstellung eines Zählers mit seinen charakteristischen Ein- und Ausgängen.

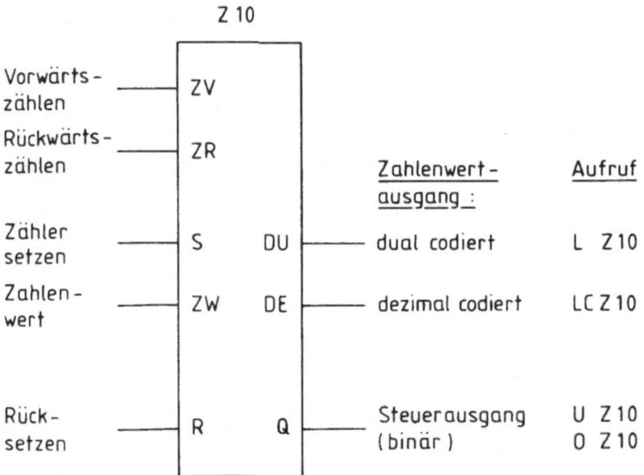

Vorwärtszählen

Als Eingang für Vorwärtszählimpulse können binäre Ein-/Ausgänge und Merker verwendet werden. Bei einem *Zustandswechsel* von „0" auf „1" (positive Flanke) wird der *Zählerstand um 1 erhöht* (inkrementiert), solange die obere Zählgrenze (z. B. 999) noch nicht erreicht ist; in diesem Fall würde der Zählerstand unverändert bestehen bleiben, ohne einen Übertrag zu bilden.

Rückwärtszählen

Eingang für Rückwärtszählimpulse. Bei einem *Zustandswechsel* von „0" nach „1" am Rückwärtszähleingang wird der *Zählerstand um 1 verringert* (dekrementiert), solange die untere Zählgrenze Null noch nicht erreicht ist; in diesem Fall würde der Zählerstand unverändert bestehen bleiben, ohne in die negativen Zahlen zu gehen. Bei Gleichzeitigkeit von Vorwärts- und Rückwärts-Zählimpulsen entstehen keine Schwierigkeiten, da SPS-Zähler sequentiell arbeiten, bleibt der vorhergehende Zählerstand erhalten.

Zähler setzen

Einen Zähler setzen oder voreinstellen bedeutet, den Zählvorgang bei einer bestimmten Zahl beginnen lassen. Bei einem *Zustandswechsel* von „0" nach „1" am Setzeingang S wird der am Eingang ZW anstehende *Zahlenwert übernommen.* Der Zahlenwert muß als 16-Bit-Wort BCD-codiert vorgegeben werden, und zwar entweder

– direkt als *Zahlenwert*, z. B. KZ50 (Konstanter Zahlenwert 50) oder
– indirekt als *Adresse*, z. B. EW4,

bei der die Zahl abgeholt werden kann. Die angegebene Wortadresse umfaßt 16 Binäreingänge (E4.0 ... 4.7 und E5.0 ... 5.7), an die ein geeigneter Zahleinsteller angeschlossen werden kann.

Rücksetzen

Der Rücksetzeingang wirkt statisch. Eine „1" am Rücksetzeingang setzt den Zähler auf Null. Bei erfüllter Rücksetzbedingung kann weder gesetzt noch gezählt werden.

Zähler abfragen (binär)

Der *binäre Steuerungsausgang* Q des Zählers kann mit den Anweisungen U Zx (UND Zähler x) bzw. O Zx (ODER Zähler x) abgefragt werden. Der Steuerungsausgang Q führt Signalzustand „1", wenn der Zählwert größer als Null ist und den Signalzustand „0" bei Zählerstand Null.

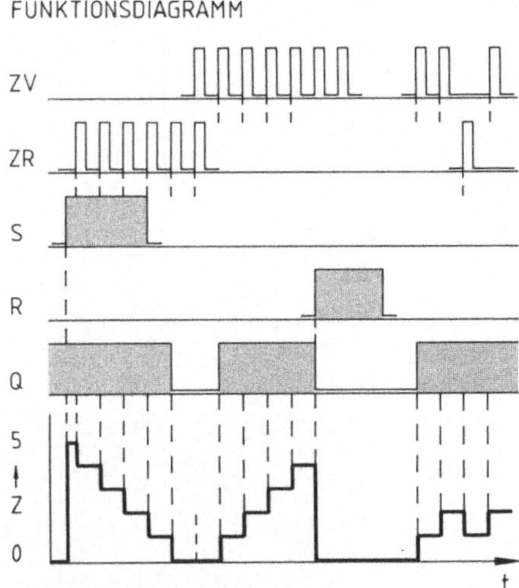

Bild 8.1 Zählerfunktionen

Zähler abfragen (digital)

Der im Zähler stehende Digitalwert kann am *Ausgang DU als Dualzahl* oder am *Ausgang DE als Dezimalzahl* durch eine Ladeanweisung abgefragt und in den Akkumulator gebracht werden. Von dort läßt sich der Zahlenwert in einen anderen Operandenbereich transferieren.

Funktionsplan:

```
E  0.0 ──┤ZV      │
E  0.1 ──┤ZR      │
E  1.0 ──┤S       │
KZ 010 ──┤ZW   DU ├── MW 4
         │     DE ├── MW 6
E  2.0 ──┤R     Q ├── Z 1
                      A 0.0
```

Anweisungsliste

```
:U   E 0.0        :R   Z 1
:ZV  Z 1          :L   Z 1
:U   E 0.1        :T   MW4
:ZR  Z 1          :LC  Z 1
:U   E 1.0        :T   MW6
:L   KZ010        :U   Z 1
:S   Z 1          :=   A 0.0
:U   E 2.0        :BE
```

▼ **Beispiel 8.1: Elektropneumatische Steuerung einer Reinigungsanlage**

Der Behälter einer Reinigungsanlage soll pneumatisch gesenkt und gehoben werden. Nach dreimaligem Heben und Senken soll der Kolben des doppeltwirkenden Arbeitszylinders in seiner eingefahrenen Stellung stehenbleiben; dabei soll der Korb je 10 s im Reinigungsbad verbleiben.

Bemerkung: Das elektromagnetisch betätigte 4/2-Wege-Ventil wirkt wie ein RS-Speicherglied. Wird die Betätigungsspule Y2 kurzzeitig stromführend, so gelangt das 4/2-Wege-Ventil in die gezeichnete Stellung und der Arbeitszylinder wird eingefahren oder in der eingefahrenen Stellung gehalten. Ein Impuls auf Betätigungsspule Y1 steuert das 4/2-Wege-Ventil um und läßt den Kolben des Arbeitszylinders ausfahren.

Technologieschema:

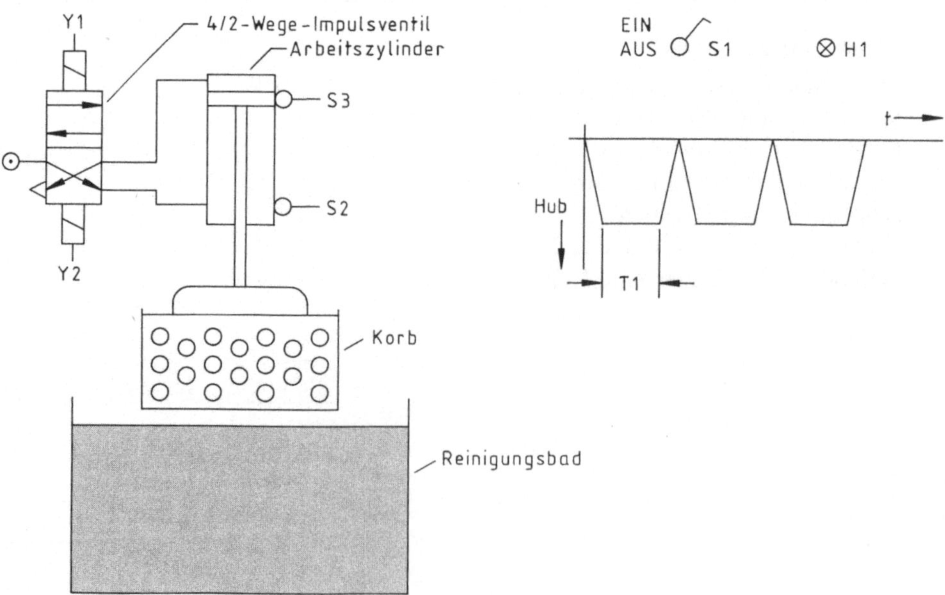

Bild 8.2 Reinigungsanlage

Zuordnungstabelle:

Eingangsvariable	Betriebsmittel-kennzeichen	logische Zuordnung
Schalter EIN/AUS	S1	gedrückt S1 = 1
Endschalter 1	S2	Korb unten S2 = 1
Endschalter 2	S3	Korb oben S3 = 1
Ausgangsvariable		
Spule 1	Y1	Zyl. ausfahren Y1 = 1
Spule 2	Y2	Zyl. einfahren Y2 = 1
Schrittanzeige	PB1	Ziffernanzeige
Lampe	H1	leuchtet H1 = 1

Funktionsplan:

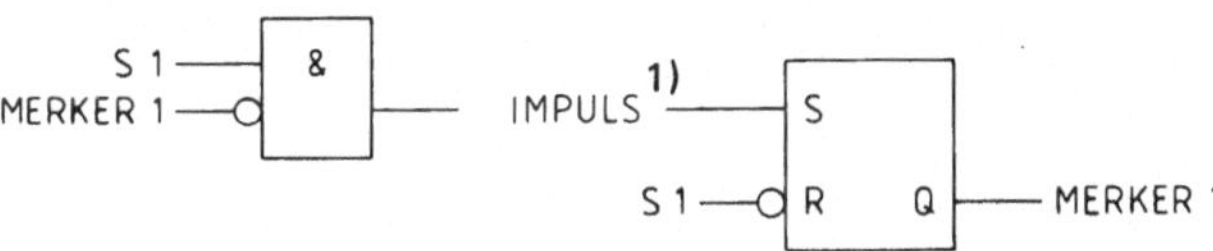

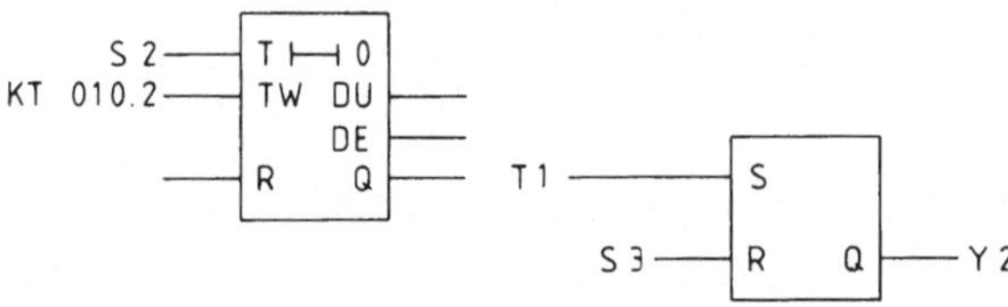

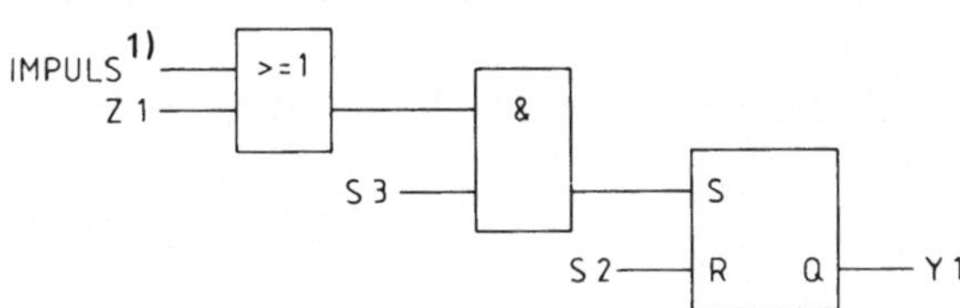

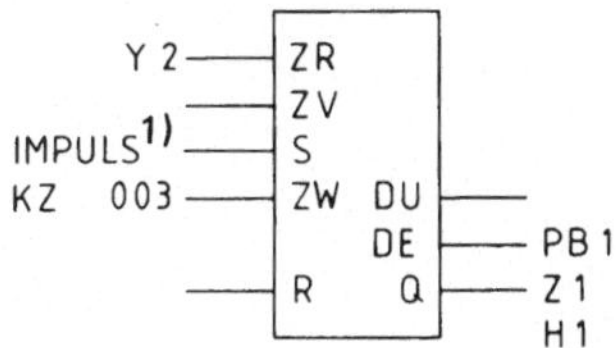

1) Impulsmerker

Realisierung mit einer SPS:

Zuordnung:	S1 = E 0.0	Y1 = A 0.1	Zeit T1 = 10 s	Merker 1 = M 1.1
	S2 = E 0.1	Y2 = A 0.2		Impuls-
	S3 = E 0.2	H1 = A 0.3	Zähler Z1	merker = M 1.0

Anweisungsliste:

```
EINSCHALTEN (IMPULS)
:U    E 0.1
:UN   M 1.1
:=    M 1.0
:S    M 1.1
:UN   E 0.1
:R    M 1.1

ZYLINDER AUSFAHREN
:U(
:O    M 1.0
:O    Z 1
:)
:U    E 0.3
:S    A 0.1
:U    E 0.2
:R    A 0.1

ZYLINDER EINFAHREN
:U    E 0.2
:L    KT010.2
:SE   T 1
:U    T 1
:S    A 0.2
:U    E 0.3
:R    A 0.2

ZAEHLER
:U    A 0.2
:ZR   Z 1
:U    M 1.0
:L    KZ003
:S    Z 1
:LC   Z 1
:T    PB1
:U    Z 1
:=    A 0.3
:BE
```

▲

▼ **Beispiel 8.2: Pufferspeicher**

In einer Montagestraße befindet sich ein Pufferspeicher für Bildröhren.

Der Zu- und Abgang von Einheiten wird durch Lichtschranken kontrolliert, deren Impulse einem Zähler zugeführt werden.

Steigt der Bestand auf den oberen Grenzwert (Zahl 30), dann soll der Transportbandmotor abgeschaltet werden. Unterschreitet der Vorrat den unteren Grenzwert (Zahl 10), so ist dies durch eine Meldelampe anzuzeigen.

Die Eichung des Zählers erfolgt zu Beginn der Schicht bei leerem Magazin durch Betätigung eines Tastschalters.

Technologieschema:

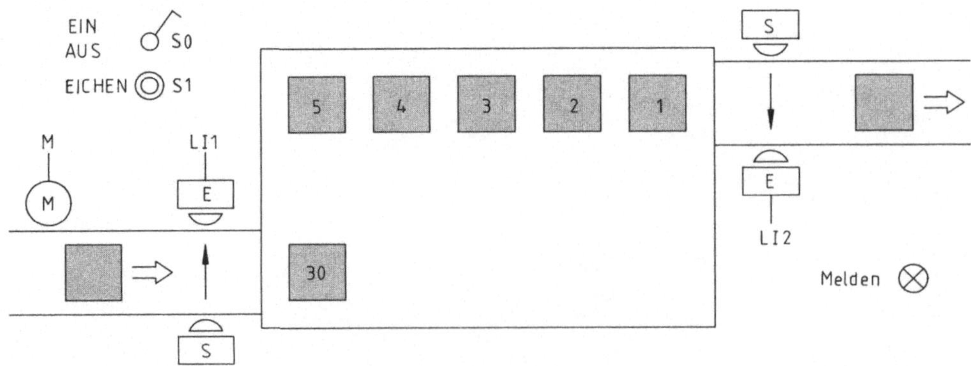

Bild 8.3 Pufferspeicher

Zuordnungstabelle:

Eingangsvariable	Betriebsmittel-kennzeichen	logische Zuordnung
EIN-Schalter	S0	betätigt S0 = 1
Taster EICHEN	S1	gedrückt S1 = 1
Lichtschranke 1	LI1	frei LI1 = 0
Lichtschranke 2	LI2	frei LI2 = 0
Ausgangsvariable		
Bandmotor	M	läuft M = 1
Meldelampe	H	leuchtet H = 1

Lösung:

Funktionsplan:

ZÄHLER

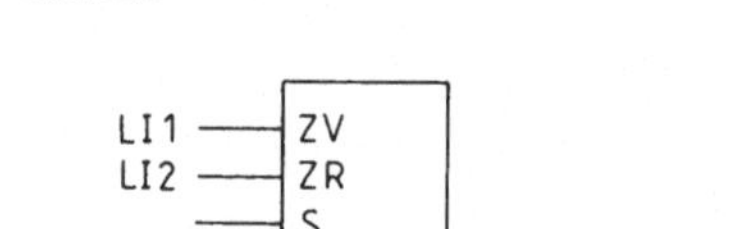

VERGLEICH KLEINER 10

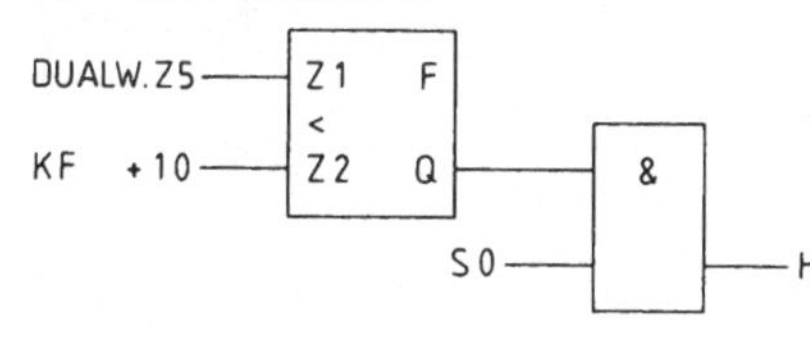

VERGLEICH KLEINER 30

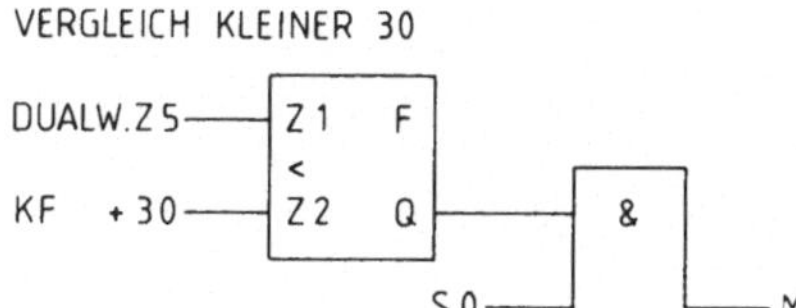

Lösung mit einer SPS:

Zuordnung: S0 = E 0.0   M = A 0.0   Zähler Z5
S1 = E 0.1   H = A 0.1
LI1 = E 0.2
LI2 = E 0.3

Anweisungsliste:

```
ZAEHLER          VERGLEICH KLEINER 10    VERGLEICH KLEINER 30
:U   E 0.2       :U(                     :U(
:ZV  Z 5         :L   Z 5                :L   Z 5
:U   E 0.3       :L   KF+10              :L   KF+30
:ZR  Z 5         :<F                     :<F
:U   E 0.1       :)                      :)
:R   Z 5         :U   E 0.0              :U   E 0.0
                 :=   A 0.1              :=   A 0.0
                                         :BE
```

▲

- **Übung 8.1: Transportband**

Mit einem Transportband werden Kisten zum Versand bereitgestellt. Nach jeweils 20 Kisten soll die Weiche Y umgeschaltet werden.

Lösungshinweis:

Die Impulse der Lichtschranke werden einem Vorwärts-Rückwärtszähler zugeführt. Hochzählen auf Zahl 20 und Erkennung durch Vergleicher. Abwärtszählen auf Null und Auswertung durch Q = 0.

Technologieschema:

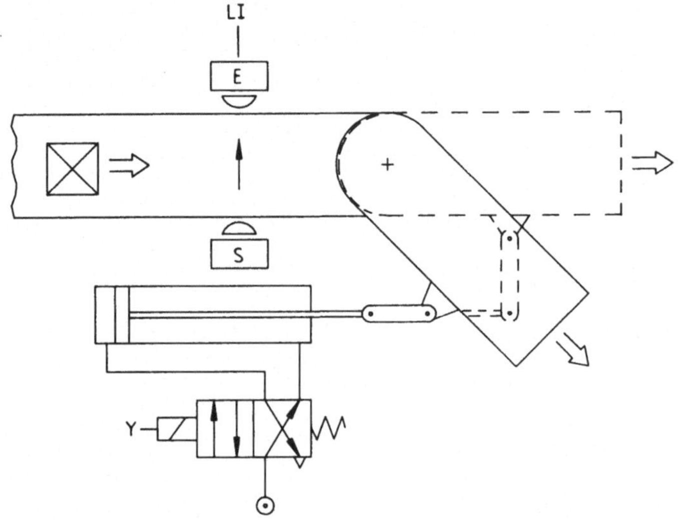

Bild 8.4 Transportband

- **Übung 8.2: Alarmsignal**

Zur Ansteuerung eines akustischen Warnmelders wird am Steuerungsausgang A eine Impulsfolge (kurz-kurz-lang) benötigt. Der Impulsgeber wird durch Betätigung des Schalters S gestartet und arbeitet solange wie dieser geschlossen bleibt. Beim Öffnen des Schalters S wird die laufende Impulsfolge noch vollständig beendet.

Alarmsignal:

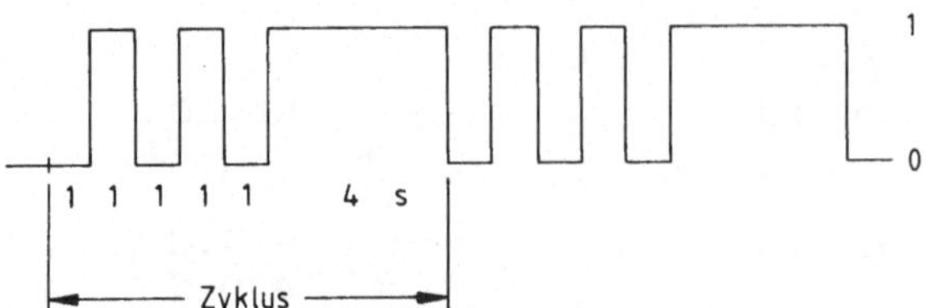

Lösungshinweis:

Der Impuls-Pausen-Takt von 1 s kann durch einen Taktgeber, bestehend aus den Zeitgliedern T1 und T2, gebildet werden. Der Zähler Z1 zählt die Impulse. Den Langzeitimpuls am Zyklusende kann mit einem Zeitglied T3 eingefügt werden.

8.3 Zähler als taktabhängiges Schrittschaltwerk

Kennzeichen eines Schrittschaltwerkes ist das Weiterschalten eines Signalzustandes „1" von Ausgangsstufe zu Ausgangsstufe in Abhängigkeit von einem Taktsignal.

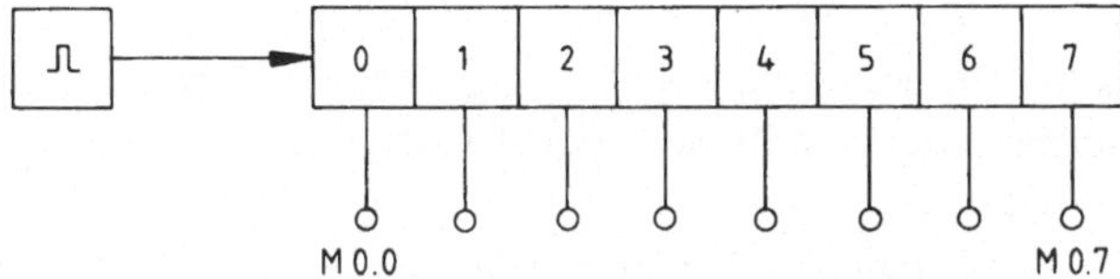

Solche Schrittschaltwerke findet man in vielen automatisch arbeitenden Anlagen, deren Kennzeichen die gleichmäßige Wiederholung von Prozeßschritten ist.

Wie kann nun mit den Mitteln der SPS ein taktabhängiges Schrittschaltwerk gebildet werden? Man verwendet einen Zähler mit Digitalausgang und dekodiert seine Ausgangszustände.

▼ **Beispiel 8.3: Ampel**

Eine Verkehrsampel zeige 3 Zeiteinheiten lang rot, wobei während der 3. Zeiteinheit gleichzeitig auch gelb angezeigt wird. Darauf folgt eine Grünphase von 4 Zeiteinheiten Länge. Der Zyklus schließt ab mit einer Zeiteinheit gelb. Jede Zeiteinheit betrage 5 s. Die Zählersteuerung ist zu entwerfen.

Zuordnungstabelle:

Eingangsvariable	Betriebsmittelkennzeichen	logische Zuordnung
Schalter EIN	E1	Ampel EIN E1 = 1
Ausgangsvariable		
Anzeige Schritt 1	A1	ein A1 = 1
Anzeige Schritt 2	A2	ein A2 = 1
Anzeige Schritt 3	A3	ein A3 = 1
Anzeige Schritt 4	A4	ein A4 = 1
Anzeige Schritt 5	A5	ein A5 = 1
Anzeige Schritt 6	A6	ein A6 = 1
Anzeige Schritt 7	A7	ein A7 = 1
Anzeige Schritt 8	A8	ein A8 = 1
Ampel ROT	A9	ein A9 = 1
Ampel GELB	A10	ein A10 = 1
Ampel GRÜN	A11	ein A11 = 1

Lösung:

Ein Zyklus besteht aus 8 Zeiteinheiten. Den Zeittakt bildet ein Taktgeber, dessen Programm besonders einfach gehalten ist: Der ausgangsseitig angesteuerte Merker M 40 führt zunächst Signalzustand „0". Dieser Merker wird mit dem Starteingang des Zeitgliedes verbunden. Durch die Eingangsnegation erhält das Zeitglied beim Einschalten der Steuerung einen Zustandswechsel „0" auf „1" und startet die Zeit. Nach Ablauf von 5 s erscheint am Ausgang Q ein 1-Signal für die Dauer von nur einer Zykluszeit, denn im darauffolgenden Zyklus wird am Starteingang ein 0-Signal wirksam, das den Steuerausgang Q abschaltet. Wiederholung des Vorgangs. Die Funktion des Taktgenerators kann mit einer Leuchtdiode (LED) wegen der Kürze der Zykluszeit nicht beobachtet werden.

Das Umschalten des Zählers bei Erreichen der Zahl 8 erfolgt über die Vergleichsfunktion. Ist Z1 = 8, so führt Vergleichsausgang M50 den Signalzustand „1". Damit wird der Rücksetzeingang des Zählers angesteuert.

Der dual-codierte Zahlenwert des digitalen Zählerausgangs DU wird zum Merkerbyte MB0 (bestehend aus den Merkern M0 ... M7) transferiert. Nur die ersten drei Stellen (Merker M0, M1, M2) werden zur Bildung der Ansteuersignale benötigt.

Funktionstabelle:

Zählerausgänge			Schaltwerksausgänge								Phasen			Takt
M2	M1	M0	0	1	2	3	4	5	6	7	rot	gelb	grün	
0	0	0	1	0	0	0	0	0	0	0	x			1
0	0	1	0	1	0	0	0	0	0	0	x			2
0	1	0	0	0	1	0	0	0	0	0	x	x		3
0	1	1	0	0	0	1	0	0	0	0			x	4
1	0	0	0	0	0	0	1	0	0	0			x	5
1	0	1	0	0	0	0	0	1	0	0			x	6
1	1	0	0	0	0	0	0	0	1	0			x	7
1	1	1	0	0	0	0	0	0	0	1		x		8

Die Zählgrenze des Zählers muß in diesem Fall auf 8 festgesetzt werden, d.h. der Zähler ist so zu programmieren, daß bei Auftreten der Zahl 8 auf die Zahl 0 umgeschaltet und der Zählvorgang aufs neue begonnen wird.

Funktionsplan:

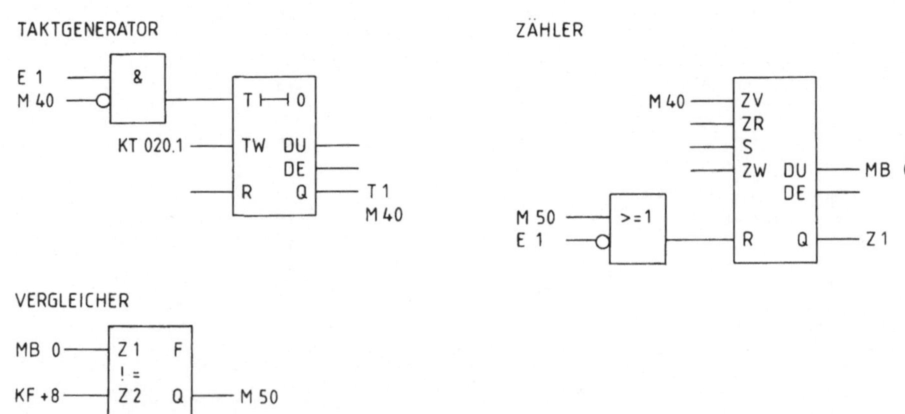

DECODIERUNG

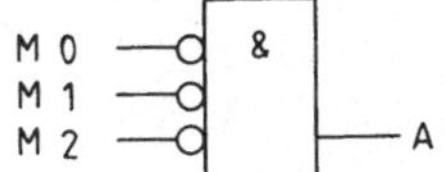

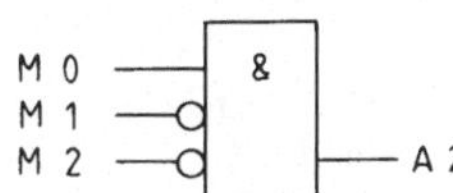

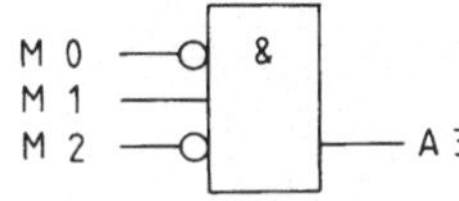

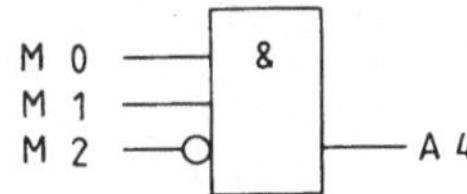

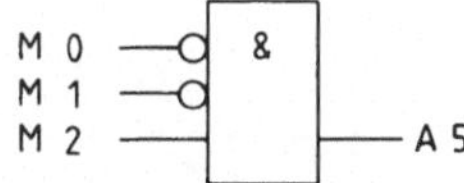

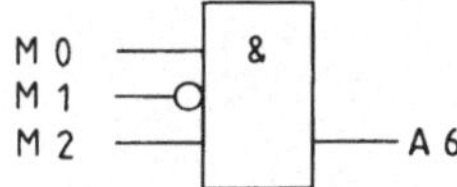

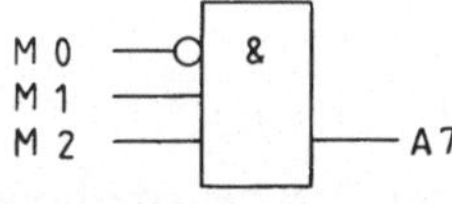

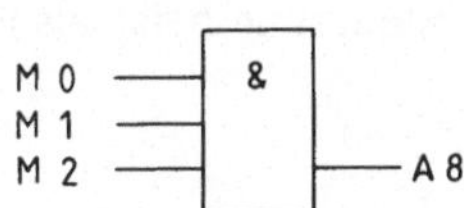

ANSTEUERUNG

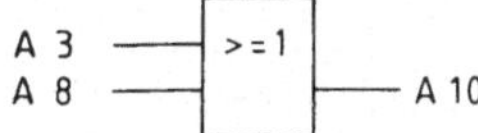

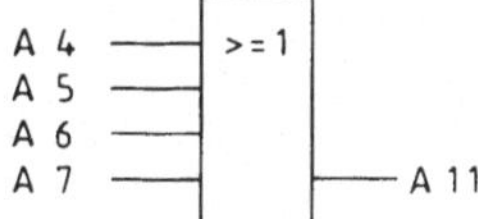

Realisierung mit einer SPS:

Zuordnung:	Eingänge	Ausgänge	Merker	
	E1 = E 0.0	A1 = A 0.0	M0 = M 0.0	Zeit T1
		A2 = A 0.1	M1 = M 0.1	Zähler Z1
		A3 = A 0.2	M2 = M 0.2	
		A4 = A 0.3		
		A5 = A 0.4	M40 = M 4.0	
		A6 = A 0.5	M50 = M 5.0	
		A8 = A 0.7		
		A9 = A 1.0		
		A10 = A 1.1		
		A11 = A 1.2		

Anweisungsliste:

```
TAKTGENERATOR
:U    E 0.0
:UN   M 4.0
:L    KT020.1
:SE   T 1
:U    T 1
:=    M 4.0

ZAEHLER
:U    M 4.0
:ZV   Z 1
:O    M 5.0
:ON   E 0.0
:R    Z 1
:L    Z 1
:T    MB0

VERGLEICHER
:L    MB0
:L    KF+8
:!=F
:=    M 5.0

DEKODIERUNG
:UN   M 0.0
:UN   M 0.1
:UN   M 0.2
:=    A 0.0

:U    M 0.0
:UN   M 0.1
:UN   M 0.2
:=    A 0.1

:UN   M 0.0
:U    M 0.1
:UN   M 0.2
:=    A 0.2

:U    M 0.0
:U    M 0.1
:UN   M 0.2
:=    A 0.3

:UN   M 0.0
:UN   M 0.1
:U    M 0.2
:=    A 0.4

:U    M 0.0
:UN   M 0.1
:U    M 0.2
:=    A 0.5

:UN   M 0.0
:U    M 0.1
:U    M 0.2
:=    A 0.6

:U    M 0.0
:U    M 0.1
:U    M 0.2
:=    A 0.7

ANSTEUERUNG
:O    A 0.0
:O    A 0.1
:O    A 0.2
:=    A 1.0

:O    A 0.2
:O    A 0.7
:=    A 1.1

:O    A 0.3
:O    A 0.4
:O    A 0.5
:O    A 0.6
:=    A 1.2
:BE
```
▲

8.4 Komplexes Steuerungsbeispiel mit Zählfunktionen

In Kapitel 7 wurde der systematische Steuerungsentwurf mit der Graphen-Methode eingeführt. Dieses Verfahren wird zur Lösung des nachstehenden Steuerungsbeispiels herangezogen. Als Neuheit kommen Zählfunktionen hinzu.

▼ **Beispiel 8.4: Tablettenabfüllautomat**

Aus einem Vorratsbehälter soll eine bestimmte Anzahl von Tabletten in Röhrchen abgefüllt werden.

Nach dem Einschalten der Anlage ist die gewünschte Tablettenanzahl zu wählen. Der Bandmotor M treibt das Förderband an, bis ein Tablettenröhrchen an der Abfüllstelle angekommen ist (Meldung durch Geber S2).

Das Ventil Y öffnet dann den Vorratsbehälter; die Tablettenzählung erfolgt durch die Lichtschranke LI. Ist die eingestellte Anzahl von Tabletten erreicht, schließt das Ventil Y wieder und der Bandmotor wird in Bewegung gesetzt. Dieser Vorgang wiederholt sich ständig. Wird eine andere Tablettenanzahl durch Drücken des entsprechenden Tasters gewünscht, so ist ein gerade in Betrieb befindlicher Abfüllvorgang noch mit der alten Anzahl zu beenden.

Beim Ausschalten der Anlage wird ein laufender Abfüllvorgang vollständig beendet, bevor alle Stellglieder abgeschaltet werden.

Technologieschema:

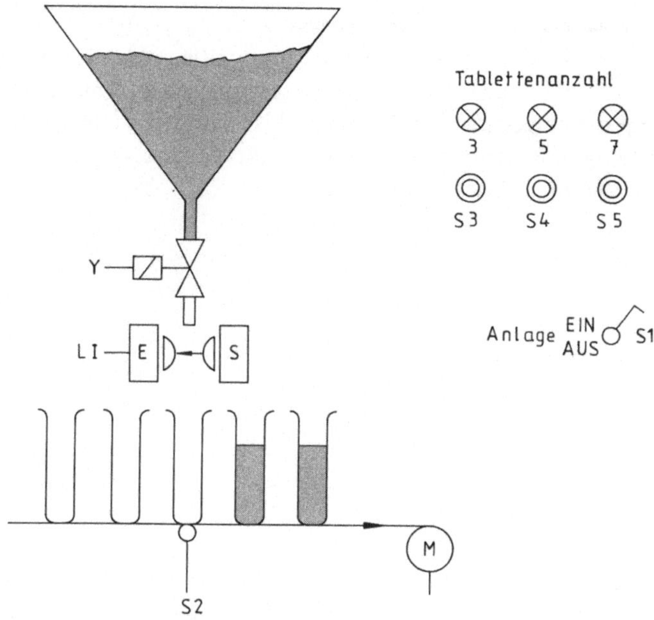

Bild 8.5 Tablettenabfülleinrichtung

Zuordnungstabelle:

Eingangsvariable	Betriebsmittel-kennzeichen	logische Zuordnung	
Schalter Anlage	S1	Anlage ein	S1 = 1
		Anlage aus	S1 = 0
Geber Position	S2	Abfüllstelle erreicht	S2 = 1
Taster Zahl 3	S3	gedrückt	S3 = 1
Taster Zahl 5	S4	gedrückt	S4 = 1
Taster Zahl 7	S5	gedrückt	S5 = 1
Lichtschranke	LI	frei	LI = 0
Ausgangsvariable			
Bandmotor	M	läuft	M = 1
Ventil	Y	offen	Y = 1
Lampe Anz. 3	H1	leuchtet	H1 = 1
Lampe Anz. 5	H2	leuchtet	H2 = 1
Lampe Anz. 7	H3	leuchtet	H3 = 1

Umsetzung der verbalen Aufgabenbeschreibung:

Lösung:

Die Taster für die Einstellung der Tablettenzahl müssen gegenseitig verriegelt werden. Die Umschaltung von einer auf eine andere Tablettenzahl soll zu jederzeit direkt erfolgen können. Eine Speicherung der eingestellten Tablettenzahl ist erforderlich und wird in der Eingangssignalvorverarbeitung mit RS-Speichergliedern durchgeführt. Wird die Anlage ausgeschaltet, soll die Speicherung gelöscht werden.

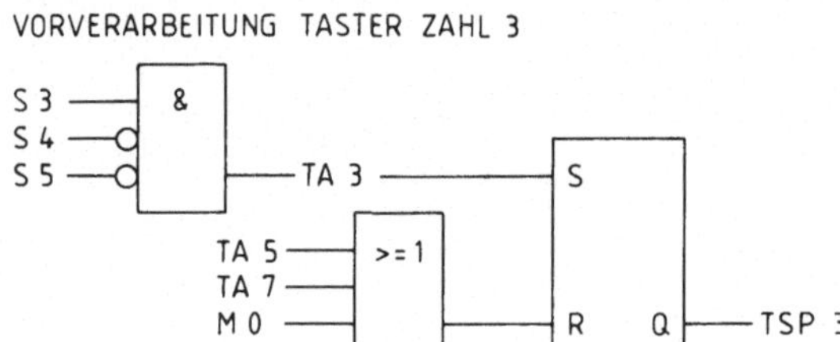

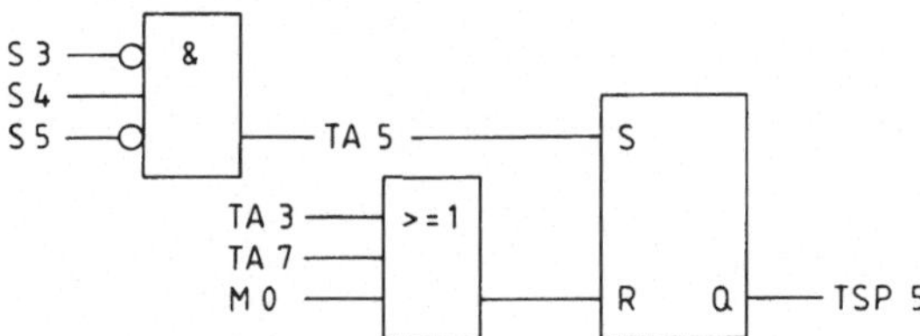

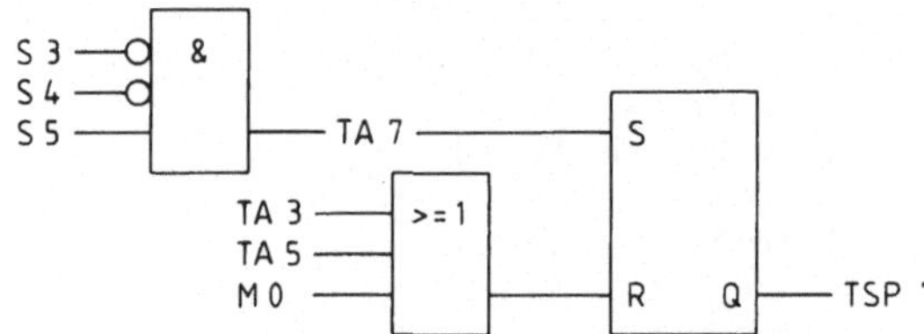

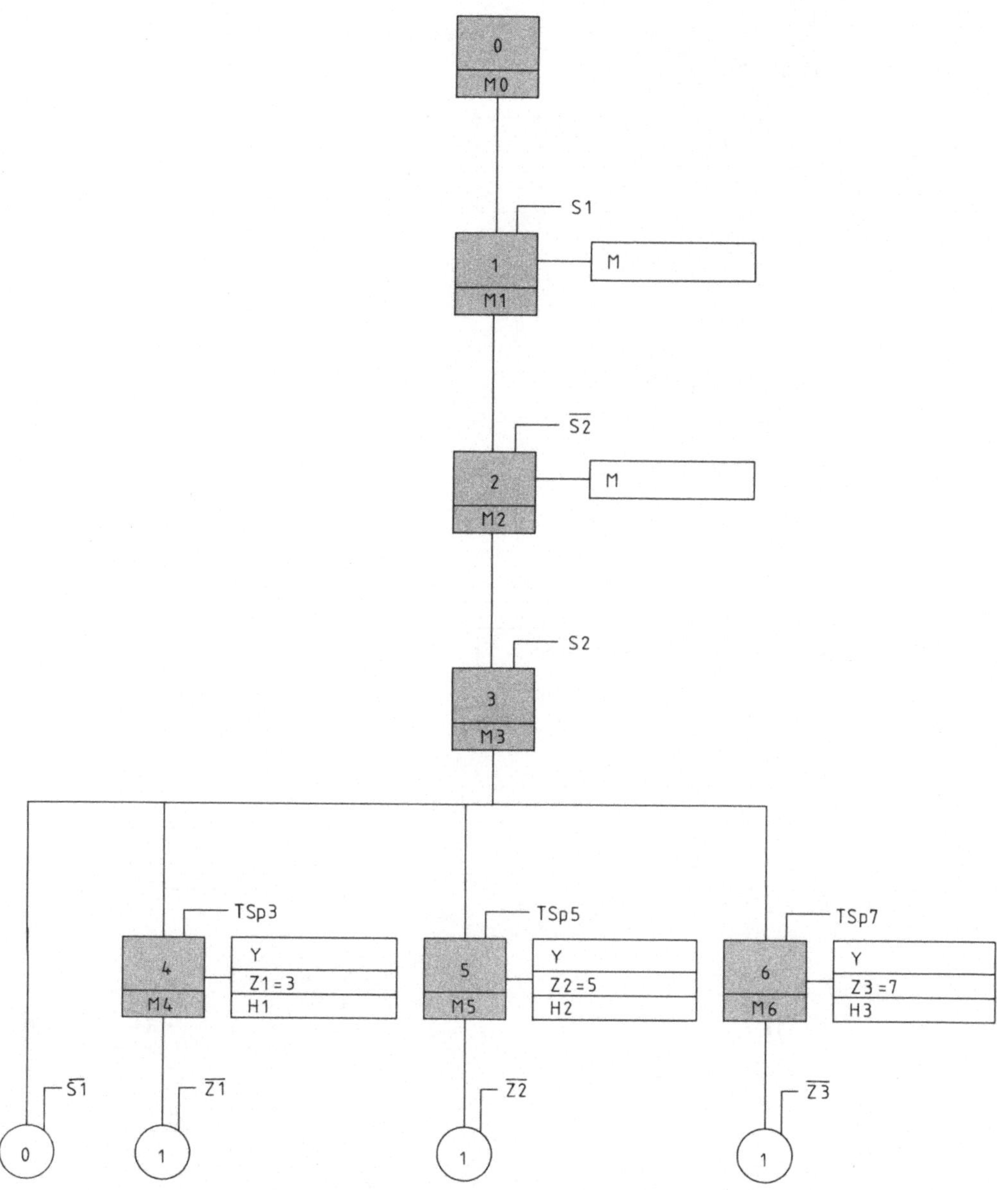

Eine gegenseitige Verriegelung der Zustände 4, 5 und 6, 7 ist hier nicht erforderlich, da die Tastenspeicher gegenseitig verriegelt sind und somit die Übergangsbedingungen der Zustände nicht gleichzeitig erfüllt sein können.

Die Verriegelung der Zustände 4, 5 und 6 gegenüber Zustand 0 ist an den Rücksetzeingängen der jeweiligen Speicherglieder ausgeführt.

Funktionsplan:

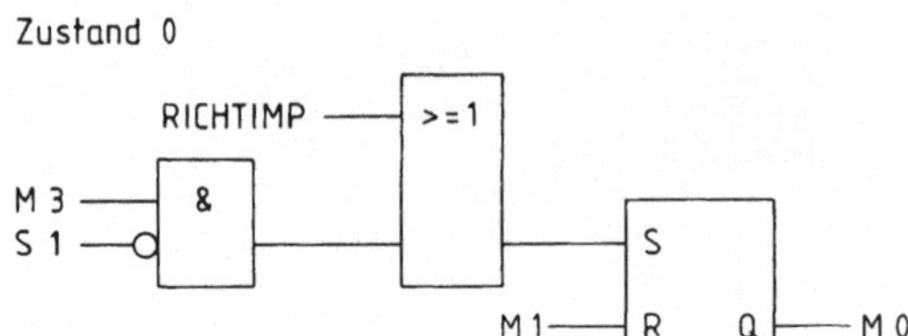

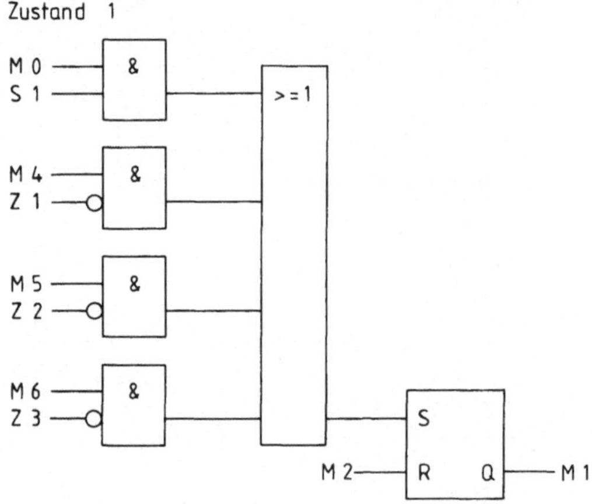

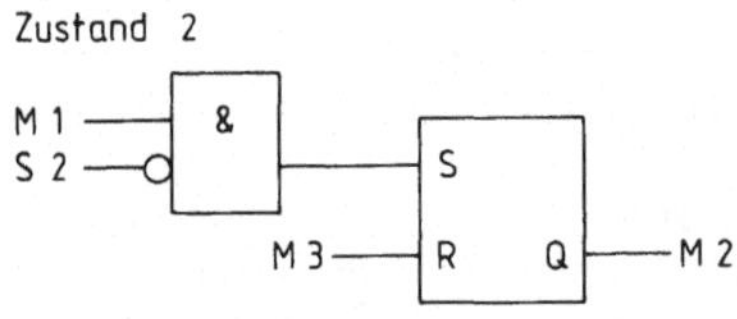

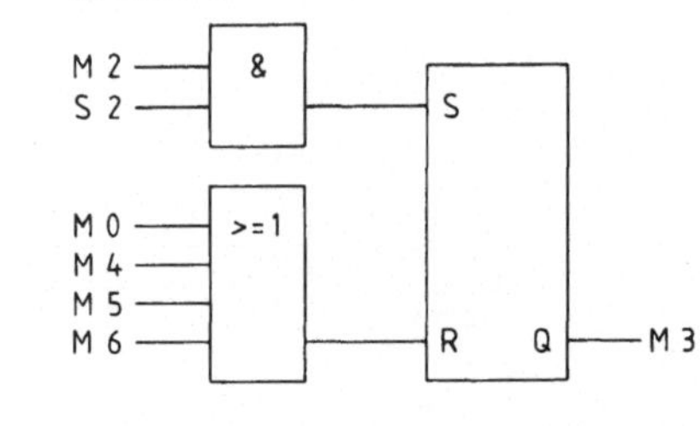

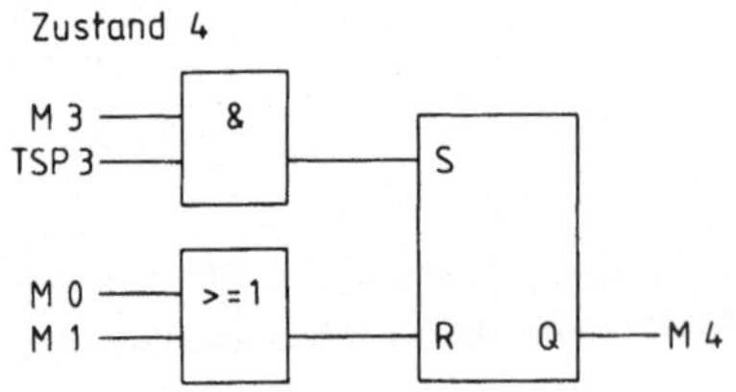

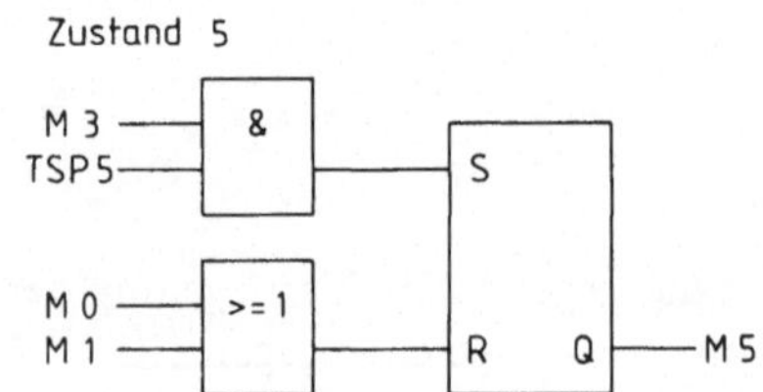

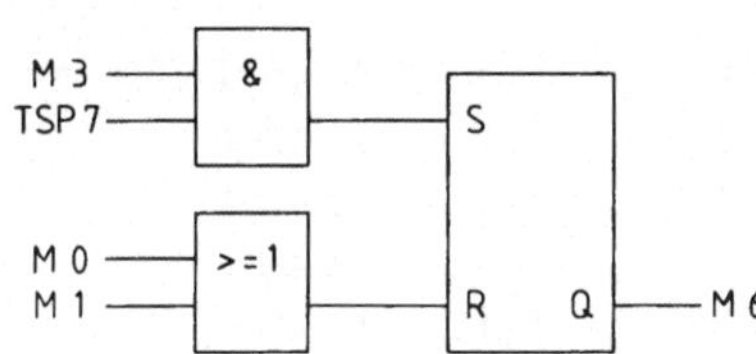

AUSGANGSZUWEISUNG BANDMOTOR

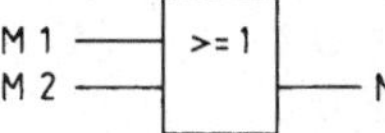

AUSGANGSZUWEISUNG VENTIL

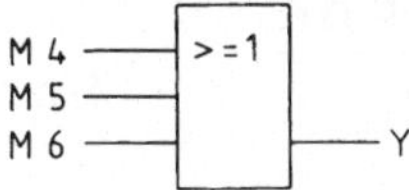

ZÄHLER 1

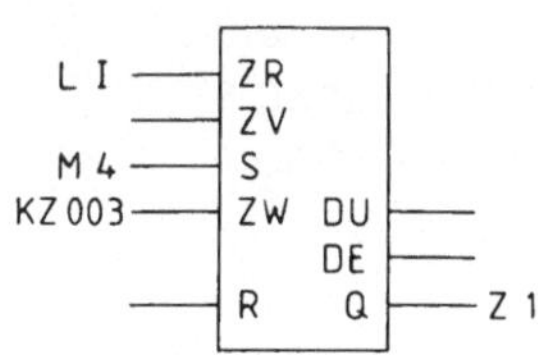

AUSGANGSZUWEISUNG LAMPE ANZ. 3

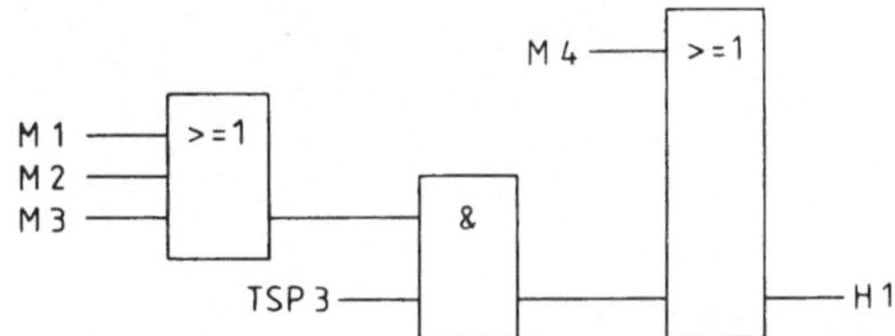

ZÄHLER 2

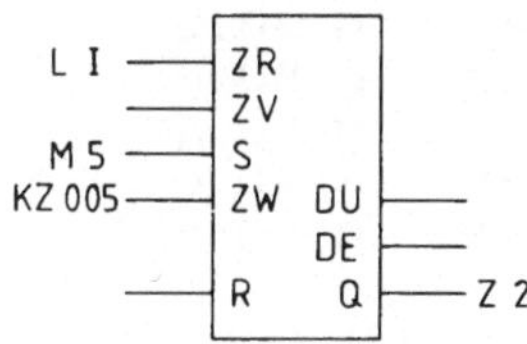

AUSGANGSZUWEISUNG LAMPE ANZ. 5

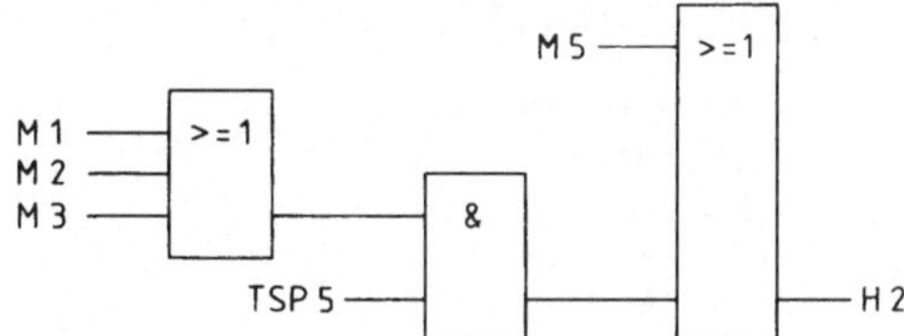

ZÄHLER 3

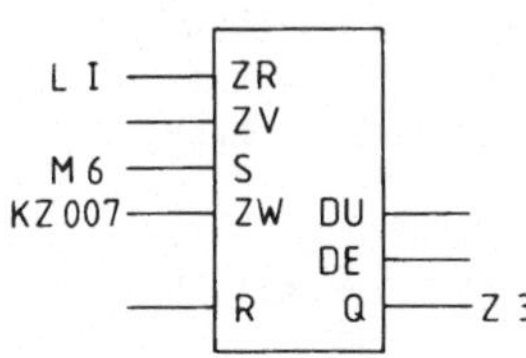

AUSGANGSZUWEISUNG LAMPE ANZ. 7

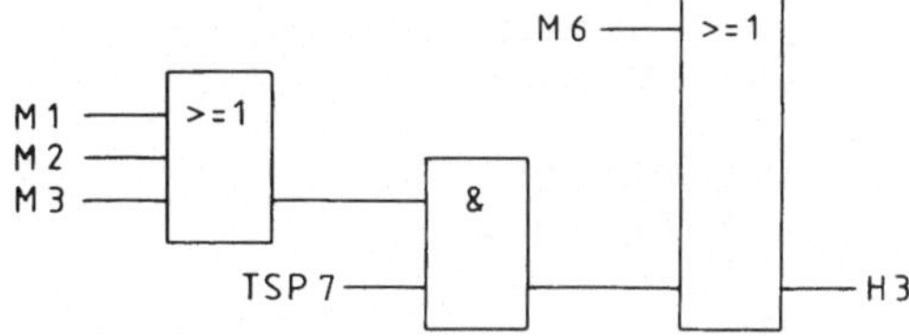

Realisierung mit einer SPS:

Zuordnung:			
	S1 = E 0.1	M = A 0.1	M0 = M 40.0
	S2 = E 0.2	Y = A 0.2	M1 = M 40.1
	S3 = E 0.3	H1 = A 0.3	M2 = M 40.2
	S4 = E 0.4	H2 = A 0.4	M3 = M 40.3
	S5 = E 0.5	H3 = A 0.5	M4 = M 40.4
	Li = E 0.6		M5 = M 40.5
		Zähler	M6 = M 40.6
		Z1	TA3 = M 50.0
		Z2	TSP3 = M 50.1
		Z3	TA5 = M 50.2
			TSP5 = M 50.3
			TA7 = M 50.4
			TSP7 = M 50.5
			MX = M 60.6
			MY = M 60.7

Anweisungsliste:

```
TABLETTENABFUELLAUTOMAT
:UN   M 60.6
:=    M 60.7
:S    M 60.6

VORVERARBEITUNG
TASTER ZAHL 3
:U    E 0.3
:UN   E 0.4
:UN   E 0.5
:=    M 50.0
:U    M 50.0
:S    M 50.1
:O    M 50.2
:O    M 50.4
:O    M 40.0
:R    M 50.1

VORVERARBEITUNG
TASTER ZAHL 5
:UN   E 0.3
:U    E 0.4
:UN   E 0.5
:=    M 50.2
:U    M 50.2
:S    M 50.3
:O    M 50.0
:O    M 50.4
:O    M 40.0
:R    M 50.3

VORVERARBEITUNG
TASTER ZAHL 7
:UN   E 0.3
:UN   E 0.4
```

```
:U    E 0.5
:=    M 50.4
:U    M 50.4
:S    M 50.5
:O    M 50.0
:O    M 50.2
:O    M 40.0
:R    M 50.5

ZUSTAND 0
:O    M 60.7
:O
:U    M 40.3
:UN   E 0.1
:S    M 40.0
:U    M 40.1
:R    M 40.0

ZUSTAND 1
:U    M 40.0
:U    E 0.1
:O
:U    M 40.4
:UN   Z 1
:O
:U    M 40.5
:UN   Z 2
:O
:U    M 40.6
:UN   Z 3
:S    M 40.1
:U    M 40.2
:R    M 40.1
```

```
ZUSTAND 2
:U    M 40.1
:UN   E 0.2
:S    M 40.2
:U    M 40.3
:R    M 40.2

ZUSTAND 3
:U    M 40.2
:U    E 0.2
:S    M 40.3
:O    M 40.0
:O    M 40.4
:O    M 40.5
:O    M 40.6
:R    M 40.3

ZUSTAND 4
:U    M 40.3
:U    M 50.1
:S    M 40.4
:O    M 40.0
:O    M 40.1
:R    M 40.4

ZUSTAND 5
:U    M 40.3
:U    M 50.3
:S    M 40.5
:O    M 40.0
:O    M 40.1
:R    M 40.5

ZUSTAND 6
:U    M 40.3
:U    M 50.5
:S    M 40.6
:O    M 40.0
:O    M 40.1
:R    M 40.6

ZAEHLER 1
:U    E 0.6
:ZR   Z 1
:U    M 40.4
:L    KZ003
:S    Z 1

ZAEHLER 2
:U    E 0.6
:ZR   Z 2
:U    M 40.5
:L    KZ005
:S    Z 2

ZAEHLER 3
:U    E 0.6
:ZR   Z 3
:U    M 40.6
:L    KZ007
:S    Z 3

AUSGANGSZUWEISUNG
BANDMOTOR
:O    M 40.1
:O    M 40.2
:=    A 0.1

AUSGANGSZUWEISUNG
VENTIL
:O    M 40.4
:O    M 40.5
:O    M 40.6
:=    A 0.2

AUSGANGSZUWEISUNG
LAMPE ANZ. 3
:O    M 40.4
:O
:U(
:O    M 40.1
:O    M 40.2
:O    M 40.3
:)
:U    M 50.1
:=    A 0.3

AUSGANGSZUWEISUNG
LAMPE ANZ. 5
:O    M 40.5
:O
:U(
:O    M 40.1
:O    M 40.2
:O    M 40.3
:)
:U    M 50.3
:=    A 0.4

AUSGANGSZUWEISUNG
LAMPE ANZ. 7
:O    M 40.6
:O
:U(
:O    M 40.1
:O    M 40.2
:O    M 40.3
:)
:U    M 50.5
:=    A 0.5
:BE
```

▲

9 Umsetzung verbindungsprogrammierter Steuerungen in speicherprogrammierte Steuerungen

Um die Vorteile speicherprogrammierter Steuerungen gegenüber verbindungsprogrammierter Steuerungen nutzen zu können, wird in der Praxis vielfach dazu übergegangen, bestehende Schützsteuerungen oder pneumatische Steuerungen durch speicherprogrammierte Steuerungen zu ersetzen.

Bei einer solchen Umsetzung gibt es zwei Möglichkeiten.

1. Es wird für die Anlage ein völlig neues Steuerungsprogramm entwickelt. Bei diesem Neuentwurf kann dabei eine grundsätzlich andere Steuerungsstruktur entstehen. Darüberhinaus können bei diesem Neuentwurf zusätzliche Anforderungen und Bedingungen berücksichtigt werden und der Komfort der Steuerung hinsichtlich Fehlerdiagnose und Meldungen erheblich verbessert werden.
   Für diese Vorgehensweise sind Steuerungsstrukturen und entsprechende Entwurfsverfahren in den anderen Kapiteln des Buches beschrieben.
2. Es wird die durch die Anordnung und Verdrahtung der Schütze bzw. Anordnung und Verschlauchung der pneumatischen Ventile bestehende Steuerungsstruktur in ein Steuerungsprogramm für eine SPS so weit wie möglich übernommen.

Wenn Sie stets die erste Möglichkeit bei der Umsetzung einer bestehenden Steuerungsstruktur bevorzugen, sollten Sie sofort zum nächsten Kapitel übergehen.

Die Regeln, die bei einer Umsetzung einer bestehenden Steuerung in ein Steuerungsprogramm für eine SPS zu beachten sind, werden im folgenden nach Schützsteuerungen und pneumatischen Steuerungen unterteilt an Beispielen dargestellt.

9.1 Schützsteuerung

Schütze sind elektrisch betätigte Schalter mit Rückstellkraft. Nach Art und Einsatz werden Schütze in *Hauptschütze* und *Hilfsschütze* unterteilt.

Hauptschütze oder auch Lastschütze genannt, werden zum Ein-, Aus- oder Umschalten elektrischer Verbraucher eingesetzt. Sie schalten Motoren, Beleuchtungsanlagen, Elektrowärmeanlagen, Magnetventile, Magnetkupplungen, Bremsen usw. Auf den Einsatz von Hauptschützen kann auch bei der Verwendung von speicherprogrammierten Steuerungen nicht verzichtet werden.

Hilfsschütze sind nur für die Schaltbelastung von Steuerströmen gebaut. Mit den Kontakten der Hilfsschütze, aber auch mit den Kontakten der Hauptschütze ist eine Steuerung aufgebaut.

In den Schaltungsunterlagen für eine Schützsteuerung wird der Stromablaufplan in aufgelöster Darstellung unterteilt in die Darstellung für den Laststromkreis (Hauptstromkreis) und den Steuerstromkreis (Hilfsstromkreis).

Ersetzt man eine Schützsteuerschaltung durch ein Steuerungsprogramm für eine SPS, so wird der Laststromkreis unverändert beibehalten. Nur der Steuerstromkreis wird durch ein Steuerungsprogramm vollständig ersetzt. Die Ausgänge des Steuerungsprogramms werden hierbei verwendet, um die Hauptschütze, Magnetventile usw. des Hauptstromkreises anzusteuern.

Im folgenden Beispiel 9.1 „Schrittschaltung für eine Blindstromkompensationsanlage" wird beschrieben, wie der Steuerstromkreis der Anlage in ein Steuerungsprogramm für eine SPS übertragen werden kann.

▼ **Beispiel 9.1: Schrittschaltsteuerung einer Blindstromkompensationsanlage**

Für eine Anlage zur Blindstromkompensation ist folgender elektrischer Schaltplan gegeben.

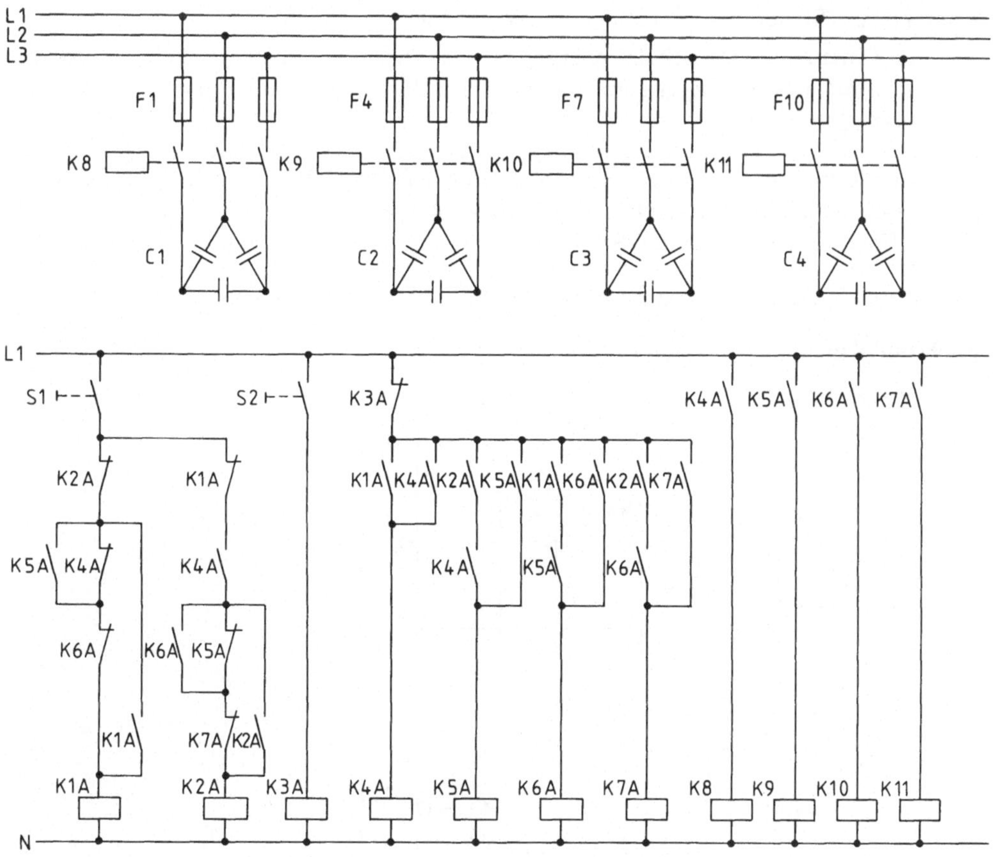

Bei der Umwandlung des Steuerstromkreises in ein Steuerungsprogramm sind zunächst Ein- und Ausgänge für die Steuerung festzulegen.

Zuordnungstabelle:

Eingangsvariable	Betriebsmittel-kennzeichen	logische Zuordnung
Taster 1	S1	Taster gedrückt S1 = 1
Taster 2	S2	Taster gedrückt S2 = 1
Ausgangsvariable		
Hauptschütz K8	A1	Schütz zieht an A1 = 1
Hauptschütz K9	A2	Schütz zieht an A2 = 1
Hauptschütz K10	A3	Schütz zieht an A3 = 1
Hauptschütz K11	A4	Schütz zieht an A4 = 1

Den im Steuerstromkreis angegebenen Hilfsschützen K1A bis K7A werden die Merker M1 bis M7 zugewiesen.

Auf eine Analyse der gegebenen Steuerschaltung wird zunächst verzichtet, um zu zeigen, wie man ohne genaue Kenntnis des Steuerungsablaufs, allein aus der Anordnung der Kontakte, das Steuerungsprogramm entwickeln kann.

Bei der Umsetzung der Schützsteuerung in ein Steuerungsprogramm gelten folgende Regeln für Schützkontakte, die im Funktionsplan durch die ihnen zugewiesenen Merker oder Ausgänge ersetzt werden.

- Parallelgeschaltete Kontakte ergeben eine ODER-Verknüpfung und in Reihe geschaltete Kontakte ergeben eine UND-Verknüpfung.
- Öffner werden negiert und Schließer bejaht im Steuerungsprogramm abgefragt.

Nach diesen Regeln ergibt sich folgender Funktionsplan für die Steuerung:

Funktionsplan:

MERKER M1 (K1A)

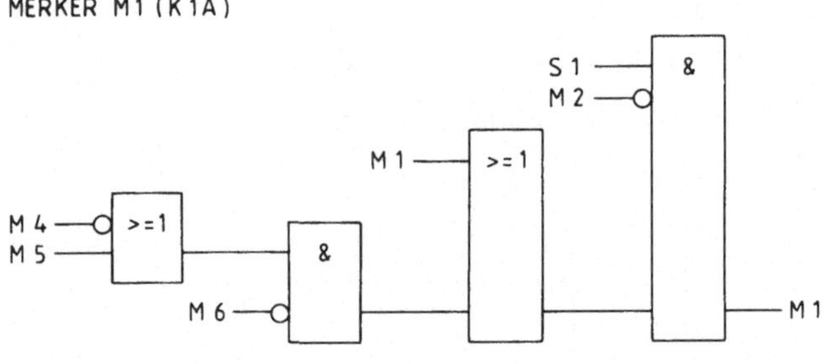

MERKER M2 (K2A)

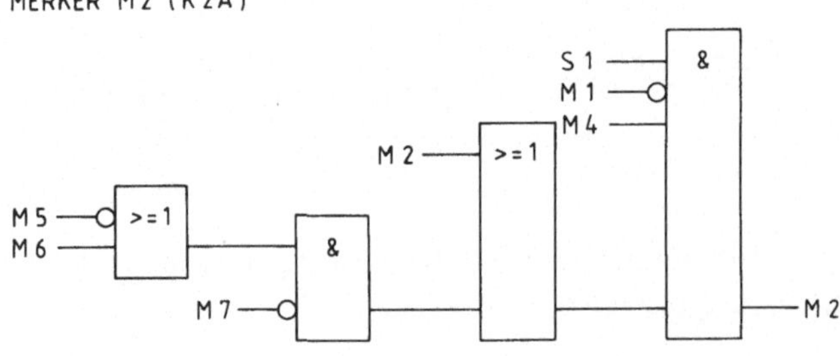

MERKER M 3 (K 3A)

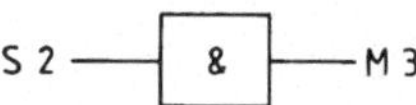

MERKER M 4 (K 4A)

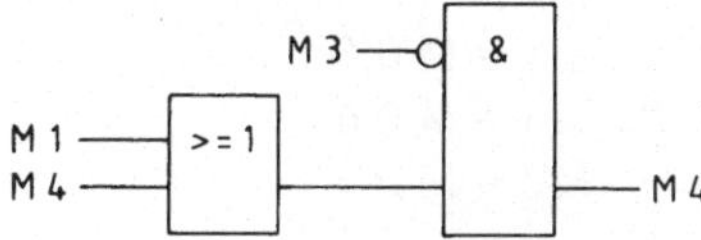

MERKER M 5 (K 5A)

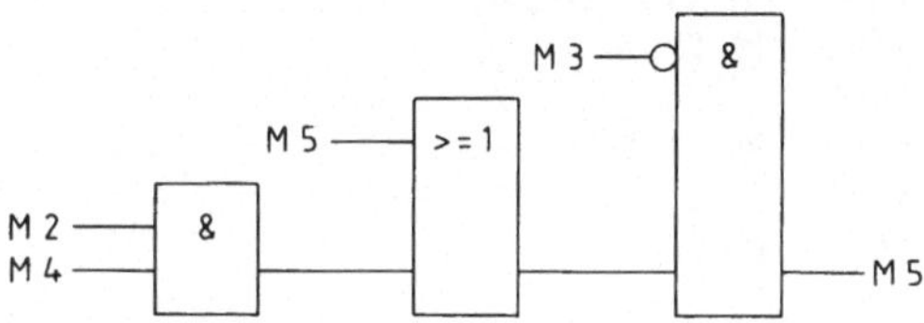

MERKER M 6 (K 6A)

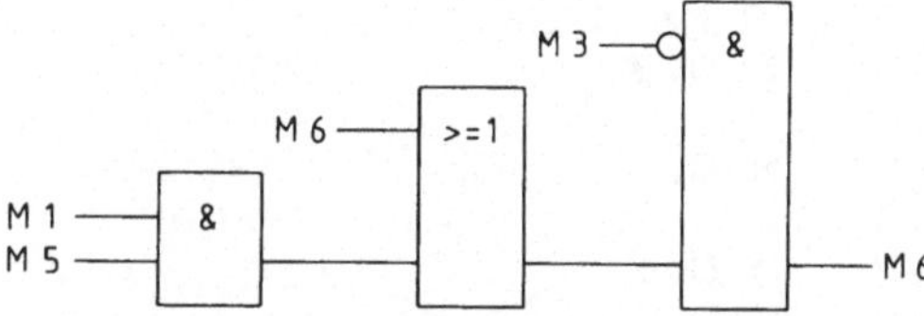

MERKER M 7 (K 7A)

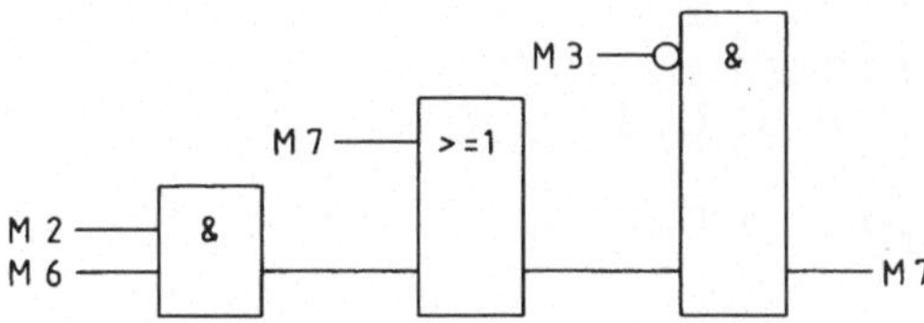

AUSGANGSZUWEISUNG (K 8)

M 4 — & — A 1

(K 9)

M 5 — & — A 2

(K 10)

M 6 — & — A 3

(K 11)

M 7 — & — A 4

Realisierung mit einer SPS:

Zuordnung:	S1 = E 0.1	A1 = A 0.1	M1 = M 0.1
	S2 = E 0.2	A2 = A 0.2	M2 = M 0.2
		A3 = A 0.3	M3 = M 0.3
		A4 = A 0.4	M4 = M 0.4
			M5 = M 0.5
			M6 = M 0.6
			M7 = M 0.7

Anweisungsliste:

```
MERKER M1 (K1A)
:U    E 0.1
:UN   M 0.2
:U(
:O    M 0.1
:O
:U(
:ON   M 0.4
:O    M 0.5
:)
:UN   M 0.6
:)
:=    M 0.1

MERKER M2 (K2A)
:U    E 0.1
:UN   M 0.1
:U    M 0.4
:U(
:O    M 0.2
:O
:U(
:ON   M 0.5
:O    M 0.6
:)
:UN   M 0.7
:)
:=    M 0.2

MERKER M3 (K3A)
:U    E 0.2
:=    M 0.3

MERKER M4 (K4A)
:UN   M 0.3
:U(
:O    M 0.1
:O    M 0.4
:)
:=    M 0.4
```

```
MERKER M5 (K5A)
:UN   M 0.3
:U(
:O    M 0.5
:O
:U    M 0.2
:U    M 0.4
:)
:=    M 0.5

MERKER M6 (K6A)
:UN   M 0.3
:U(
:O    M 0.6
:O
:U    M 0.1
:U    M 0.5
:)
:=    M 0.6

MERKER M7 (K7A)
:UN   M 0.3
:U(
:O    M 0.7
:O
:U    M 0.2
:U    M 0.6
:)
:=    M 0.7

AUSGANGSZUWEISUNG (K8)
:U    M 0.4
:=    A 0.1

(K9)
:U    M 0.5
:=    A 0.2

(K10)
:U    M 0.6
:=    A 0.3

(K11)
:U    M 0.7
:=    A 0.4
:BE
```

Funktion:

Überprüft man die Funktionsweise der Steuerschaltung, so stellt man fest, daß nach jeder Betätigung der Taste S1 ein Hauptschütz hinzugeschaltet wird. Mit S2 werden alle eingeschalteten Hauptschütze wieder stromlos.

Untersucht man die Steuerschaltung vor der Übertragung in ein Steuerungsprogramm, stellt man fest, daß manche Hilfsschütze nur zur Kontaktvervielfachung erforderlich waren.

Die Hauptschütze können direkt von den Merkern M4 bis M7 angesteuert werden.

Damit werden in einem vereinfachten Steuerungsprogramm statt der Merker M4 bis M7 sofort die Ausgänge A1 bis A4 mit der entsprechenden Zuweisung programmiert.

Statt Merker M3 kann der Signalzustand des Tasters S2 direkt abgefragt werden.

Aus der Analyse der Steuerschaltung mit Schützen ist weiterhin zu entnehmen, daß die Hilfsschütze eine Selbsthaltung besitzen. Verwendet man deshalb Speicherglieder für die Merker M1 und M2 und für die Ausgänge A1 bis A4, so sind aus dem Stromlaufplan die Bedingungen für das Setzen und Rücksetzen der Speicherfunktionen zu ermitteln.

Unter Berücksichtigung der beschriebenen Möglichkeiten ergibt sich dann folgendes vereinfachtes Steuerungsprogramm für den Steuerteil der Schrittschaltung:

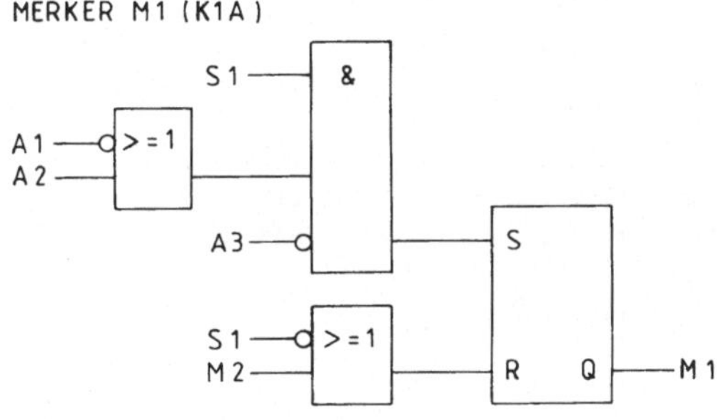

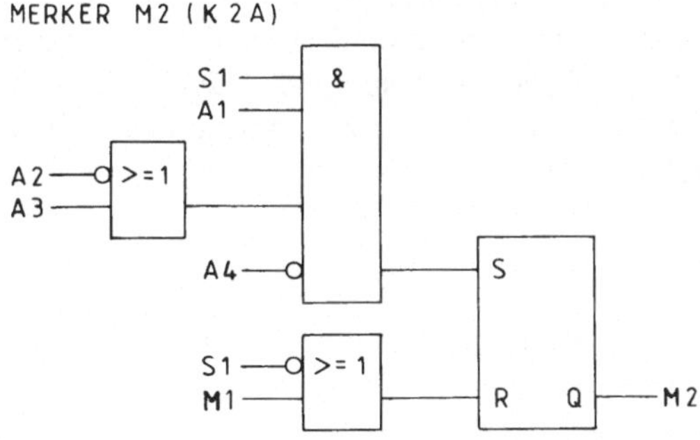

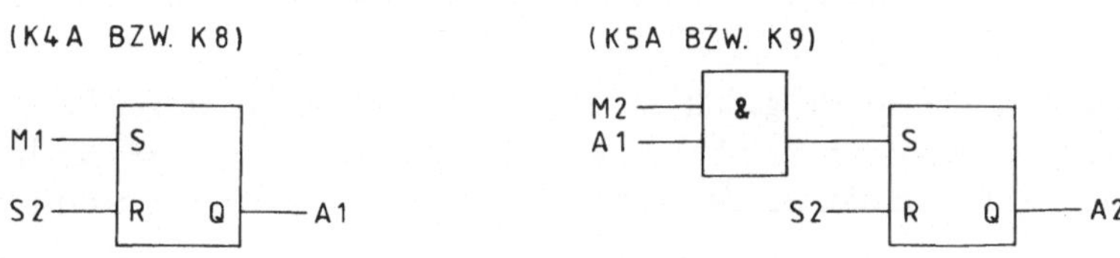

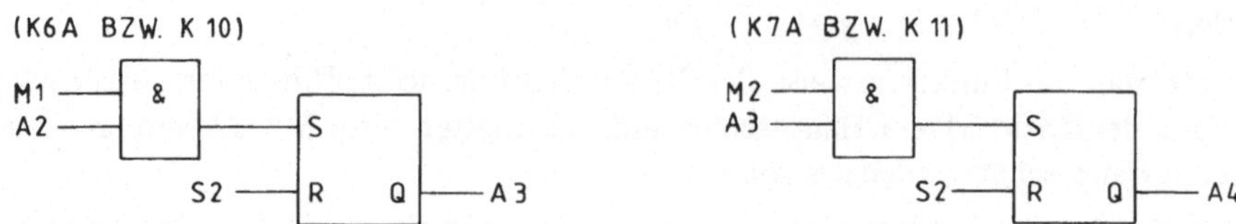

Realisierung mit einer SPS:

Zuordnung:	S1 = E 0.1	A1 = A 0.1	M1 = M 0.1
	S2 = E 0.2	A2 = A 0.2	M2 = M 0.2
		A3 = A 0.3	
		A4 = A 0.4	

Anweisungsliste:

```
MERKER M1  (K1A)
:U    E 0.1
:U(
:ON   A 0.1
:O    A 0.2
:)
:UN   A 0.3
:S    M 0.1
:ON   E 0.1
:O    M 0.2
:R    M 0.1

MERKER M2  (K2A)
:U    E 0.1
:U    A 0.1
:U(
:ON   A 0.2
:O    A 0.3
:)
:UN   A 0.4
:S    M 0.2
:ON   E 0.1
:O    M 0.1
:R    M 0.2

(K4A BZW. K8)
:U    M 0.1
:S    A 0.1
:U    E 0.2
:R    A 0.1

(K5A BZW. K9)
:U    M 0.2
:U    A 0.1
:S    A 0.2
:U    E 0.2
:R    A 0.2

(K6A BZW. K10)
:U    M 0.1
:U    A 0.2
:S    A 0.3
:U    E 0.2
:R    A 0.3

(K7A BZW K11)
:U    M 0.2
:U    A 0.3
:S    A 0.4
:U    E 0.2
:R    A 0.4
:BE
```

▲

Enthält eine Schützsteuerung *einschalt- oder ausschaltverzögerte Schütze oder Wischkontakte,* muß die gegebene Steuerungsstruktur etwas verändert werden. Im Steuerungsprogramm für eine SPS werden für solche besonderen Schaltgeräte Zeitfunktionen oder Wischfunktionen programmiert. Beispiel 9.2 zeigt neben der Zeitfunktion noch die Besonderheiten bei der Abfrage von Befehlsgebern.

▼ **Beispiel 9.2: Zerkleinerungsanlage**

Bei einer Zerkleinerungsanlage für Steingut wird das zerkleinerte Material aus einer Mühle über ein Transportband in einen Wagen verladen.

Der Abfüllvorgang kann durch Betätigen der Taste S1 begonnen werden, wenn ein Wagen an der Rampe steht. Um Stauungen des Fördergutes auf dem Transportband zu vermeiden, muß zuerst das Förderband zwei Sekunden laufen, bevor die Mühle eingeschaltet wird.

Meldet die Waage, daß der Wagen gefüllt ist, wird die Mühle sofort ausgeschaltet. Das Förderband läuft allerdings noch drei Sekunden nach, um das Steingut vollständig vom Band zu entfernen. Durch Betätigen der Taste S0 wird der Abfüllvorgang sofort unterbrochen.

Technologieschema:

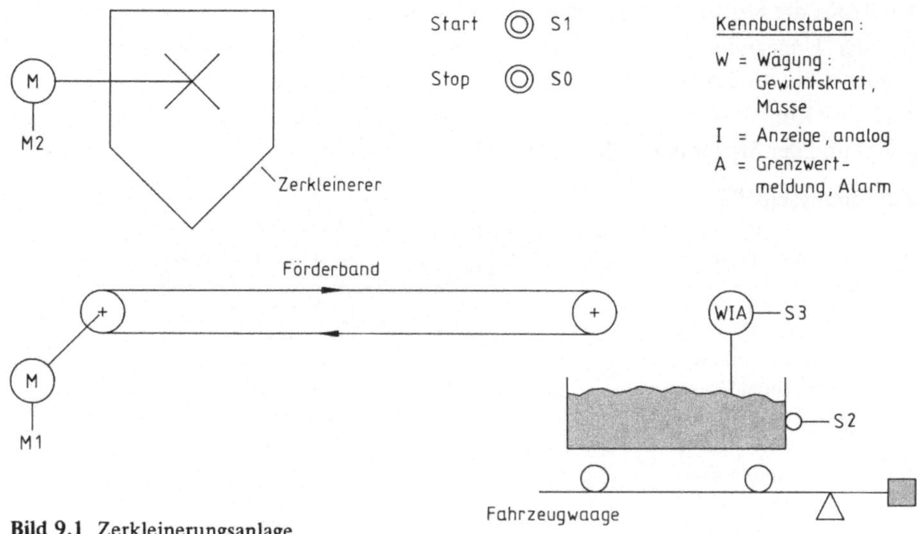

Bild 9.1 Zerkleinerungsanlage

Stromlaufplan des Steuerstromkreises:

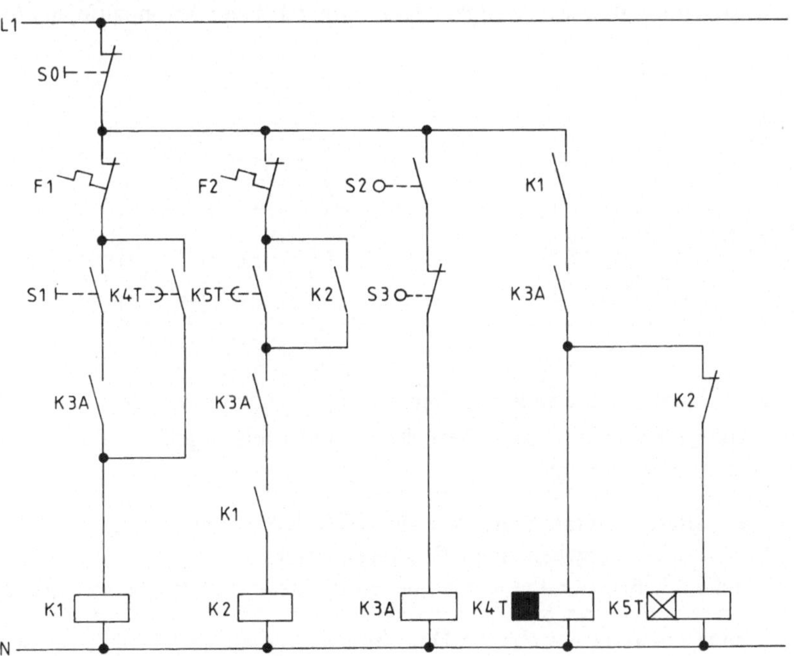

Mit dem Hauptschütz K1 wird der Motor M1 des Förderbandes und mit dem Hauptschütz K2 der Motor M2 der Mühle eingeschaltet.

Bei der Umwandlung des Steuerstromkreises in ein Steuerungsprogramm sind wieder zunächst Ein- und Ausgänge für die Steuerung festzulegen.

Auf die Kontakte der Überstromschutzorgane F1 und F2 wird die Steuerspannung gelegt und der Steuerung als Eingangsvariablen zugeführt.

Zuordnungstabelle:

Eingangsvariable	Betriebsmittelkennzeichen	logische Zuordnung	
Taster 0	S0	Taster gedrückt	S0 = 0
Taster 1	S1	Taster gedrückt	S1 = 1
Endschalter Rampe	S2	Wagen an der Rampe	S2 = 1
Meldung Waage	S3	Gewicht erreicht	S3 = 0
Überstromschutz Motor 1	F1	Relais spricht an	F1 = 0
Überstromschutz Motor 2	F2	Relais spricht an	F2 = 0
Ausgangsvariable			
Hauptschütz K1	A1	Schütz zieht an	A1 = 1
Hauptschütz K2	A2	Schütz zieht an	A2 = 1

Das abfallverzögerte Schütz K4T wird durch das Zeitglied T1 mit der Befehlsart SI ersetzt. Aus der Funktionsweise und nicht aus dem Stromlaufplan muß die Ansteuerung für dieses Zeitglied ermittelt werden. Wenn K1 angezogen hat und K3A abfällt, übernimmt das Zeitglied die Selbsthaltung von K1.

Das anzugsverzögerte Schütz K5T wird durch das Zeitglied T2 mit der Befehlsart SE ersetzt. Die Ansteuerung für dieses Zeitglied kann direkt aus dem Stromlaufplan ermittelt werden.

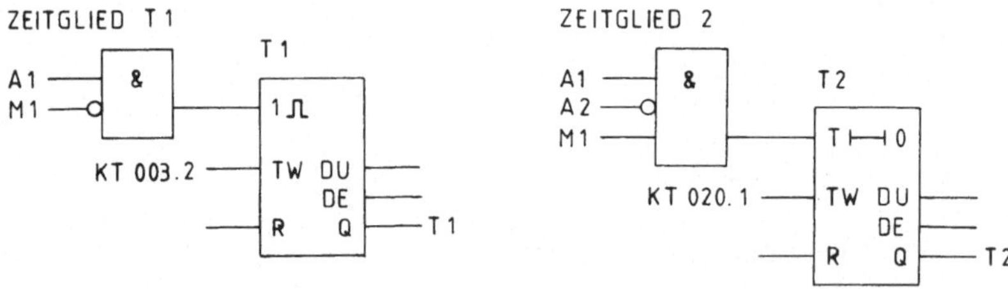

Für alle übrigen Schützkontakte gelten die Umsetzungsregeln von Seite 148.

Für Geberkontakte (Öffner und Schließer) des Stromlaufplans gelten bei deren Weiterverwendung in der SPS-Steuerung:

- Parallelgeschaltete Kontakte ergeben eine ODER-Verknüpfung und in Reihe geschaltete Kontakte ergeben eine UND-Verknüpfung.
- Öffner- und Schließerkontakte werden bejaht im Steuerungsprogramm abgefragt.

Eine in der Schützsteuerung bestehende Drahtbruchsicherheit besteht dann auch in der SPS-Steuerung.

Diese Regel hat keine Gültigkeit bei der Verwendung von Speichergliedern. Befehlsgeber als Öffner zum Rücksetzen des Speichers müssen negiert abgefragt werden.

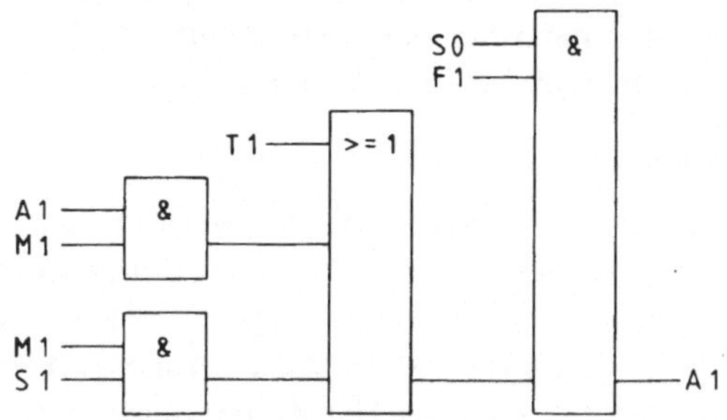

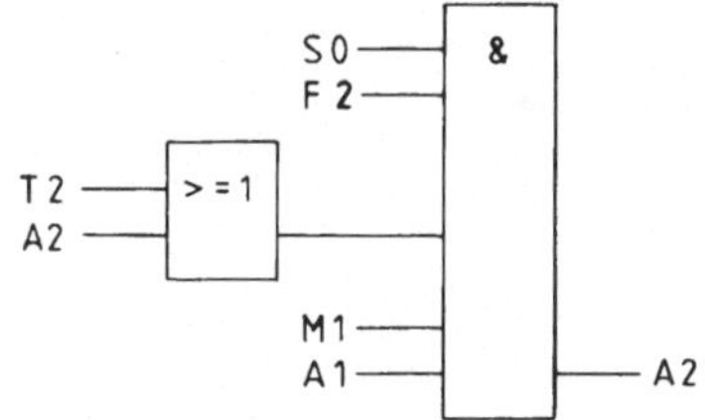

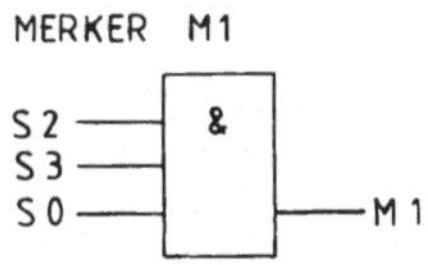

Realisierung mit einer SPS:

Zuordnung:	S0 = E 0.1	A1 = A 0.1	M1 = M 0.1
	S1 = E 0.2	A2 = A 0.2	
	S2 = E 0.3		
	S3 = E 0.4		
	F1 = E 0.5		
	F2 = E 0.6		

Anweisungsliste:

```
ZEITGLIED T1
:U    A 0.1
:UN   M 0.1
:L    KT003.2
:SI   T 1

ZEITGLIED 2
:U    A 0.1
:UN   A 0.2
:U    M 0.1
:L    KT020.1
:SE   T 2
```

```
AUSGANGSZUWEISUNGEN
:U    E 0.1
:U    E 0.5
:U(
:O    T 1
:O
:U    A 0.1
:U    M 0.1
:O
:U    M 0.1
:U    E 0.2
:)
:=    A 0.1
```

```
:U    E 0.1
:U    E 0.6
:U(
:O    T 2
:O    A 0.2
:)
:U    M 0.1
:U    A 0.1
:=    A 0.2

MERKER M1
:U    E 0.3
:U    E 0.4
:U    E 0.1
:=    M 0.1
:BE
```

▲

Auch bei dieser Umsetzung könnten wieder Speicherglieder verwendet werden. Das entstehende Steuerungsprogramm hätte aber dann nur noch sehr wenig mit dem Stromlaufplan der Schützsteuerung gemeinsam und käme einem Neuentwurf gleich.

- **Übung 9.1: Impulssteuerung einer Heizung**

Zwei Heizkörper sollen über eine handbediente Impulssteuerung so eingeschaltet werden, daß beim ersten Impuls der erste Heizkörper eingeschaltet wird, beim zweiten Impuls der zweite Heizkörper und beim dritten Impuls beide Heizkörper abgeschaltet werden. Die Heizkörper werden mit den Lastschützen K11 und K12 eingeschaltet. Außerdem wird mit den Signallampen H11 und H12 der Einschaltzustand jedes Heizkörpers angezeigt.

Stromlaufplan der Steuerung:

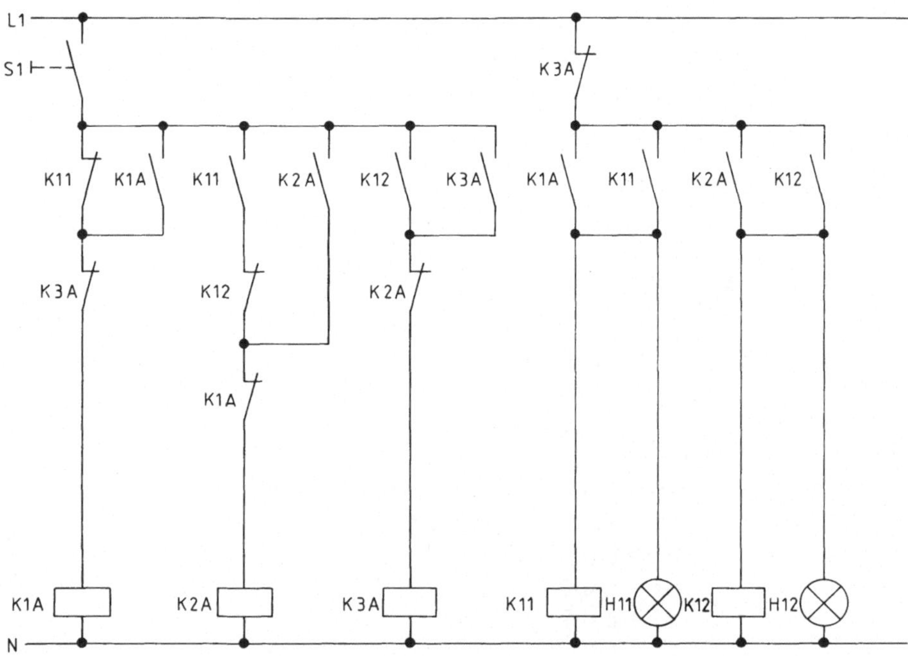

Setzen Sie den Stromlaufplan in ein Steuerungsprogramm für eine speicherprogrammierte Steuerung um und realisieren Sie die Steuerung mit einer SPS.

- **Übung 9.2: Reklamebeleuchtung**

Eine Reklamebeleuchtung soll wie folgt angesteuert werden:

- Einschalten über Stellschalter S1
- Nach 10 s leuchtet E1 auf
- Nach 20 s leuchtet E2 auf
- Nach 30 s leuchtet E3 auf
- Nach 40 s erlöschen alle Lampen.

Danach beginnt die Schaltfolge von neuem.

Übersichtsschaltplan:

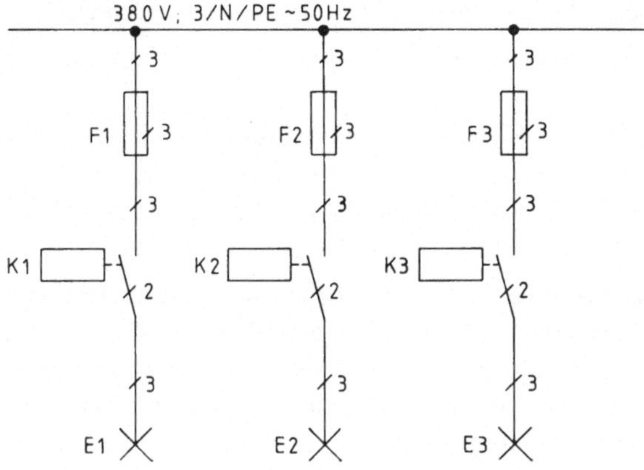

Stromlaufplan der Steuerung:

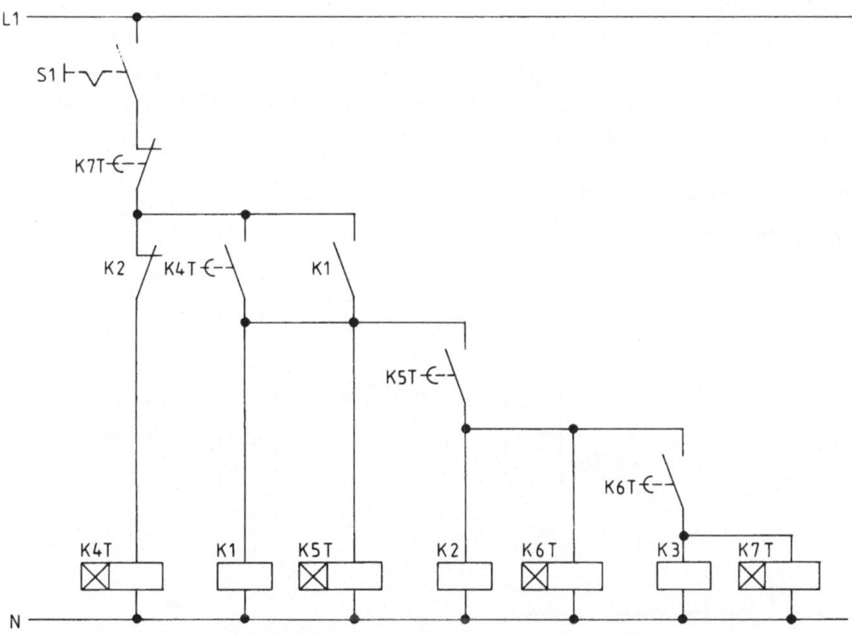

Setzen Sie den Stromlaufplan in ein Steuerungsprogramm für eine speicherprogrammierte Steuerung um und realisieren Sie die Steuerung mit einer SPS.

9.2 Pneumatische Steuerung

In der pneumatischen Steuerungstechnik unterscheidet man die Steuerelemente:

Signalglied: gibt beim Erreichen eines bestimmten Wertes für eine physikalische Größe ein Signal ab.

Steuerglied: reagiert auf die einzelnen Signale und beeinflußt dadurch den Zustand der Stellglieder

Stellglied: steuert den Energiefluß der Arbeitsenergie und verändert damit den Zustand der Arbeitselemente.

Will man eine bestehende pneumatische Schaltung durch ein Steuerungsprogramm für eine SPS ersetzen, so werden die Stellglieder für die Arbeitselemente nun elektromagnetisch angesteuert. Ob dabei elektromagnetische Impulsventile oder elektromagnetische Ventile mit Rückstellfedern verwendet werden, hängt ab von den Prozeßanforderungen und Sicherheitsbestimmungen. Bei den folgenden Umsetzungen wird die Art des Stellgliedes beibehalten.

Vollständig ersetzt werden bei der Umsetzung die pneumatischen Steuerglieder.

Ob man die pneumatischen Signalglieder durch elektrische ersetzt oder eine Druck-Spannungsumwandlung des Signals mittels P/E-Wandler vornimmt, hängt davon ab, inwieweit Änderungen der bestehenden Anlage möglich und erwünscht sind.

Das folgende Beispiel 9.3 „Biegewerkzeug“ zeigt, wie aus einem pneumatischen Schaltplan das Steuerungsprogramm für eine SPS gewonnen werden kann, ohne den Funktionsablauf der Steuerung zuvor zu analysieren.

▼ **Beispiel 9.3: Biegewerkzeug**

Technologieschema:

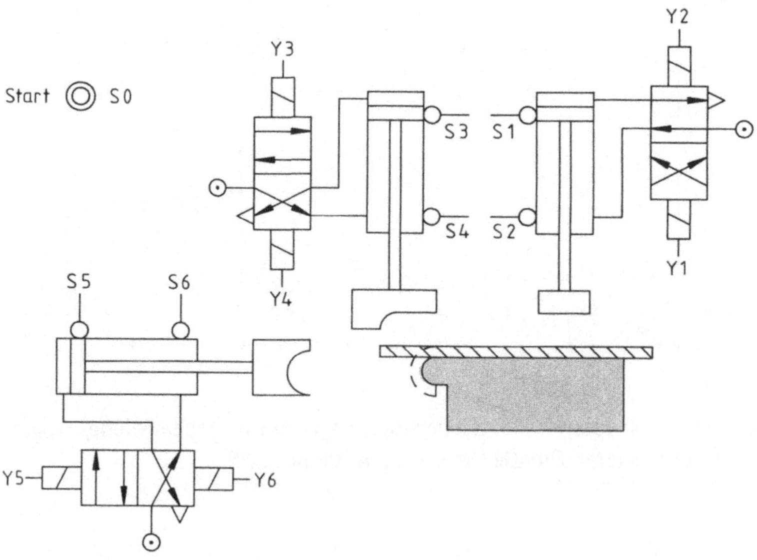

Bild 9.2 Biegewerkzeug

Für das Biegewerkzeug ist folgender pneumatischer Schaltplan gegeben:

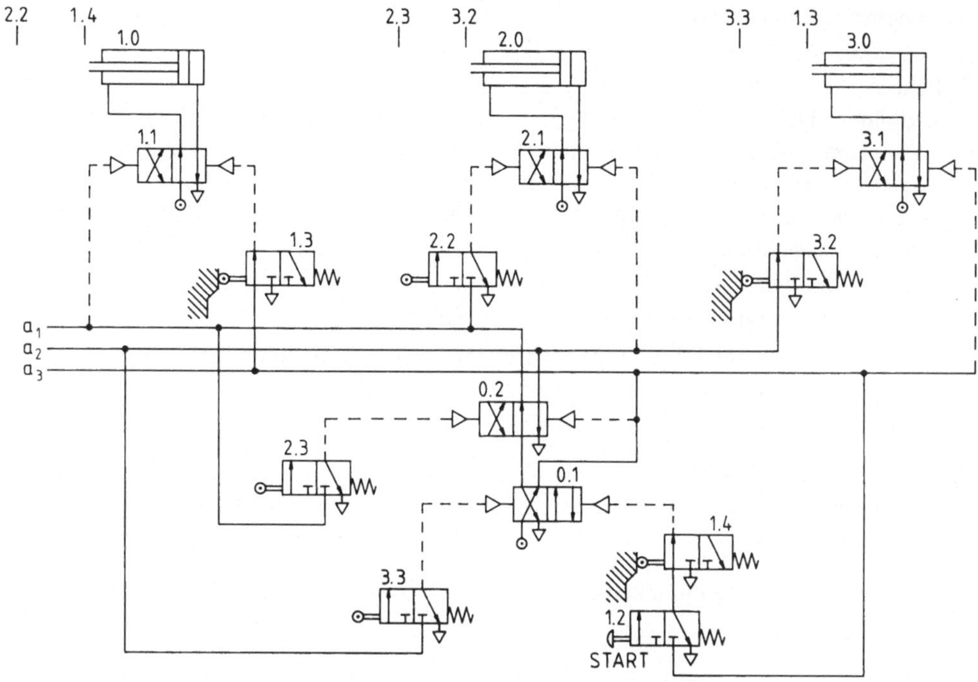

Bei der Umwandlung der Steuerschaltung für die drei Arbeitszylinder des Biegewerkzeugs werden zunächst wieder die Ein- und Ausgangsbelegungen festgelegt.

Werden als Signalglieder weiterhin pneumatische Ventile benutzt, so muß mit P/E-Wandlern eine Anpassung der Signale für die SPS vorgenommen werden. Einfacher ist jedoch die Verwendung von induktiven Gebern zur Anzeige der Endlagen der Zylinder und die Verwendung eines elektrischen Start-Tasters.

Zuordnungstabelle:

Eingangsvariable	Betriebsmittelkennzeichen	logische Zuordnung
Start-Taster	S0	Taster gedrückt S0 = 1
Hint. Endl. Zyl. 1	S1	Hint. Endl. erreicht S1 = 1
Vord. Endl. Zyl. 1	S2	Vord. Endl. erreicht S2 = 1
Hint. Endl. Zyl. 2	S3	Hint. Endl. erreicht S3 = 1
Vord. Endl. Zyl. 2	S4	Vord. Endl. erreicht S4 = 1
Hint. Endl. Zyl. 3	S5	Hint. Endl. erreicht S5 = 1
Vord. Endl. Zyl. 3	S6	Vord. Endl. erreicht S6 = 1
Ausgangsvariable		
Magn. Vent. Zyl. 1 vor	Y1	Zyl. 1 fährt aus Y1 = 1
Magn. Vent. Zyl. 1 zur.	Y2	Zyl. 1 fährt zurück Y2 = 1
Magn. Vent. Zyl. 2 vor	Y3	Zyl. 2 fährt aus Y3 = 1
Magn. Vent. Zyl. 2 zur.	Y4	Zyl. 2 fährt zurück Y3 = 1
Magn. Vent. Zyl. 3 vor	Y5	Zyl. 3 fährt aus Y5 = 1
Magn. Vent. Zyl. 4 zur.	Y6	Zyl. 3 fährt zurück Y6 = 1

Die Stellglieder der drei Arbeitszylinder werden ersetzt durch elektromagnetische Impulsventile. Jedes Impulsventil hat zwei Steuereingänge und speicherndes Verhalten. In der Wirkungsweise kann ein solches Ventil mit einem RS-Speicherglied verglichen werden.

Bei der Umsetzung der pneumatischen Steuerschaltung ist es deshalb am einfachsten, die Stellglieder der Zylinder durch RS-Speicherglieder im Steuerungsprogramm für eine SPS nachzubilden. Der eine Steuereingang des ersetzten Stellgliedes gibt dann die Bedingung für das Setzen und der andere Steuereingang die Bedingung für das Rücksetzen des nachgebildeten RS-Speichergliedes an. Die eine Magnetspule des neuen Impulsventils wird dann vom bejahten Ausgang und die andere Magnetspule vom negierten Ausgang des RS-Speichers angesteuert.

Wie bei den Stellgliedern für die Arbeitszylinder werden auch die in der Steuerung auftretenden weiteren Impulsventile ersetzt durch RS-Speicherglieder.

Den beiden Impulsventilen im Beispiel 9.3 werden folgende Merker zugewiesen:

Impulsventil 0.1: M1
Impulsventil 0.2: M2

Das Impulsventil 0.2 schaltet Druck in Abhängigkeit von der Stellung des Impulsventils 0.1. Die Sammelleitung a_1 als ein Ausgang von 0.2 hat somit die logische Zuordnung:

$$a_1 = M1 \ \& \ \overline{M2}$$

Für die beiden anderen Sammelleitungen ergibt sich folgende logische Zuordnung:

$$a_2 = \underline{M1} \ \& \ M2$$
$$a_3 = \overline{M1}$$

Aus dem pneumatischen Schaltplan kann direkt der Funktionsplan mit RS-Speichergliedern entnommen werden. Zu berücksichtigen ist jedoch, daß die Signalglieder 1.3, 3.2 und 1.4 im betätigten Zustand gezeichnet sind.

Funktionsplan:

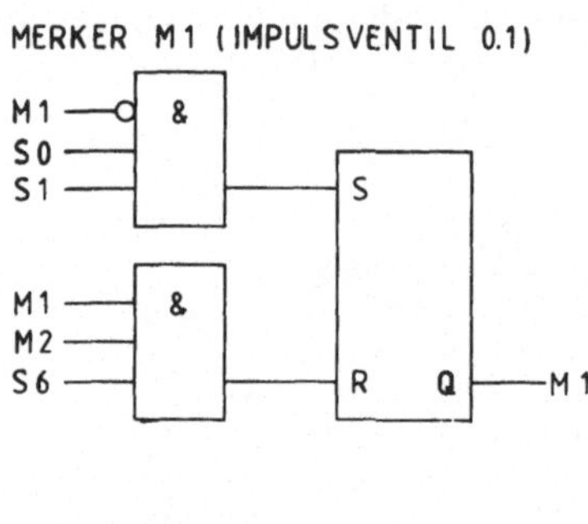

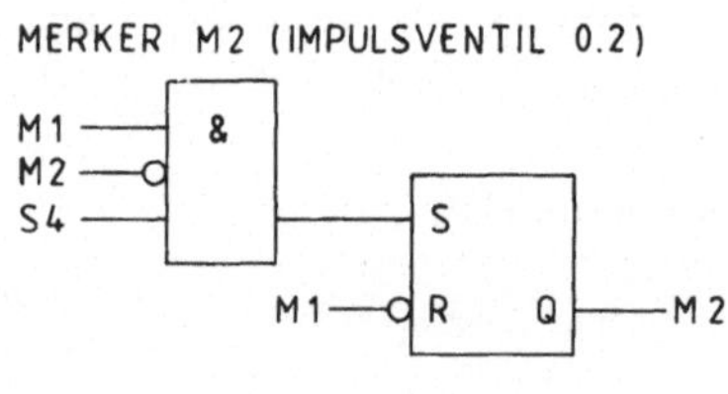

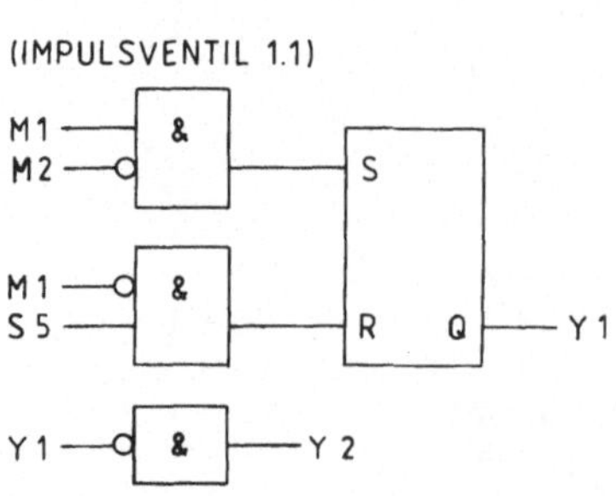

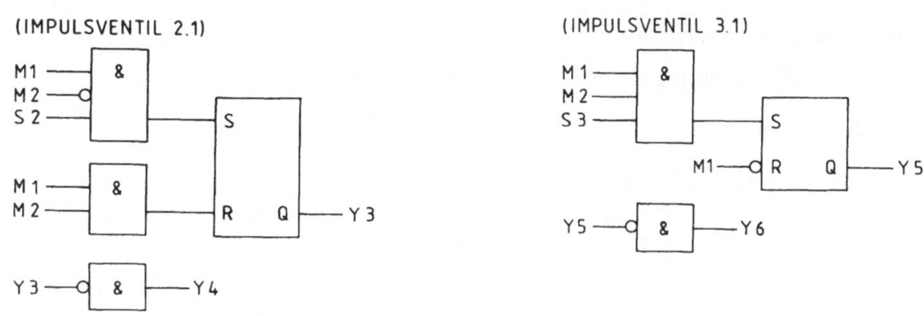

Realisierung mit einer SPS:

Zuordnung:	S0 = E 0.0	Y1 = A 0.1	M1 = M 0.1
	S1 = E 0.1	Y2 = A 0.2	M2 = M 0.2
	S2 = E 0.2	Y3 = A 0.3	
	S3 = E 0.3	Y4 = A 0.4	
	S4 = E 0.4	Y5 = A 0.5	
	S5 = E 0.5	Y6 = A 0.6	
	S6 = E 0.6		

Anweisungsliste:

```
MERKER M1
(IMPULSVENTIL 0.1)
:UN   M 0.1
:U    E 0.0
:U    E 0.1
:S    M 0.1
:U    M 0.1
:U    M 0.2
:U    E 0.6
:R    M 0.1

MERKER M2
(IMPULSVENTIL 0.2)
:U    M 0.1
:UN   M 0.2
:U    E 0.4
:S    M 0.2
:UN   M 0.1
:R    M 0.2

(IMPULSVENTIL 1.1)
:U    M 0.1
:UN   M 0.2
:S    A 0.1
:UN   M 0.1
:U    E 0.5
:R    A 0.1

:UN   A 0.1
:=    A 0.2

(IMPULSVENTIL 2.1)
:U    M 0.1
:UN   M 0.2
:U    E 0.2
:S    A 0.3
:U    M 0.1
:U    M 0.2
:R    A 0.3

:UN   A 0.3
:=    A 0.4

(IMPULSVENTIL 3.1)
:U    M 0.1
:U    M 0.2
:U    E 0.3
:S    A 0.5
:UN   M 0.1
:R    A 0.5

:UN   A 0.5
:=    A 0.6
:BE
```

▲

Im Beispiel 9.3 konnte die Ansteuerung der Speicherglieder direkt aus dem pneumatischen Schaltplan entnommen werden. Enthält eine pneumatische Steuerung jedoch *Drosselventile*, um Vorgänge und Zustände eine bestimmte Zeit zu halten oder zu sperren, so sind wieder einige Zusatzüberlegungen bei der Umsetzung des Schaltplans in ein Steuerungsprogramm erforderlich. Für solche Drosselventile werden Zeitglieder verwendet, deren Ansteuerung aus dem Schaltplan funktionsgemäß zu entnehmen ist. Das nächste Beispiel 9.4 „Bördelvorrichtung" enthält im pneumatischen Schaltplan ein Drosselventil.

▼ **Beispiel 9.4: Bördelvorrichtung**

In einer Bördelvorrichtung soll ein Rohr in zwei Arbeitsgängen gebördelt werden.

Technologieschema:

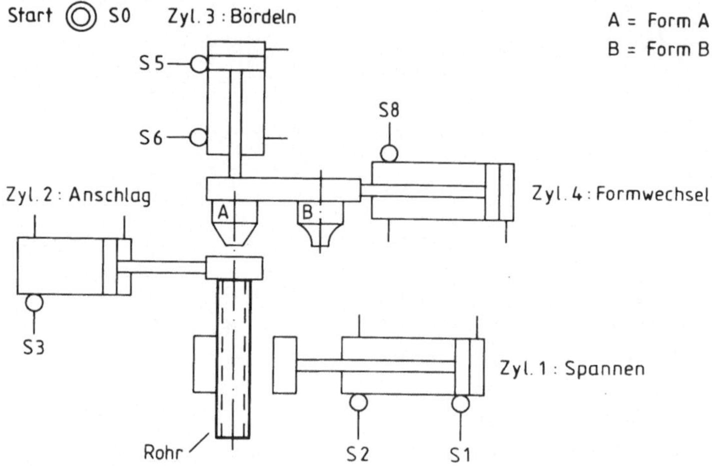

Bild 9.3 Bördelvorrichtung

Pneumatischer Schaltplan:

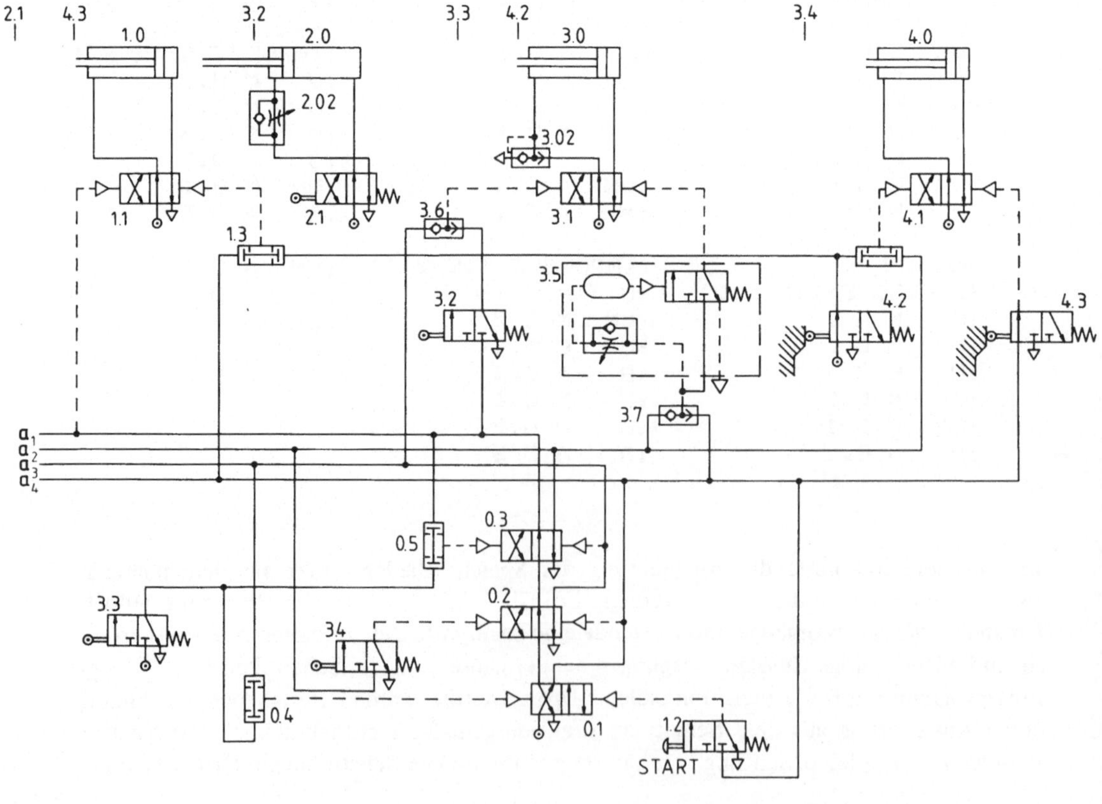

Bei der Umwandlung der Steuerschaltung für die vier Arbeitszylinder der Bördelvorrichtung werden zunächst wieder die Ein- und Ausgangsbelegungen festgelegt.

Zuordnungstabelle:

Eingangsvariable	Betriebsmittel-kennzeichen	logische Zuordnung
Start-Taster	S0	Taster gedrückt S0 = 1
Hint. Endl. Zyl. 1	S1	Hint. Endl. erreicht S1 = 1
Vord. Endl. Zyl. 1	S2	Vord. Endl. erreicht S2 = 1
Hint. Endl. Zyl. 2	S3	Hint. Endl. erreicht S3 = 1
Hint. Endl. Zyl. 3	S5	Hint. Endl. erreicht S5 = 1
Vord. Endl. Zyl. 3	S6	Vord. Endl. erreicht S6 = 1
Vord. Endl. Zyl. 4	S8	Hint. Endl. erreicht S8 = 1
Ausgangsvariable		
Magn. Vent. Zyl. 1 vor	Y1	Zyl. 1 fährt aus Y1 = 1
Magn. Vent. Zyl. 1 zur.	Y2	Zyl. 1 fährt zurück Y2 = 1
Magn. Vent. Zyl. 2 zur.	Y3	Zyl. 2 fährt zurück Y3 = 1
Magn. Vent. Zyl. 3 vor	Y5	Zyl. 3 fährt aus Y5 = 1
Magn. Vent. Zyl. 3 zur.	Y6	Zyl. 3 fährt zurück Y6 = 1
Magn. Vent. Zyl. 4 vor	Y7	Zyl. 4 fährt aus Y7 = 1
Magn. Vent. Zyl. 4 zur.	Y8	Zyl. 4 fährt zurück Y8 = 1

Die Stellglieder der Arbeitszylinder 1.0, 3.0 und 4.0 werden wieder ersetzt durch elektromagnetische Impulsventile, denen im Steuerungsprogramm RS-Speicher zugewiesen werden.

Der eine Eingang eines elektromagnetischen Stellgliedes wird vom bejahten Ausgang und der andere Eingang vom negierten Ausgang des zugehörigen RS-Speichers angesteuert.

Das Stellglied 2.1 wird ersetzt durch ein elektromagnetisches Ventil mit Rückstellfeder. Für die Ansteuerung dieses Ventils ist nur ein Ausgang erforderlich.

Wie bei den Stellgliedern für die Arbeitszylinder werden auch den in der Steuerung noch auftretenden Impulsventilen RS-Speicherglieder zugewiesen.

Den drei Impulsventilen werden die Merker:

Impulsventil 0.1 = M1
Impulsventil 0.2 = M2
Impulsventil 0.3 = M3

zugewiesen.

Für Sammelleitungen ergeben sich folgende logische Zuordnungen:

$a_1 = M1 \,\&\, \overline{M2} \,\&\, \overline{M3}$ $\qquad a_2 = M1 \,\&\, \overline{M2} \,\&\, M3$

$a_3 = M1 \,\&\, M2$ $\qquad a_4 = \overline{M1}$

Die Ventileinheit 3.5 wird durch ein Zeitglied T1 ersetzt, dessen Ausgang den Speicher A5 zurücksetzt.

Aus dem pneumatischen Schaltplan können dann die Setz- und Rücksetzbedingungen für die RS-Speicherglieder entnommen werden. Zu berücksichtigen ist jedoch, daß die Signalglieder 4.2 und 4.3 im betätigten Zustand gezeichnet sind.

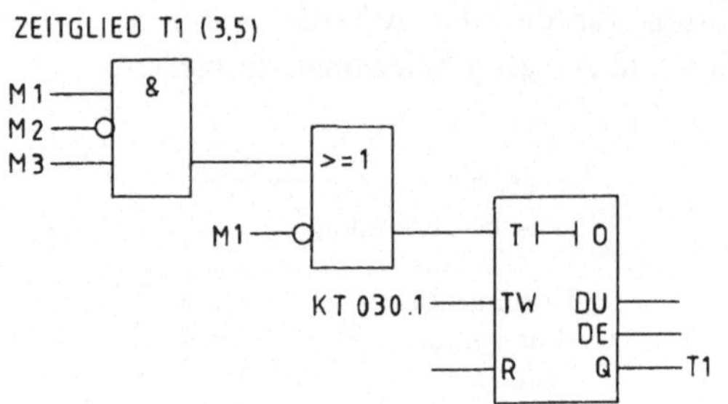
ZEITGLIED T1 (3,5)
M1
M2
M3
&
>=1
M1
T ⊢⊣ 0
KT 030.1
TW
DU
DE
R
Q
T1

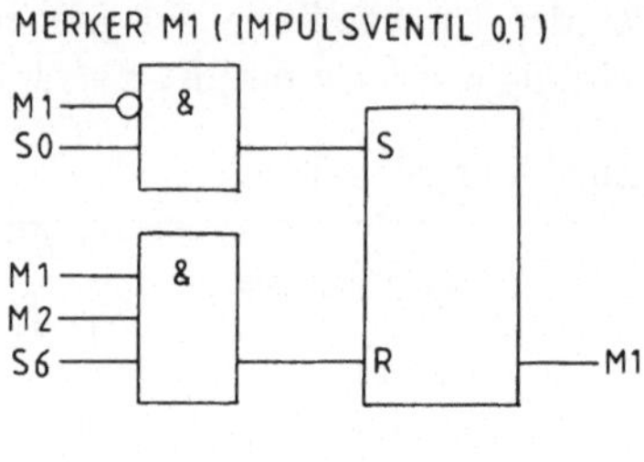
MERKER M1 (IMPULSVENTIL 0,1)
M1
S0
&
S
M1
M2
S6
&
R
M1

MERKER M2 (IMPULSVENTIL 0,2)

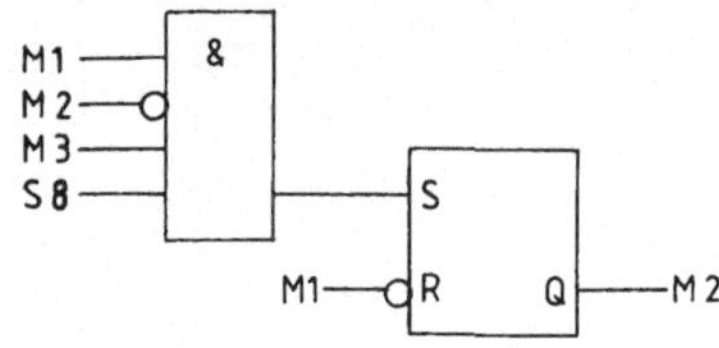
M1
M2
M3
S8
&
S
M1
R
Q
M2

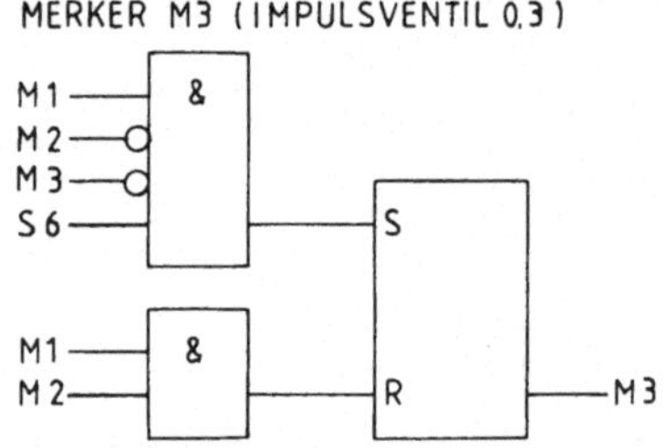
MERKER M3 (IMPULSVENTIL 0,3)
M1
M2
M3
S6
&
S
M1
M2
&
R
M3

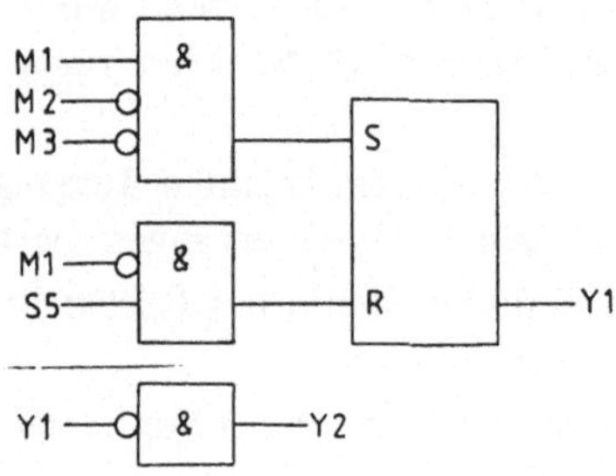
(IMPULSVENTIL 1.1)
M1
M2
M3
&
S
M1
S5
&
R
Y1
Y1
&
Y2

(VENTIL 2.1)

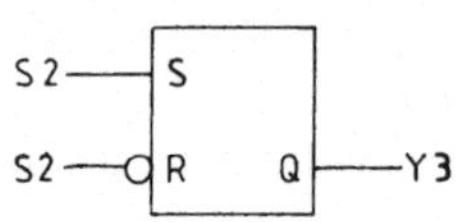
S2
S
S2
R
Q
Y3

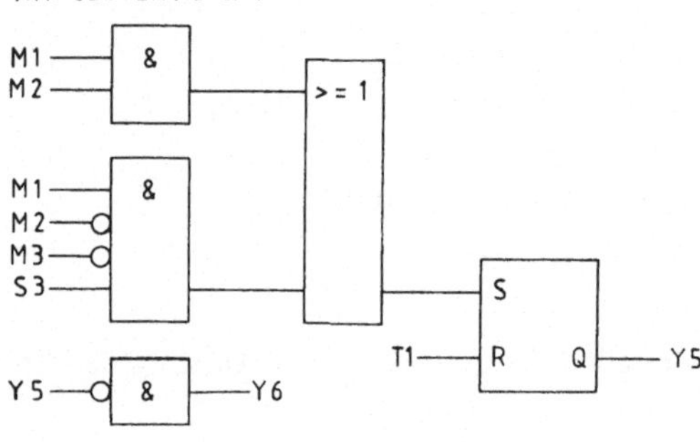
(IMPULSVENTIL 3.1)
M1
M2
&
>=1
M1
M2
M3
S3
&
S
T1
R
Q
Y5
Y5
&
Y6

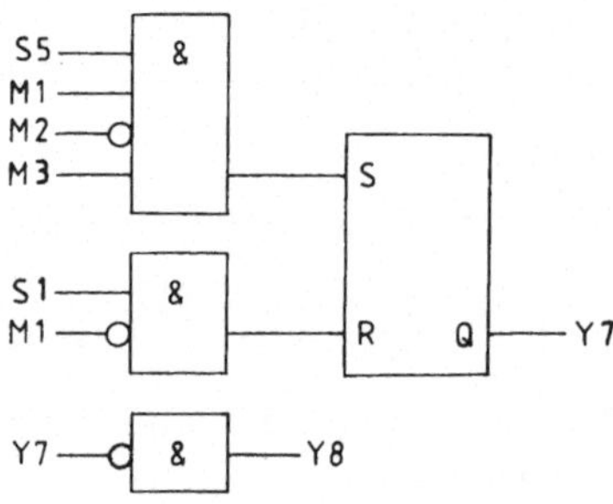
(IMPULSVENTIL 4.1)
S5
M1
M2
M3
&
S
S1
M1
&
R
Q
Y7
Y7
&
Y8

Realisierung mit einer SPS:

Zuordnung:	S0 = E 0.0	Y1 = A 0.1	M1 = M 0.1
	S1 = E 0.1	Y2 = A 0.2	M2 = M 0.2
	S2 = E 0.2	Y3 = A 0.3	M3 = M 0.3
	S3 = E 0.3	Y5 = A 0.5	
	S5 = E 0.5	Y6 = A 0.6	
	S6 = E 0.6	Y7 = A 0.7	
	S8 = E 1.0	Y8 = A 1.0	

Anweisungsliste:

```
ZEITGLIED T1 (3.5)
:U    M 0.1
:UN   M 0.2
:U    M 0.3
:ON   M 0.1
:L    KT030.1
:SE   T 1

MERKER M1
(IMPULSVENTIL 0.1)
:UN   M 0.1
:U    E 0.0
:S    M 0.1
:U    M 0.1
:U    M 0.2
:U    E 0.6
:R    M 0.1

MERKER M2
(IMPULSVENTIL 0.2)
:U    M 0.1
:UN   M 0.2
:U    M 0.3
:U    E 1.0
:S    M 0.2
:UN   M 0.1
:R    M 0.2

MERKER M3
(IMPULSVENTIL 0.3)
:U    M 0.1
:UN   M 0.2
:UN   M 0.3
:U    E 0.6
:S    M 0.3
:U    M 0.1
:U    M 0.2
:R    M 0.3

(IMPULSVENTIL 1.1)
:U    M 0.1
:UN   M 0.2
:UN   M 0.3
:S    A 0.1
:UN   M 0.1
:U    E 0.5
:R    A 0.1

:UN   A 0.1
:=    A 0.2

(VENTIL 2.1)
:U    E 0.2
:S    A 0.3
:UN   E 0.2
:R    A 0.3
```

```
(IMPULSVENTIL 3.1)
:U    M 0.1
:U    M 0.2
:O
:U    M 0.1
:UN   M 0.2
:UN   M 0.3
:U    E 0.3
:S    A 0.5
:U    T 1
:R    A 0.5

:UN   A 0.5
:=    A 0.6
```

▲

```
(IMPULSVENTIL 4.1)
:U    E 0.5
:U    M 0.1
:UN   M 0.2
:U    M 0.3
:S    A 0.7
:U    E 0.1
:UN   M 0.1
:R    A 0.7

:UN   A 0.7
:=    A 1.0
:BE
```

• **Übung 9.3: Bohrvorrichtung**

In einem Werkstück aus Holz soll in einer Vorrichtung ein Sackloch gebohrt werden.

Technologieschema:

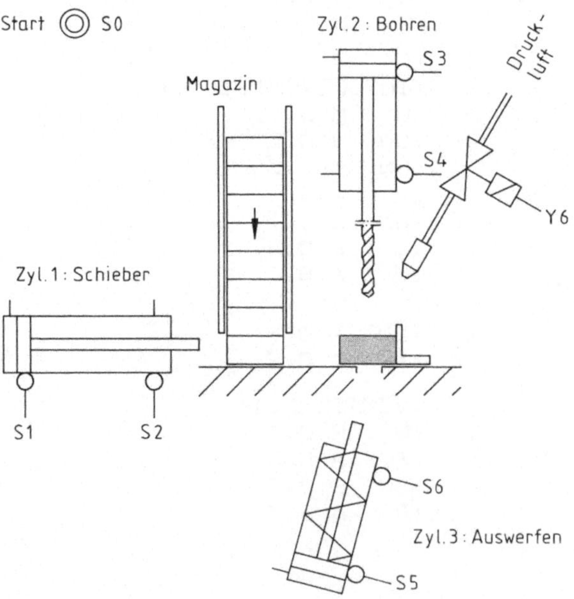

Bild 9.4 Bohrvorrichtung

Pneumatischer Schaltplan:

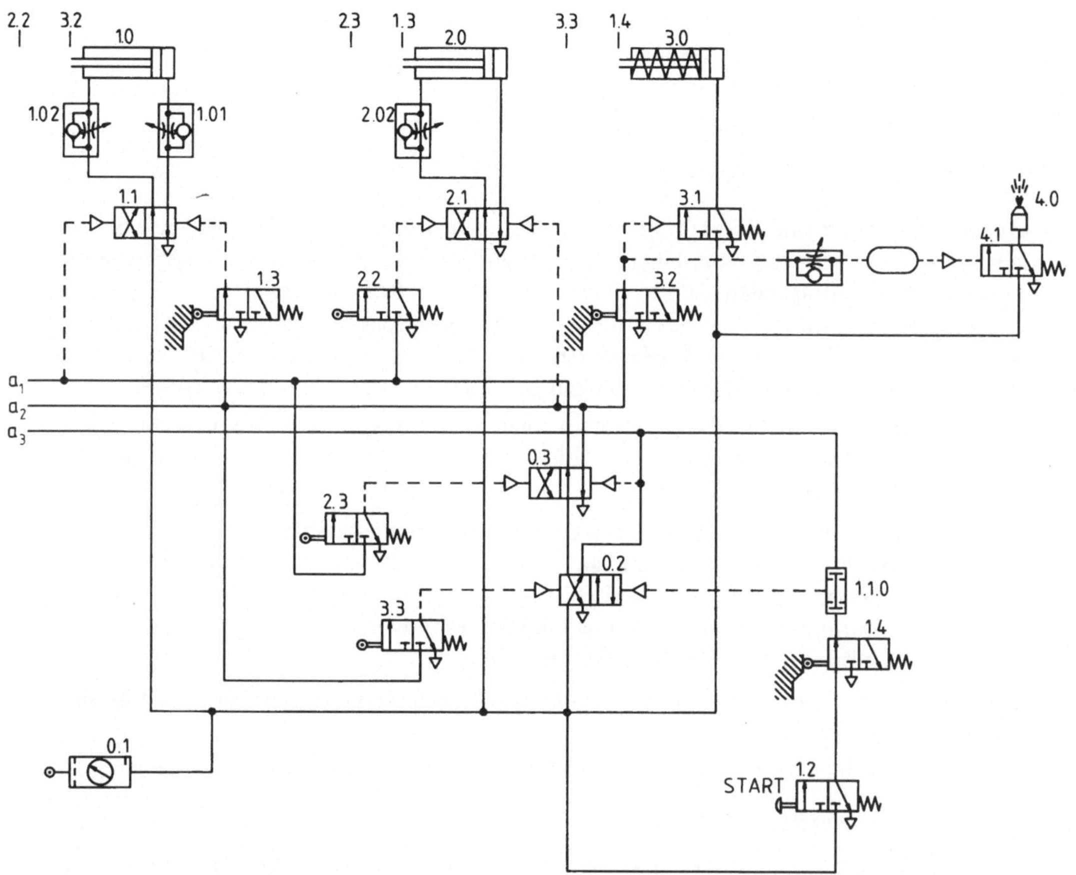

Setzen Sie den Schaltplan in ein Steuerungsprogramm für eine Speicherprogrammierte Steuerung um und realisieren Sie die Steuerung mit einer SPS.

Bei den in diesem Kapitel aufgeführten Steuerungsaufgaben wurde von einer bestehenden Lösung im Stromlaufplan oder pneumatischen Plan ausgegangen. Diese Lösungsstruktur wurde in ein Steuerungsprogramm für SPS übertragen. Die Beispiele und Übungen des Kapitels könnten auch mit Hilfe der Zustandsgraphen (Kapitel 7) gelöst werden.

10 Ablaufsteuerungen

Ablaufsteuerungen sind Steuerungen mit einem zwangsweisen Ablauf in einzelnen Schritten. Das Weiterschalten von einem Schritt auf den durch das Steuerungsprogramm bestimmten nachfolgenden Schritt hängt von *Weiterschaltbedingungen* ab. Wichtigste Eigenschaft der Ablaufsteuerung ist die eindeutige funktionelle und zeitliche *Zuordnung der einzelnen Schritte zu technologischen Abläufen.* Die einzelnen Schritte oder auch Zustände werden als überschaubare und klar getrennte Funktionsgruppen dargestellt.

Eine häufige Ursache für das Blockieren einer Steuerung sind fehlende Weiterschaltbedingungen. Diese können bei einer Ablaufsteuerung schnell erkannt werden. Weitere Vorteile der Ablaufsteuerung sind:

- einfache und zeitsparende Projektierung und Programmierung
- übersichtlicher Programmaufbau
- leichtes Ändern des Funktionsablaufs
- bei Störungen schnelles Erkennen der Fehlerursache
- einstellbare unterschiedliche Betriebsarten

Aufgrund dieser Vorteile werden in der Praxis sehr viele Steuerungsaufgaben mit Ablaufsteuerungen gelöst.

Man unterscheidet zeitgeführte und prozeßgeführte Ablaufsteuerungen.

Zeitgeführte Ablaufsteuerungen

Bei einer zeitgeführten Ablaufsteuerung sind die Weiterschaltbedingungen nur von der Zeit abhängig. Zum Erzeugen der Weiterschaltbedingungen können Zeitglieder, Zeitzähler oder Schrittwalzen mit gleichbleibender Drehzahl verwendet werden.

Prozeßgeführte Ablaufsteuerungen

Bei einer prozeßgeführten Ablaufsteuerung sind die Weiterschaltbedingungen von den Signalen der gesteuerten Anlage (Prozeß) abhängig. Die Rückmeldungen aus dem Prozeßgeschehen können Ventilstellungen, Antriebsüberwachungen, Durchflußmengen, Druck, Temperatur, Leitwert, Viskosität usw. sein. In vielen Fällen müssen die Prozeßrückmeldungen in binäre elektrische Signale umgesetzt werden.

Eine Form der prozeßabhängigen Ablaufsteuerung ist die Wegplansteuerung, deren Weiterschaltbedingungen nur von wegabhängigen Signalen der gesteuerten Anlage abhängig sind.

10.1 Struktur einer Ablaufsteuerung

Eine Ablaufsteuerung kann in die vier Teile

- Ablaufkette
- Betriebsarten
- Meldungen
- Befehlsausgabe

gegliedert werden. Das Zusammenwirken der einzelnen Teile mit den entsprechenden Signalen zeigt die folgende Übersicht.

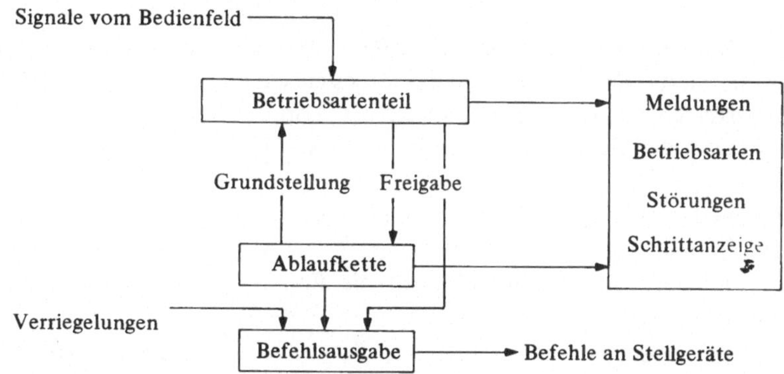

Ablaufkette

Kernstück einer Ablaufsteuerung ist die Ablaufkette. In dieser wird das Programm für den schrittweisen Funktionsablauf der Steuerungen bearbeitet. Die einzelnen Ablaufschritte werden abhängig von den Weiterschaltbedingungen in einer festgelegten Reihenfolge aktiviert.

Betriebsartenteil

Im Betriebsartenteil werden die Bedingungen für die unterschiedlichen Betriebsarten bearbeitet. Folgende Betriebsarten sind üblich und kommen in der Steuerungstechnik immer wieder vor:

Automatikbetrieb

Im Automatikbetrieb erfolgt nach dem Startsignal der in der Ablaufkette festgelegte Steuerungsablauf ohne Eingriff eines Bedienenden. Die Stellgeräte werden ausschließlich von der Ablaufkette angesteuert.

Einzelschrittbetrieb

Im Einzelschrittbetrieb kann die Ablaufkette von Hand schrittweise weitergeschaltet werden. In dieser Betriebsart unterscheidet man zusätzlich noch die ***Weiterschaltung mit Bedingung*** und die ***Weiterschaltung ohne Bedingung.*** Diese Betriebsart erleichtert die Prüfung des Programms und die Störungsbehebung.

Einrichtbetrieb

In dieser Betriebsart können die einzelnen Stellgeräte unabhängig vom Programm der Steuerung von Hand betätigt werden. Die Sicherheitsverriegelungen bleiben im allgemeinen jedoch wirksam.

Die verschiedenen Betriebsarten werden über ein *Bedienfeld* eingestellt. Je nach eingestellter Betriebsart erhalten die Ablaufkette, die Befehlsausgabe und der Meldeteil Befehle in Form von Freigabesignalen, Weiterschaltsignalen, Verriegelungssignalen und Anzeigesignalen.

Meldungen

In diesem Programmteil werden notwendige Meldungen von der Steuerung an den Bediener veranlaßt. Solche Meldungen bestehen aus der Anzeige der eingestellten *Betriebsart*, der Anzeige der aktuellen *Schrittnummer* und aus *Störungsanzeigen*.

Befehlsausgabe

Im Programmteil Befehlsausgabe werden die Befehle, die von den einzelnen Schritten der Ablaufkette aktiviert wurden, mit den Freigabesignalen des Betriebsartenteils und den Verriegelungssignalen aus dem Prozeß verknüpft. Darüber hinaus werden noch die Befehle für das Steuern der einzelnen Stellgeräte von Hand in der Betriebsart Einrichten berücksichtigt.

Das Bindeglied zwischen Steuerung und Bediener stellt ein Bedienfeld dar. Diese enthält alle Wahlschalter und Taster, die für die Eingriffe durch einen Bediener erforderlich sind. Außerdem sind auf dem Bedienfeld noch die für die Meldungen erforderlichen Anzeigen angebracht.

Im Kapitel 10.3 wird ein Bedienfeld beschrieben, wie es häufig in der Praxis anzutreffen ist.

In der modernen Steuerungstechnik ist es üblich und erstrebenswert, Programmteile nach Möglichkeit zu standardisieren. Bei Ablaufsteuerungen bieten sich hierbei die Programmteile Betriebsarten, Meldungen und Befehlsausgabe an. Durch die *Standardisierung* wird der Aufwand an Planungsarbeit erheblich vermindert. Kurze Erstellungszeiten sind auch bei umfangreichen Steuerungen möglich. Das Steuerungsprogramm wird übersichtlich und für jeden Fachmann leicht verständlich.

Hinzu kommt, daß durch die Standardisierung Fehlerortungen für Anlagestörungen besonders einfach durchgeführt werden können. Selbstverständlich können technologisch bedingte Programmergänzungen, die nicht durch die Standardisierung erfaßt werden, in das Steuerungsprogramm eingeführt werden.

In Kapitel 10.3 werden die Programmteile Betriebsarten, Meldungen und Befehlsausgaben entwickelt. Diese Programmteile können für alle Ablaufsteuerungen des Buches verwendet werden, sofern das Automatisierungsgerät über die erforderliche Anzahl von Eingängen und Ausgängen verfügt. Ist dies nicht der Fall, muß eben auf die Einstellung bestimmter Betriebsarten oder die Ausgabe bestimmter Meldungen verzichtet werden. Bei der Erstellung dieser Programmteile wurden nicht nur technische, sondern auch didaktische Überlegungen mit einbezogen. Beim Umsetzen dieser Programmteile in die Praxis müssen deshalb noch weitere Anforderungen wie Wiederanlauf bei Spannungsausfall, Wiederanlauf bei Störungen usw. berücksichtigt werden.

10.2 Ablaufkette

Die Struktur der Ablaufkette entspricht dem schrittweisen Ablauf der Steuerungsfunktion für den Prozeß. Für die bildliche Umsetzung des Funktionsablaufs sind zwei verschiedene Darstellungen gebräuchlich.

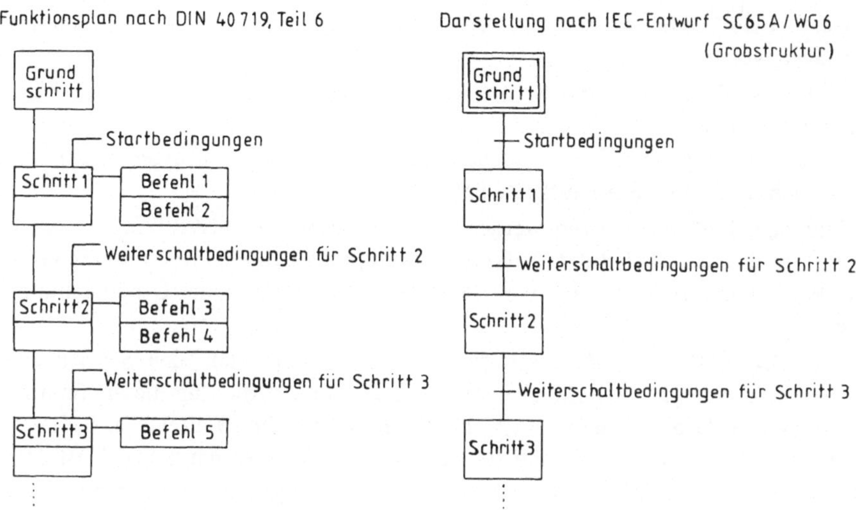

Die Grobstruktur in der Darstellung nach dem IEC-Entwurf muß noch durch Detaildarstellungen ergänzt werden. Diese Darstellung ist entwickelt worden, um die Programmierung von Ablaufsteuerungen mit einer besonderen Programmiersprache zu erleichtern. Mit dieser Programmiersprache erstellt der Anwender zunächst die Struktur der Ablaufkette in bildhafter Darstellung und programmiert dann die Weiterschaltbedingungen und Befehle. Diese Art der Darstellung und Programmierung wird in Band 2 behandelt, da für die Umsetzung dieser Darstellungsart eine strukturierte Programmierung erforderlich ist.

Im weiteren Verlauf dieses Bandes wird für die Darstellung der *Schrittkette* der *Funktionsplan nach DIN 40719* verwendet. Die Symbole entsprechen den in Kapitel 5 verwendeten Darstellungen für den Zustandsgraphen. Das Symbol für einen Schritt besteht aus einem Rechteck, an das mehrere Wirkungslinien angebracht sind.

Schrittsymbol:

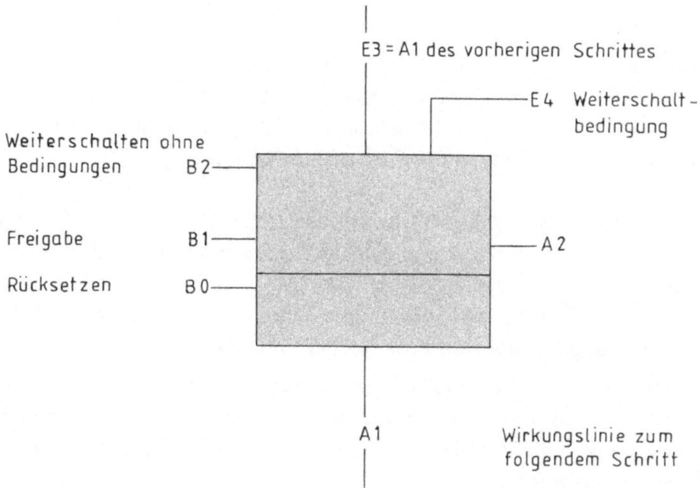

Im oberen Feld des Schrittsymbols steht die Schrittnummer, im unteren Feld kann Text eingetragen werden.

Die Wirkungslinien, die an das Schrittsymbol hinführen, sind im Vergleich zu dem Zustandssymbol in Kapitel 7 um drei Linien erweitert worden. Links zum Schrittsymbol führend sind die Signale B0, B1 und B2 angebracht, welche als übergeordnete Signale aus dem Betriebsartenteil die Ablaufkette beeinflussen.

Mit dem Signal B0 Rücksetzen werden alle Schrittspeicher bis auf den ersten (Grundstellung) zurückgesetzt. Schritt 0 (Grundstellung) wird durch dieses Signal gesetzt. Die Ablaufkette kann so dominant vom Betriebsartenteil aus in die Grundstellung gesetzt werden.

Mit dem Signal B1 *Freigabe* kann aus dem Betriebsartenteil eine Schrittweiterschaltung gesperrt werden, obwohl alle Weiterschaltbedingungen für diesen Schritt erfüllt sind. Nur wenn B1 den Signalwert „1“ hat, kann bei erfüllten Weiterschaltbedingungen in der Ablaufkette der nächste Schritt gesetzt werden. Im Automatikbetrieb ist der Signalwert von B1 stets „1“. Im Schrittbetrieb mit Bedingungen erhält das Signal B1 nur bei Betätigen einer bestimmten Taste auf dem Bedienfeld während eines Zyklusdurchlauf den Signalwert „1“.

Mit dem Signal B2 *Weiterschalten* kann vom Betriebsartenteil aus der nächste Schritt gesetzt werden, ohne daß die Weiterschaltbedingung E4 erfüllt ist. Dieses Signal hat nur in der Betriebsart „Schrittbetrieb ohne Bedingungen“ bei Betätigen einer bestimmten Taste auf dem Bedienfeld während eines Zyklusdurchlaufs den Wert „1“.

Ausführliche Darstellung eines Schrittes, z. B. Schritt 5:

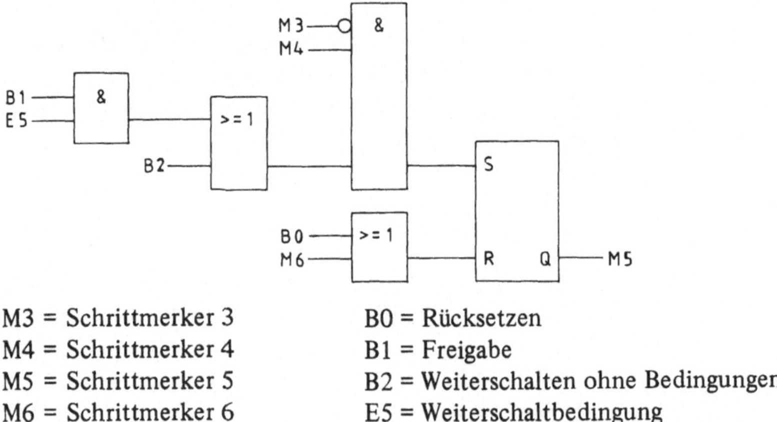

M3 = Schrittmerker 3
M4 = Schrittmerker 4
M5 = Schrittmerker 5
M6 = Schrittmerker 6

B0 = Rücksetzen
B1 = Freigabe
B2 = Weiterschalten ohne Bedingungen
E5 = Weiterschaltbedingung

Aus der ausführlichen Funktionsplandarstellung ist zu ersehen, daß Schritt 5 nur gesetzt werden kann, wenn Schritt 4 gesetzt ist und Schritt 3 bereits zurückgesetzt worden ist. Die Abfrage, ob Schritt 3 bereits zurückgesetzt ist, ist erforderlich, damit im Einzelschrittbetrieb stets nur ein Schritt weitergeschaltet wird. Das Freigabesignal B1 wird mit der Weiterschaltbedingung E5 aus dem Prozeß UND-verknüpft.

Da die drei Signale (B0, B1 und B2) aus dem Betriebsartenteil an alle Schrittsymbole führen, wird bei der Erstellung der Ablaufkette auf die Eintragung dieser Signale verzichtet. Bei der Umsetzung der Ablaufkette in ein Steuerungsprogramm dürfen diese Signale jedoch nicht vergessen werden.

Rechts neben dem Schrittsymbol sind die Befehle angegeben, mit denen die Stellgeräte oder auch Zeiten, Merker usw. abhängig von den Ablaufschritten eingeschaltet und ausgeschaltet werden. Die Befehle werden in ein Rechtecksymbol geschrieben, das durch zwei horizontale Striche in drei Felder geteilt wird.

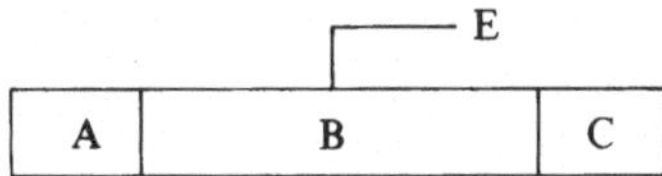

In Feld A wird mit einer Abkürzung die Art des Befehls angegeben. Folgende Abkürzungen für die Befehlsarten können in das Feld A eingetragen werden:

Abkürzung	Befehlsart
NS	nicht gespeichert
S	gespeichert
D	verzögert
SD	gespeichert und verzögert
NSD	nicht gespeichert und verzögert
SH	gespeichert auch bei Energieausfall
T	zeitlich begrenzt
ST	gespeichert und zeitlich begrenzt

In Feld B wird die Wirkung des Befehls eingetragen. Entweder werden hier die Stellgeräte, die mit diesem Schritt aktiviert werden sollen, direkt angegeben, oder es werden Operanden wie Ausgänge, Merker, Zeiten, Zähler usw. angegeben, die mit diesem Schritt Signalzustand „1" erhalten sollen. Mit der Wirkungslinie von E ausgehend zu diesem Feld kann der Befehl, der in diesem Feld angegeben ist, nochmals verriegelt werden.

In Feld C wird die Kennzeichnung für die Abbruchstelle eines Befehlsausgangs eingetragen oder bei mehreren Befehlen die einzelnen Befehle numeriert. Das Feld C kann entfallen, wenn eine Abbruchstelle nicht vorhanden ist oder eine Numerierung der Befehle nicht erforderlich ist.

Bei der Befehlsausgabe sind die nichtspeichernden (NS) Befehle am einfachsten zu handhaben. Diese Befehlsart wird ausschließlich bei allen Beispielen und Übungen verwendet. Deshalb wird in den weiteren Ausführungen auf das Feld A verzichtet, da hier stets die Abkürzung NS eingetragen werden müßte.

Abhängig von den Funktionen in dem zu steuernden Prozeß sind die Ablaufketten unterschiedlich strukturiert. Man unterscheidet hierbei unverzweigte und verzweigte Ablaufketten.

10.2.1 Ablaufkette ohne Verzweigung

Bei der Ablaufkette ohne Verzweigung sind die Funktionen der zu steuernden Anlage nacheinander oder seriell angeordnet und lassen sich ohne Verzweigungen ausführen. Nach Durchlaufen aller möglichen Schritte wird mit dem Funktionsablauf wieder von vorn begonnen und mit dem letzten Schritt der Ablaufkette Schritt 0 (Grundstellung der Kette) gesetzt.

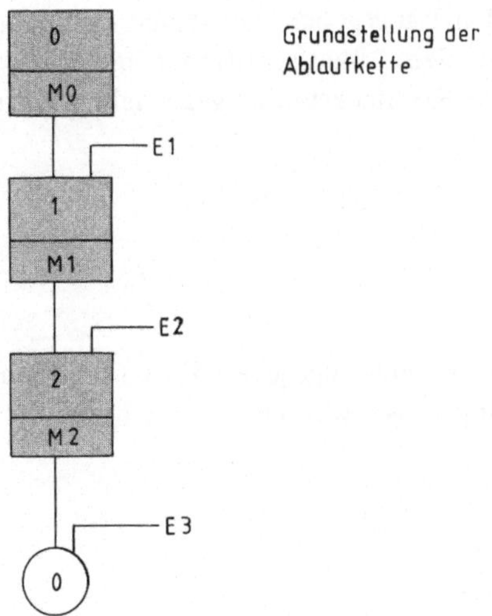

Bei der Umsetzung der Schrittkette in die ausführliche Darstellung mit RS-Speichergliedern sind die Signale B0, B1 und B2 berücksichtigt.

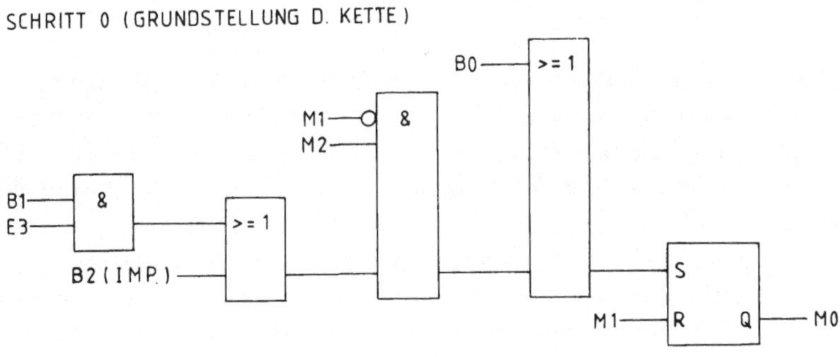

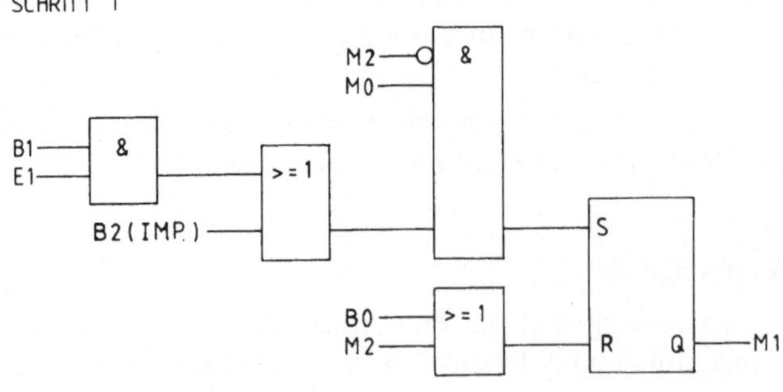

SCHRITT 2

M0 M1 &
B1 E2 &
>=1
B2(IMP.)
S
B0 M0 >=1
R Q M2

FLANKENAUSWERTUNG

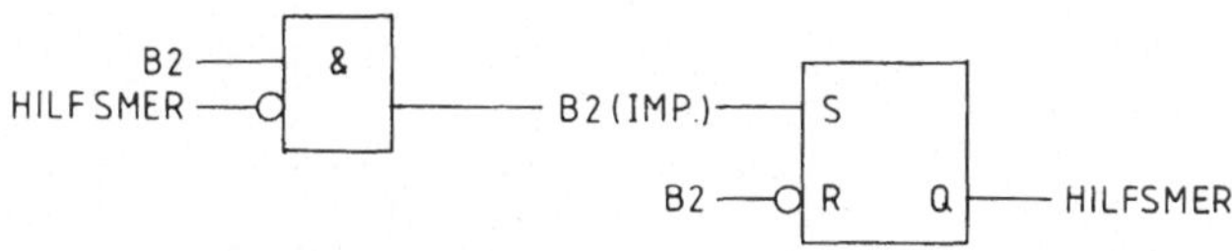

Das folgende Beispiel 10.1 „Prägemaschine“ veranschaulicht die Erstellung einer Ablaufkette ohne Verzweigung aus der allgemeinen Beschreibung der Steuerungsaufgabe.

▼ **Beispiel 10.1: Prägemaschine**

Mit einer Prägemaschine soll auf Werkstücken eine Kennzeichnung eingeprägt werden.

Technologieschema:

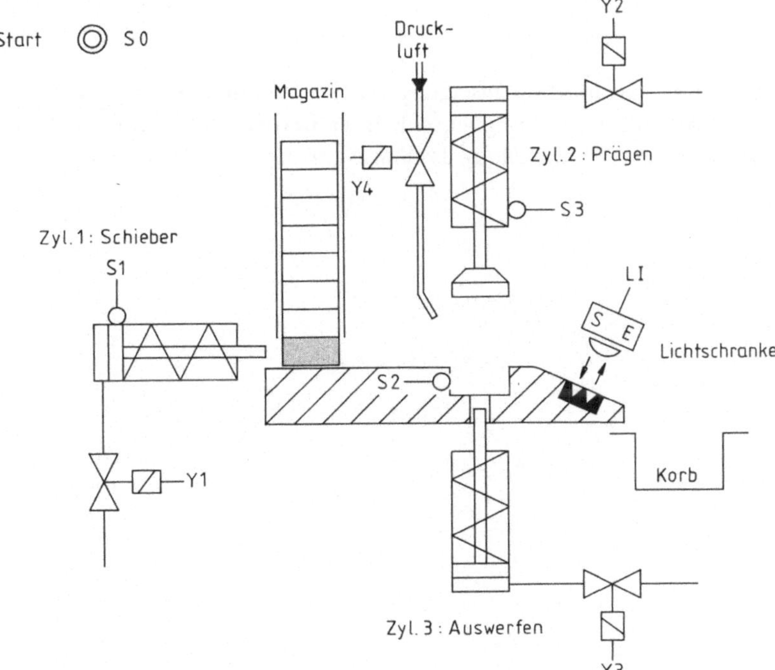

Bild 10.1 Prägemaschine

Funktionsablauf:

Ein Schieber schiebt ein Werkstück aus dem Magazin in die Prägeform. Wenn die Prägeform belegt ist, stößt der Prägestempel abwärts und bewegt sich nach einer Wartezeit von 2 Sekunden wieder nach oben. Nach dem Prägevorgang stößt der Auswerfer das fertige Teil aus der Form, so daß es anschließend von dem Luftstrom aus der Luftdüse in den Auffangbehälter geblasen werden kann. Eine Lichtschranke spricht an, wenn das Teil in den Auffangbehälter fällt. Danach kann der nächste Prägevorgang beginnen.

Zuordnungstabelle:

Eingangsvariable	Betriebsmittelkennzeichen	logische Zuordnung	
Start Taste	S0	Start Taste gedrückt	S0 = 1
Hint. Endl. Zyl. 1	S1	Hint. Endl. erreicht	S1 = 1
Prägeform belegt	S2	Prägeform belegt	S2 = 1
Vord. Endl. Zyl. 2	S3	Vord. Endl. erreicht	S3 = 1
Lichtschranke	LI	Lichtschr. unterbr.	LI = 1
Ausgangsvariable			
Ventil für Zyl. 1	Y1	Zyl. 1 fährt aus	Y1 = 1
Ventil für Zyl. 2	Y2	Zyl. 2 fährt aus	Y2 = 1
Ventil für Zyl. 3	Y3	Zyl. 3 fährt aus	Y3 = 1
Luftdüse	Y4	Ventil offen	Y4 = 1

Aus der verbalen Funktionsbeschreibung kann direkt die Ablaufkette entwickelt werden. Vorgehensweise und Darstellungsart entsprechen dem im Kapitel 7 beschriebenen Zustandsgraphen.

Anmerkung:

In diesem Abschnitt soll nur die Umsetzung der Schrittkette in ein Steuerungsprogramm gezeigt werden. Auf die Einstellung verschiedener Betriebsarten wird ebenso verzichtet wie auf die automatische Wiederholung des Prägevorganges.

Ablaufkette:

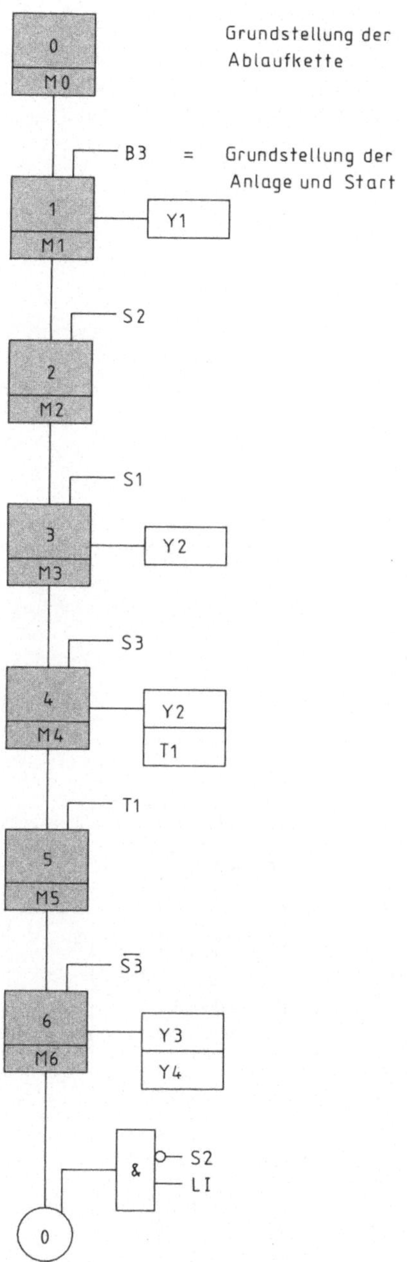

Bei der Umsetzung des Zustandsgraphen in die ausführliche Darstellung mit RS-Speichergliedern müssen noch die vom Betriebsartenteil (der später hinzugefügt wird) kommenden Signale

B0 = Rücksetzen: Ablaufkette wird in den Grundzustand gesetzt
B1 = Freigabe: Schrittweiterschaltung

berücksichtigt werden. Das Signal B2 Schrittweiterschaltung ohne Bedingungen wird bei der folgenden Umsetzung der Ablaufkette nicht berücksichtigt, da ein sinnvoller Einsatz von Signal B2 eine weitere Verarbeitung im Betriebsartenteil erfordern würde.

Das Signal B3 Grundstellung der Anlage und Start wird mit einer UND-Verknüpfung erzeugt, in der alle Bedingungen enthalten sind, die für die Grundstellung der Anlage gelten. Zusätzlich wird noch die Start-Taste auf die UND-Verknüpfung gelegt.

Signal B3 Grundstellung und Start:

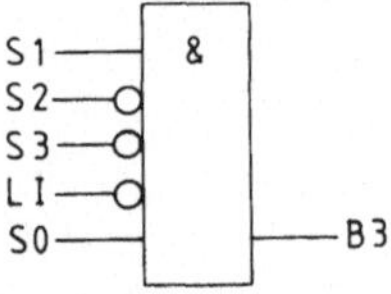

Umsetzung der Schritte in RS-Speicherglieder:

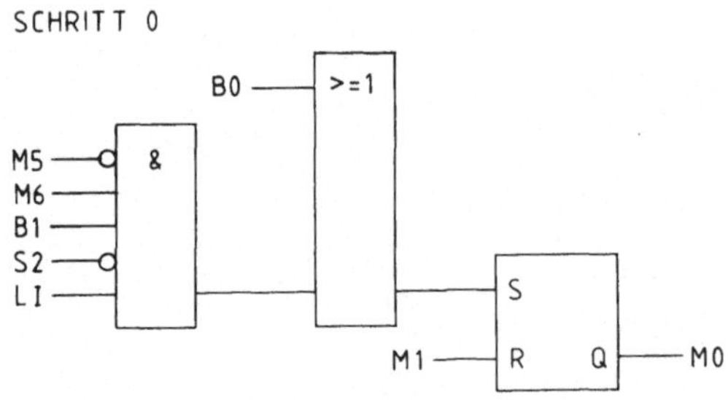

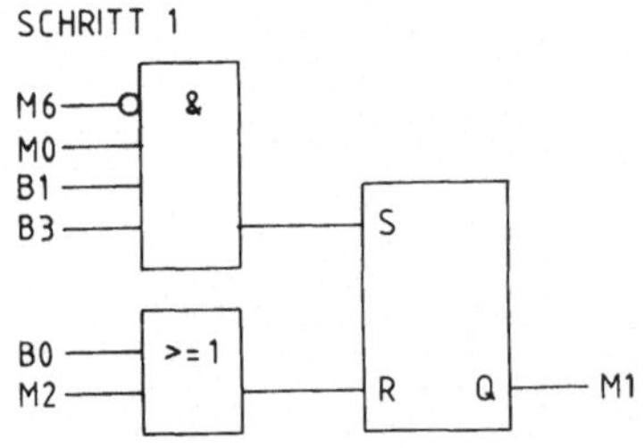

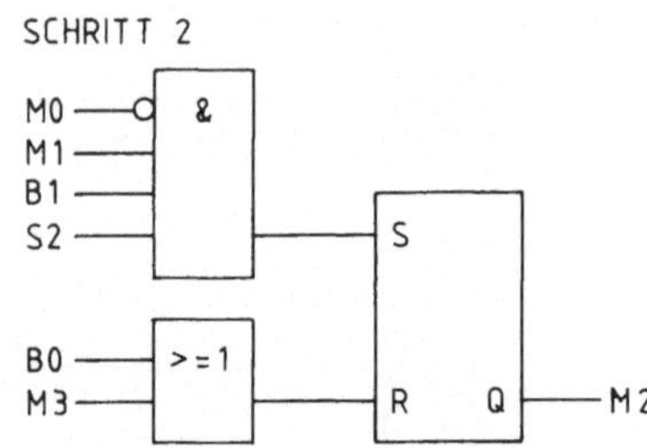

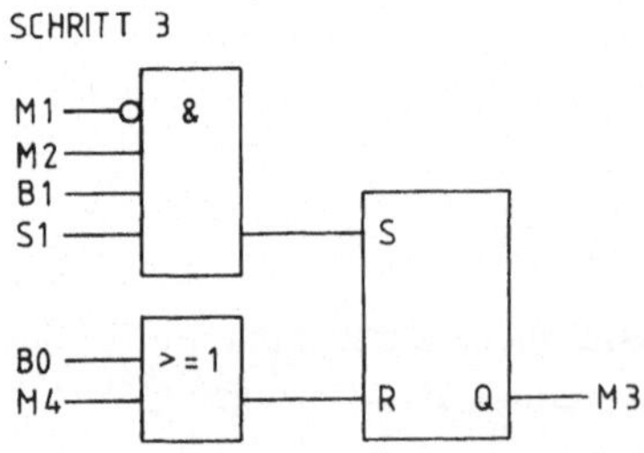

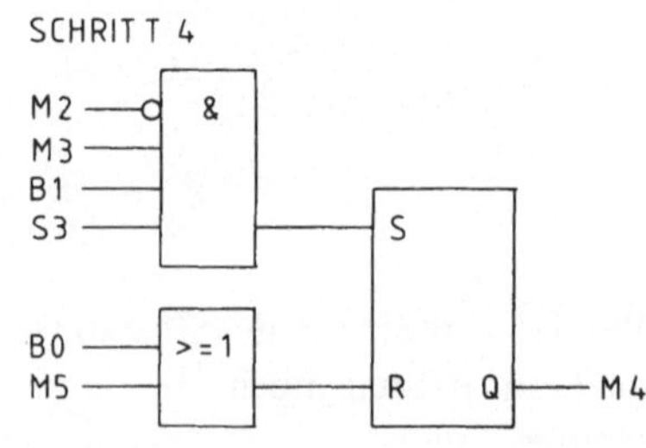

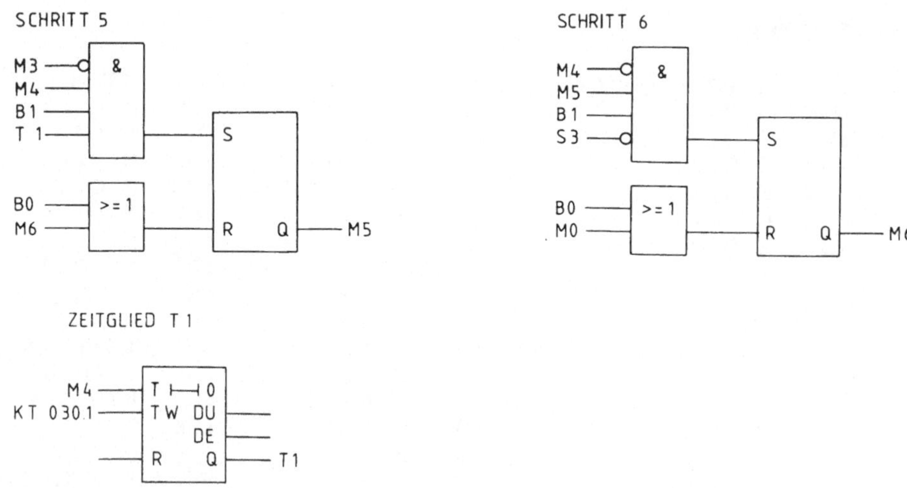

Bei der Zuweisung der Schrittbefehle zu den Ausgängen ist mit einer UND-Verknüpfung das Befehlsfreigabesignal B4 vom Betriebsartenteil noch zu berücksichtigen.

Befehlsausgabe:

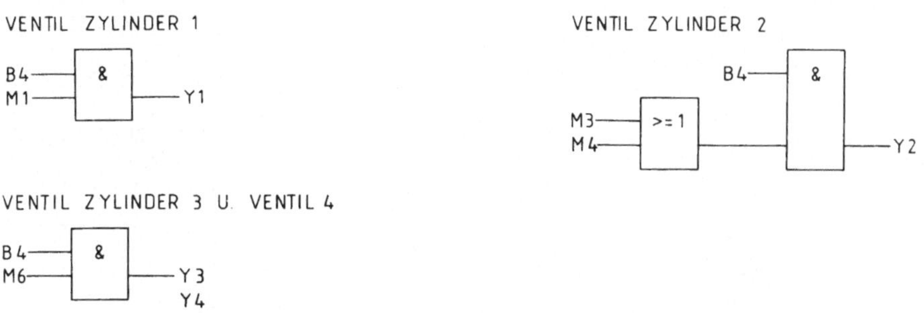

Realisierung mit einer SPS

Realisiert man die angegebene Ablaufkette mit einer SPS, so sind die Signale B0, B1 und B4 mit Wahlschaltern über Eingänge in das Steuerungsprogramm aufzunehmen.

Zuordnung:			
	S0 = E 0.0	Y1 = A 0.1	M0 = M 40.0
	S1 = E 0.1	Y2 = A 0.2	M1 = M 40.1
	S2 = E 0.2	Y3 = A 0.3	M2 = M 40.2
	S3 = E 0.3	Y4 = A 0.4	M3 = M 40.3
	LI = E 0.4		M4 = M 40.4
	B0 = E 1.0		M5 = M 40.5
	B1 = E 1.1		M6 = M 40.6
	B4 = E 1.2		B3 = M 50.0

Anweisungsliste:

```
SIGNAL B3 GRUNDST.
U. START
:U    E 0.1
:UN   E 0.2
:UN   E 0.3
:UN   E 0.4
:U    E 0.0
:=    M 50.0

SCHRITT 0
:O    E 1.0
:O
:UN   M 40.5
:U    M 40.6
:U    E 1.1
:UN   E 0.2
:U    E 0.4
:S    M 40.0
:U    M 40.1
:R    M 40.0

SCHRITT 1
:UN   M 40.6
:U    M 40.0
:U    E 1.1
:U    M 50.0
:S    M 40.1
:O    E 1.0
:O    M 40.2
:R    M 40.1

SCHRITT 2
:UN   M 40.0
:U    M 40.1
:U    E 1.1
:U    E 0.2
:S    M 40.2
:O    E 1.0
:O    M 40.3
:R    M 40.2

SCHRITT 3
:UN   M 40.1
:U    M 40.2
:U    E 1.1
:U    E 0.1
:S    M 40.3
:O    E 1.0
:O    M 40.4
:R    M 40.3

SCHRITT 4
:UN   M 40.2
:U    M 40.3
:U    E 1.1
:U    E 0.3
:S    M 40.4
:O    E 1.0
:O    M 40.5
:R    M 40.4

SCHRITT 5
:UN   M 40.3
:U    M 40.4
:U    E 1.1
:U    T 1
:S    M 40.5
:O    E 1.0
:O    M 40.6
:R    M 40.5

SCHRITT 6
:UN   M 40.4
:U    M 40.5
:U    E 1.1
:UN   E 0.3
:S    M 40.6
:O    E 1.0
:O    M 40.0
:R    M 40.6

ZEITGLIED T1
:U    M 40.4
:L    KT030.1
:SE   T 1

VENTIL ZYLINDER 1
:U    E 1.2
:U    M 40.1
:=    A 0.1

VENTIL ZYLINDER 2
:U    E 1.2
:U(
:O    M 40.3
:O    M 40.4
:)
:=    A 0.2

VENTIL ZYLINDER 3
U. VENTIL 4
:U    E 1.2
:U    M 40.6
:=    A 0.3
:=    A 0.4
:BE
```

• Übung 10.1: Rohrbiegeanlage

In einer Rohrbiegeanlage werden Werkstücke, die von Hand auf einen Wagen gelegt werden, in eine bestimmte Form gebracht.

Technologieschema:

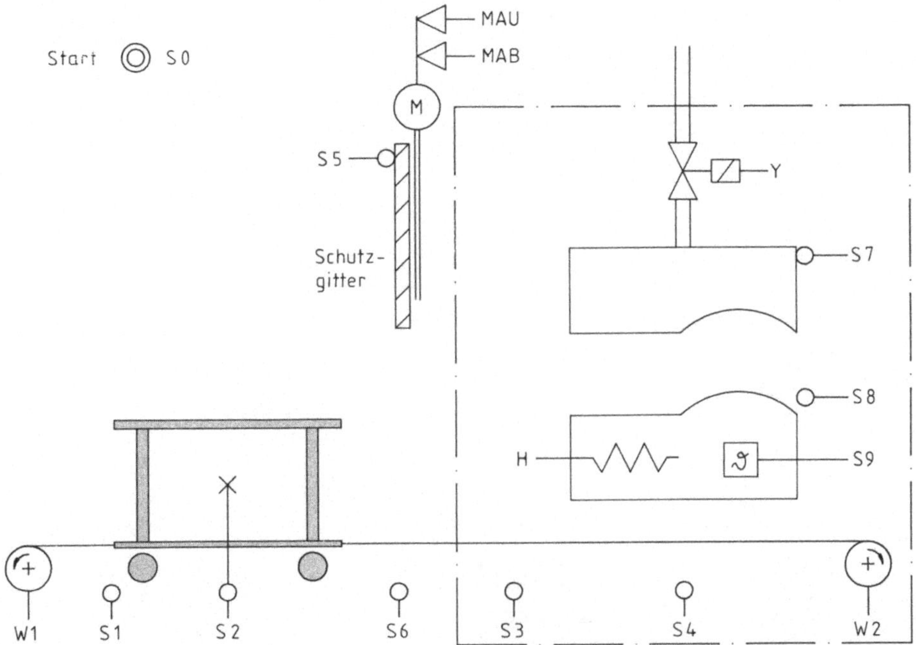

Bild 10.2 Rohrbiegeanlage

Funktionsbeschreibung:

Ist der Transportwagen in der Ausgangslage (S1) und beladen (S2) sowie das Werkzeug geöffnet (S7) und das Schutzgitter oben (S5), so kann der Bedienende durch Betätigen der Starttasten den Biegeprozeß anlaufen lassen.

Der Wagen wird von Winde 2 (W2) in die Biegeeinrichtung gezogen. Beim Überfahren von Initiator S3 wird die Heizung H eingeschaltet. Stößt der Wagen an S4 an, so ist die Winde W2 auszuschalten und das Schutzgitter zu senken (MAB).

Erreicht die Temperatur den geforderten Wert (Meldung mit S9) und ist das Schutzgitter geschlossen (S6), so ist das Biegen einzuschalten (Y). Ist das Biegewerkzeug in der unteren Endlage (S8), so ist die Heizung H auszuschalten.

Nach Ablauf der Zeit T = 3s ist das Biegen auszuschalten und das Schutzgitter zu öffnen (MAU). Erreicht das Biegewerkzeug die obere Endlage (S7) und ist das Schutzgitter ganz geöffnet (S5), so ist die Winde 1 (W1) einzuschalten. Stößt der Wagen an S1 an, so ist die Winde 1 wieder auszuschalten.

Nach der Entladung des Wagens kann der gesamte Vorgang wiederholt werden.

Ermitteln Sie für diese Steuerungsaufgabe die Zuordnungstabelle, die Ablaufkette, die Umsetzung der Ablaufkette in die ausführliche Darstellung mit RS-Speichergliedern und realisieren Sie die Ablaufkette mit einer SPS.

10.2.2 Ablaufkette mit einer ODER-Verzweigung

Die Ablaufkette mit einer ODER-Verzweigung gabelt sich nach einem Schritt in zwei oder mehrere Zweige. Die Zweige bestehen wieder aus aufeinanderfolgenden Schritten. Von diesen Zweigen darf jedoch nur ein Zweig durchlaufen werden.

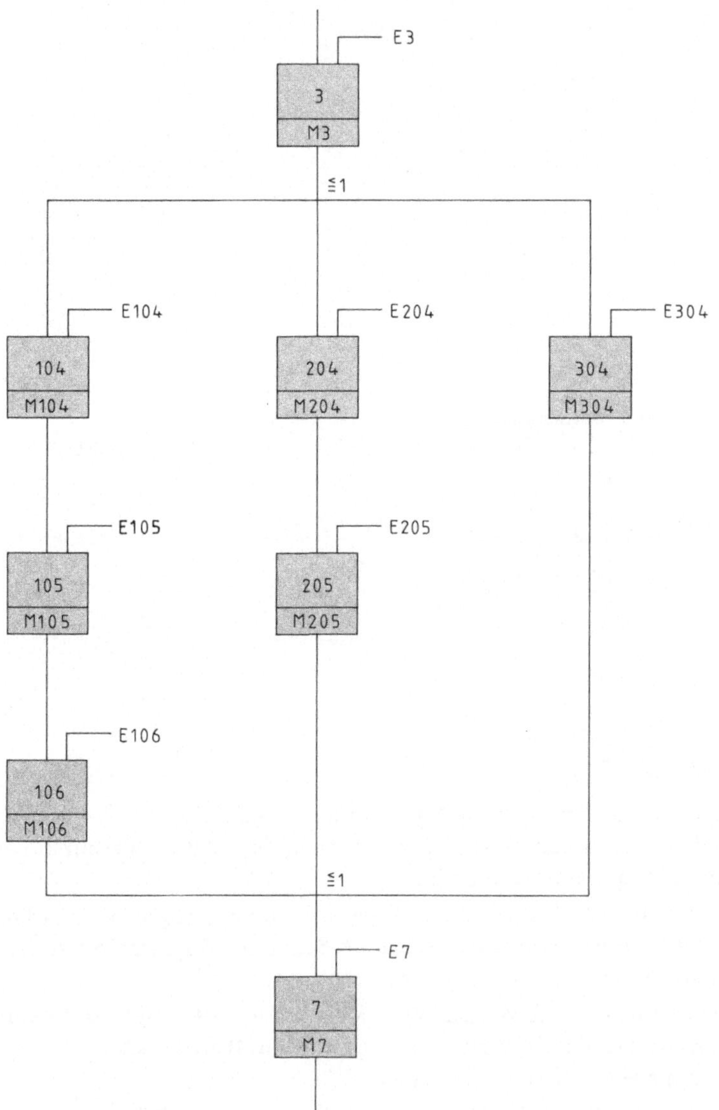

Mit der gegebenen Struktur der Ablaufkette wird Schritt 3 von Schritt 104, 204 oder 304 zurückgesetzt. Die Schritte 104, 204 und 304 müssen gegenseitig verriegelt sein, um zu verhindern, daß bei gleichzeitig erfüllten Weiterschaltbedingungen mehrere Schritte gesetzt werden können. Die Zusammenführung der einzelnen Verzweigungen erfolgt über eine ODER-Verknüpfung. Schritt 7 wird gesetzt, wenn sich die Ablaufkette in Schritt 106, 205 oder 304 befindet und die Weiterschaltbedingung E7 erfüllt ist.

Die Umsetzung der Schrittkette in die ausführliche Darstellung mit RS-Speichergliedern ist für die Schritte 3, 104, 204, 304 und 7 durchgeführt, da bei diesen die ODER-Verzweigung auf die Setz- und Rücksetzbefehle der Speicherglieder einwirkt.

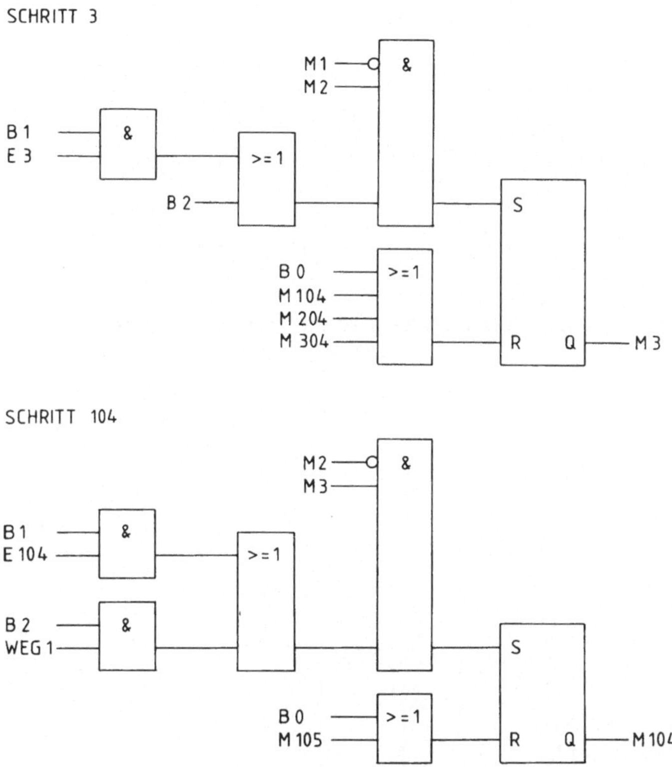

Bei der Verriegelung der Schritte 104, 204 und 304 gibt es mehrere Möglichkeiten, die von den Prozeßbedingungen abhängen. Sind für diese Schritte die Weiterschaltbedingungen E104, E204 und E304 gleichzeitig erfüllt und befindet sich die Schrittkette in Schritt 3, so muß mit der Art der Programmierung und der Reihenfolge der Befehle der Schritt gesetzt werden, der durch die Prozeßanforderung bestimmt ist.

In diesem Beispiel wurde die Priorität 104 vor 204 und 304 sowie 204 vor 304 festgelegt.

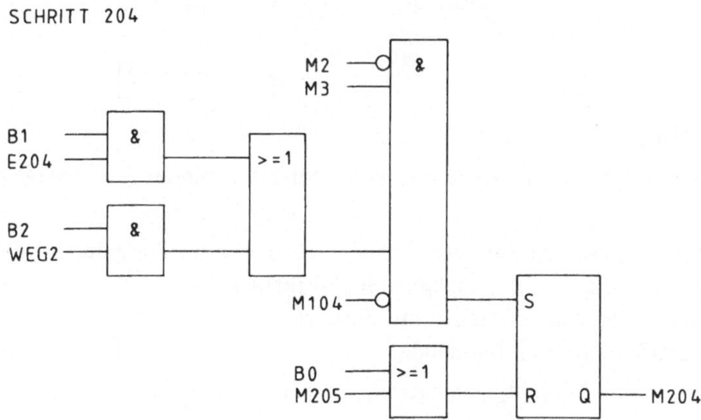

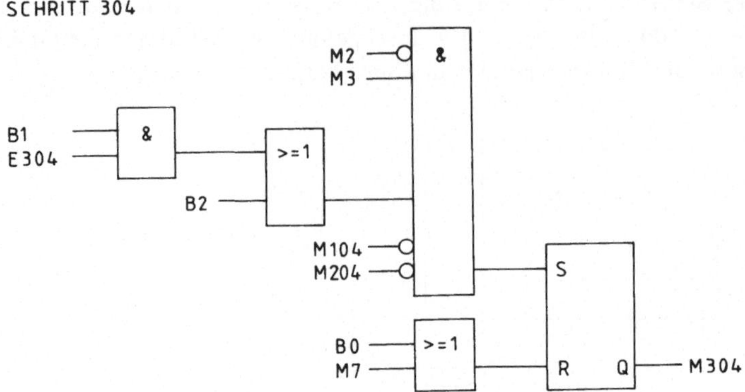

Die Zusammenführung der Oder-Verzweigung wird aus der Setz-Bedingung von Schritt 7 deutlich.

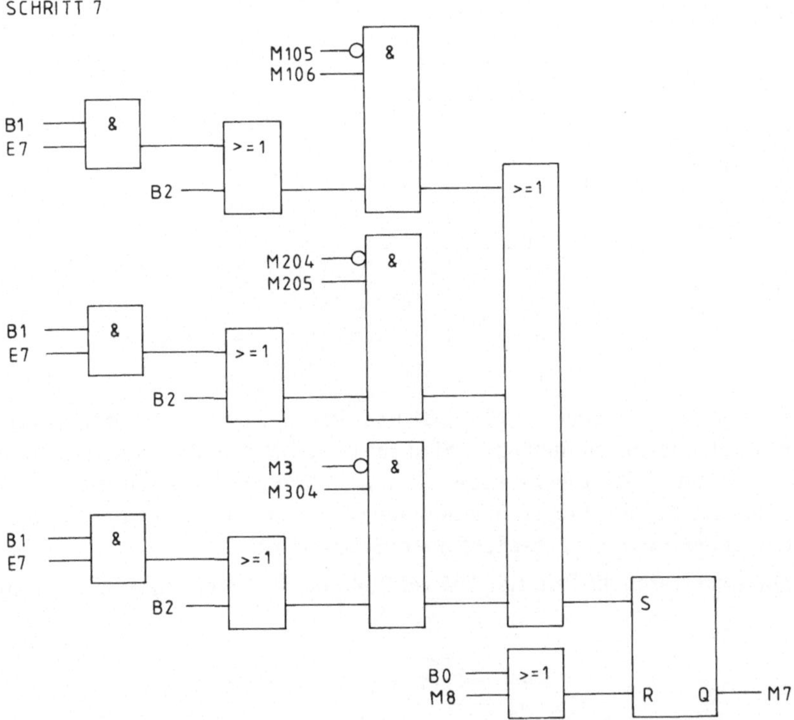

- **Übung 10.2: Sortieranlage**

Eine Sortieranlage soll Körper nach Größe und Werkstoffart sortieren. Die Anlage besteht aus:

- einer schrägen Rollenbahn mit zwei Schiebern zur Vereinzelung der Teile
- einer Bandförderung für den Transport der Werkstücke
- zwei automatischen Ausstoßstellen mit Pushern
- einem Überlaufbehälter am Bandende.

Die Anordnung der Geber und Stellglieder ist aus dem folgenden Technologieschema zu entnehmen.

Technologieschema:

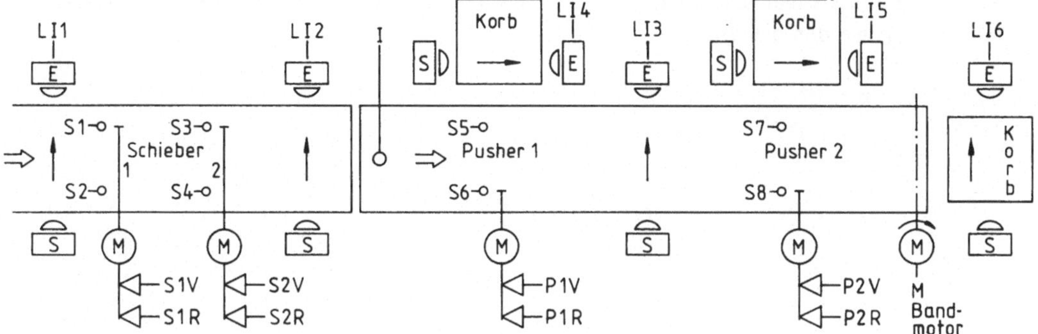

Bild 10.3 Sortieranlage

Funktionsablauf

Sind Teile auf der Rollenbahn, so meldet dies die Lichtschranke LI 1. Die Anlage kann gestartet werden. Nach Vereinzelung der Teile durch die Schieber 1 und 2 passiert das Teil die Lichtschranke LI2. Damit wird der Bandmotor M eingeschaltet.

Der Initiator I meldet „1"-Signal, wenn das Teil aus einem metallischen Werkstoff besteht. Metallische Teile sollen an der Ausstoßstelle 1 vom Band befördert werden. Nach Meldung durch den Initiator I ist das Teil in zwei Sekunden in der Mitte der Ausstoßstelle 1. Das Band wird angehalten und der Pusher P1 befördert das Teil vom Band. Wird die Lichtschranke LI4 unterbrochen oder hat der Pusher P1 seine vordere Endlage erreicht, wird dieser wieder in seine Ausgangslage zurückgesteuert.

Ist der Pusher P1 in seiner Ausgangslage, kann das nächste Teil von der Rollenbahn vereinzelt werden.

Die Lichtschranke LI3 meldet, wenn das Teil auf dem Förderband eine bestimmte Größe überschreitet. Diese Teile sollen an der Ausstoßstelle 2 vom Band befördert werden. Nach Meldung durch die Lichtschranke LI3 ist das Teil in drei Sekunden in der Mitte der Ausstoßstelle 2. Das Band wird angehalten und der Pusher P2 befördert das Teil vom Band. Wird die Lichtschranke LI5 unterbrochen oder hat der Pusher P2 seine vordere Endlage erreicht, wird dieser wieder in seine Ausgangslage zurückgesteuert.

Ist der Pusher P2 in seiner Ausgangslage, kann das nächste Teil von der Rollenbahn vereinzelt werden.

Ist ein Teil weder metallisch noch hat es eine bestimmte Größe, so wird es von dem Band in den Überlaufbehälter am Bandende transportiert. Die Lichtschranke LI6 meldet, daß das Teil in den Überlaufbehälter gefallen ist. Der Bandmotor M wird dann abgeschaltet und das nächste Teil kann auf der Rollenbahn vereinzelt werden.

Die Lichtschranken LI4, LI5 und LI6 melden außerdem noch, wenn ein entsprechender Vorratsbehälter mit Teilen voll ist. In diesem Fall muß der Sortiervorgang unterbrochen werden.

Ermitteln Sie für diese Steuerungsaufgabe die Zuordnungstabelle, die Ablaufkette, die Umsetzung der Ablaufkette in die ausführliche Darstellung mit RS-Speichergliedern und realisieren Sie die Ablaufkette mit einer SPS.

10.2.3 Ablaufkette mit einer UND-Verzweigung

Die Ablaufkette mit einer UND-Verzweigung gabelt sich nach einem Schritt in zwei oder mehrere Zweige. Die Zweige bestehen wieder aus aufeinanderfolgenden Schritten. Alle Zweige werden gleichzeitig durchlaufen.

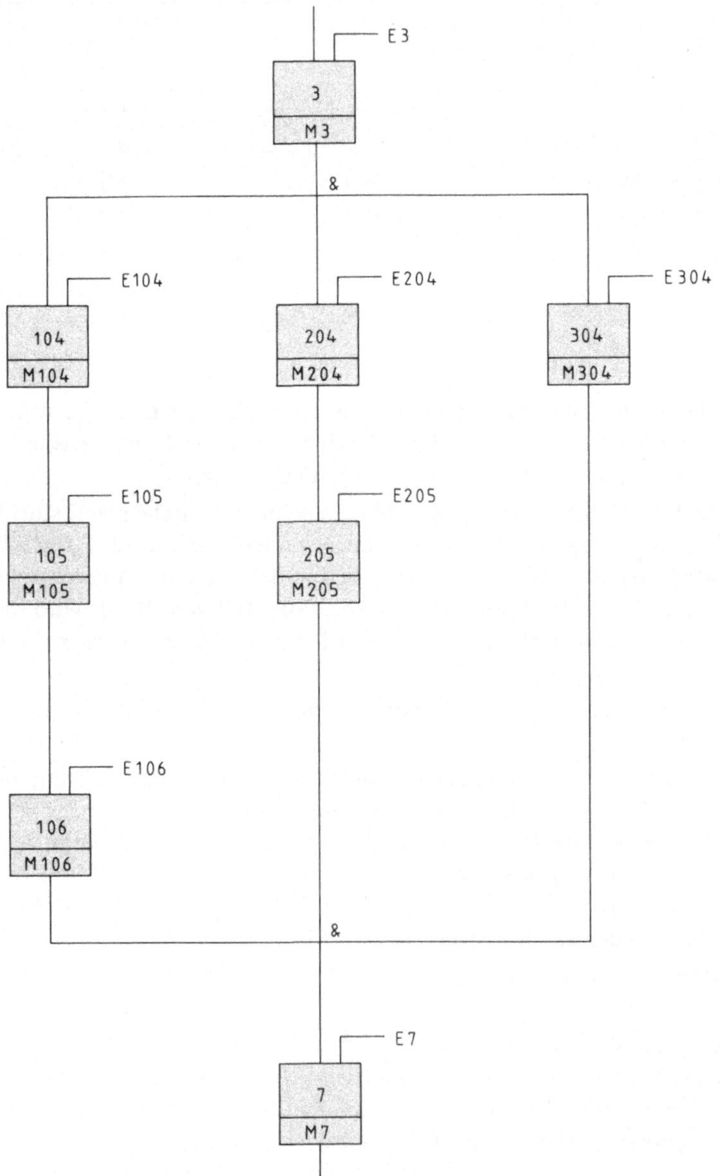

Mit der gegebenen Struktur der Ablaufkette können von Schritt 3 aus die Schritte 104, 204 oder 304 gesetzt werden, wenn die entsprechenden Weiterschaltbedingungen erfüllt sind. Diese Schritte müssen nicht gleichzeitig gesetzt werden. Schritt 3 darf jedoch erst zurückgesetzt werden, wenn alle Folgeschritte gesetzt sind oder gesetzt waren.

Die Zusammenführung der einzelnen Verzweigungen erfolgt über eine UND-Verknüpfung. Schritt 7 wird erst gesetzt, wenn sich die Ablaufkette in Schritt 106, 205 und 304 befindet und die Weiterschaltbedingung E7 erfüllt ist.

Die Umsetzung der Schrittkette in die ausführliche Darstellung mit RS-Speichergliedern ist für die Schritte 3, 104, 105, 204, 304 und 7 durchgeführt, da bei diesen die UND-Verzweigung auf die Setz- und Rücksetzbefehle der Speicherglieder einwirkt.

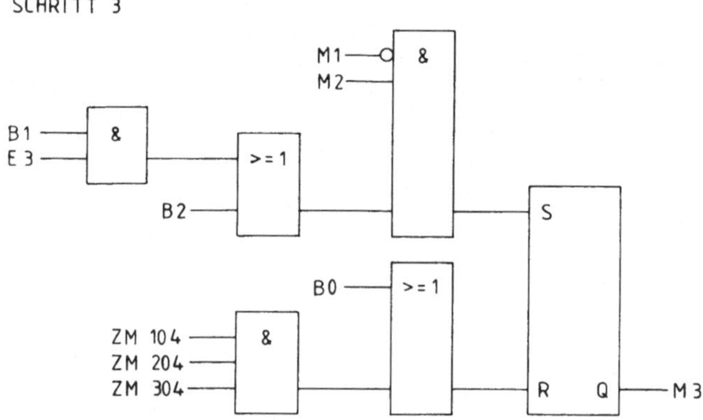

Das Rücksetzen des dritten Schrittes erfolgt mit *Zusatzmerkern,* die durch die jeweilig zugehörigen Schritte 104, 204 bzw. 304 gesetzt werden. Dies ist erforderlich, da Schritt 3 erst zurückgesetzt werden darf, wenn alle Folgeschritte 104, 204 und 304 gesetzt sind oder gesetzt waren. Die einzelnen Schrittkettenzweige können bereits weiter bearbeitet werden, ohne daß alle Folgeschritte von Schritt 3 schon erreicht sind. Daß die Schritte 104, 204 und 304 gesetzt waren, wird mit den Zusatzmerkern ZM104, ZM204 und ZM304 festgehalten.

Die Zusatzmerker verriegeln gleichzeitig noch das erneute Setzen der Zustände 104, 204 und 304. Ist beispielsweise der Schritt 106 gesetzt, Schritt 3 jedoch noch nicht zurückgesetzt und die Weiterschaltbedingung E104 erfüllt, so würde Schritt 104 erneut gesetzt werden.

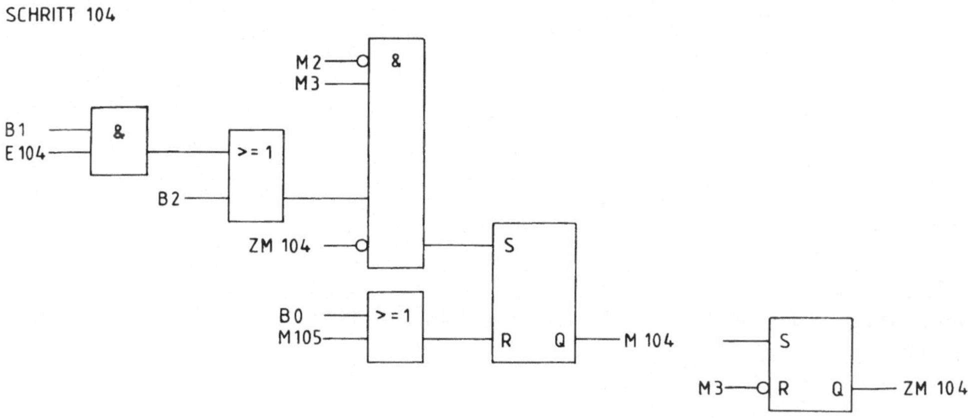

SCHRITT 105

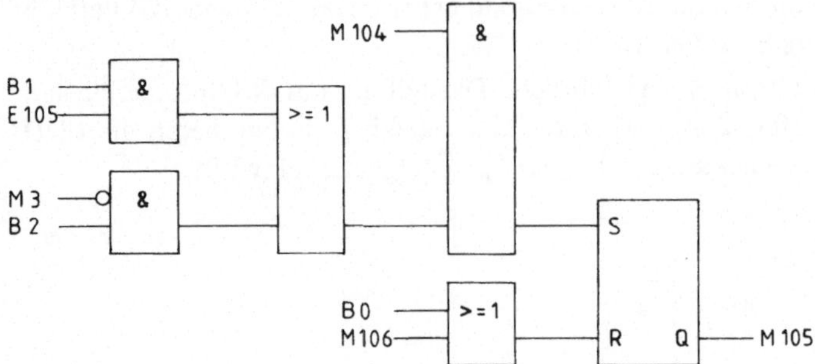

SCHRITT 204

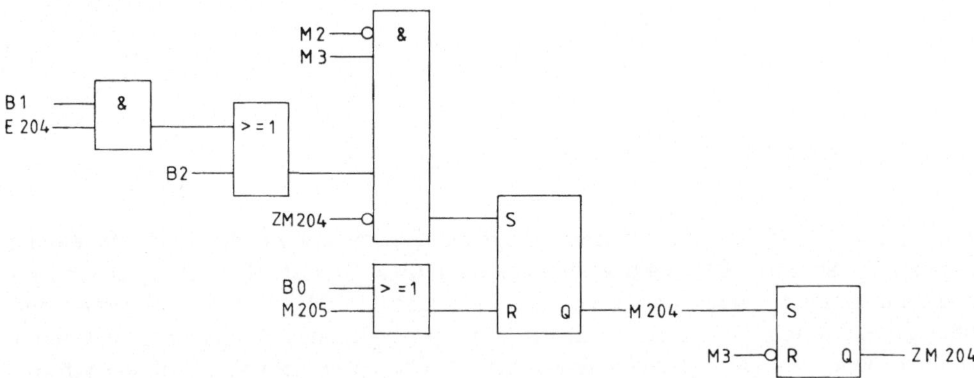

SCHRITT 304

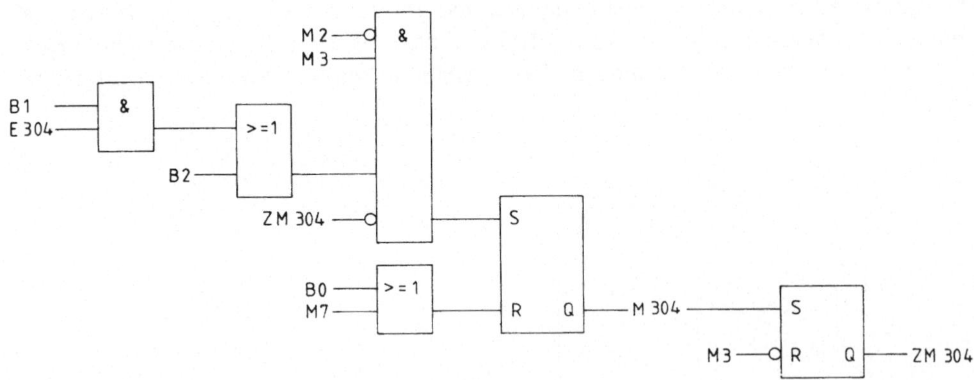

Die Zusammenführung der UND-Verzweigung wird aus der Setz-Bedingung von Schritt 7 deutlich.

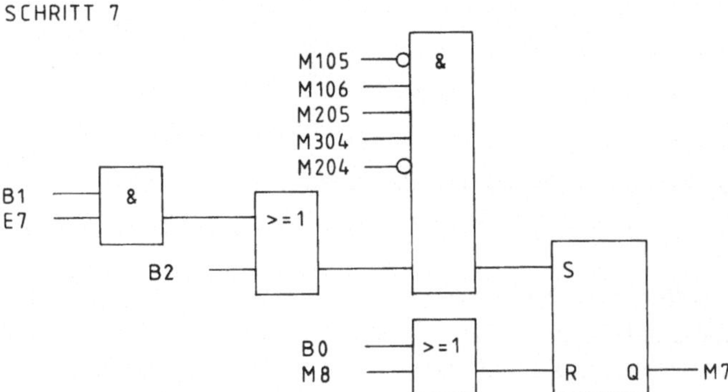

- **Übung 10.3: Chargenbetrieb**

Zwei Reaktoren arbeiten im Chargenbetrieb und entleeren ihre Fertigprodukte in einen Mischkessel. Zwei Füllungen von Reaktor 1 und eine Füllung von Reaktor 2 werden im Mischkessel gesammelt und ergeben das gewünschte Fertigprodukt.

Sind die Vorbedingungen erfüllt, kann der Prozeß gestartet werden.

Technologieschema:

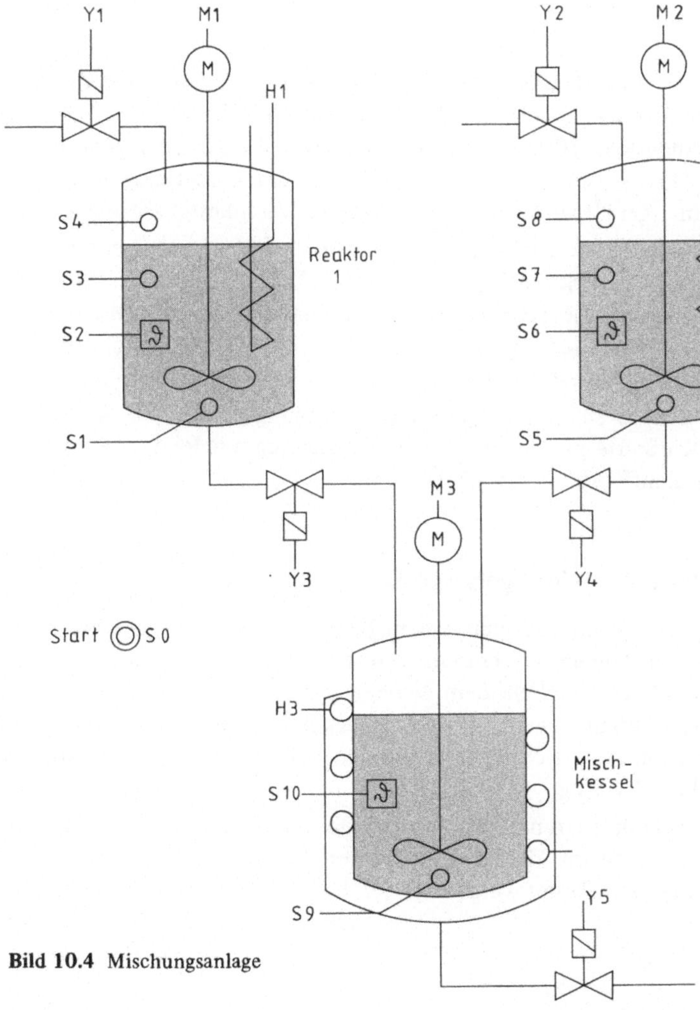

Bild 10.4 Mischungsanlage

Funktionsablauf

Reaktorbetrieb

Die zwei Reaktoren beginnen ihren Betrieb mit dem Prozeßstart. Sie werden weitgehend gleichartig betrieben. Die folgende Beschreibung für den einen Reaktor gilt entsprechend auch für den anderen Reaktor.

Zunächst ist das Einlaßventil für das Rohprodukt zu öffnen. Ist der Reaktor halb gefüllt, so ist die Heizung einzuschalten. Bei vollem Reaktor ist das Einlaßventil wieder zu schließen. Übersteigt die Temperatur im Reaktor einen bestimmten Wert, ist das Rührwerk einzuschalten. Die Füllungen sind nach Einschalten des Rührwerks bei Reaktor 1 nach 15 und bei Reaktor 2 nach 20 Sekunden fertig.

Erst wenn in beiden Reaktoren die erste Füllung fertig ist, werden die Auslaßventile der Reaktoren geöffnet. Bis dahin soll bei dem bereits fertigen Reaktor die Heizung abgeschaltet werden, das Rührwerk jedoch weiter laufen. Wird ein Reaktor entleert und ist er nur noch halb voll, wird das Rührwerk ausgeschaltet. Bei leerem Reaktor ist das Auslaßventil wieder zu schließen.

Sind beide Reaktoren vollständig entleert, wird mit der zweiten Füllung von Reaktor 1 begonnen.

Mischkesselbetrieb

Nach erfolgter erster Füllung werden im Mischkessel die Heizung und das Rührwerk eingeschaltet. Nach Erreichen der erforderlichen Temperatur im Mischkessel soll das Rührwerk noch mindestens 10 Sekunden laufen, bevor die zweite fertige Füllung von Reaktor 1 in den Mischkessel entleert wird. Während der Mischkessel mit der zweiten Füllung von Reaktor 1 gefüllt wird, ist das Rührwerk im Mischkessel abzuschalten.

Hat der Reaktor 1 die zweite Füllung vollständig in den Mischkessel entleert, muß die gesamte Mischung noch 25 Sekunden gerührt werden. Danach ist das Mischkesselprodukt fertig. Das Rührwerk und die Heizung sind abzuschalten und das Auslaßventil ist zu öffnen. Ist der Mischkessel leer, so ist das Auslaßventil wieder zu schließen und der gesamte Prozeß kann erneut gestartet werden.

Ermitteln Sie für diese Steuerungsaufgabe die Zuordnungstabelle, die Ablaufkette, die Umsetzung der Ablaufkette in die ausführliche Darstellung mit RS-Speichergliedern und realisieren Sie die Ablaufkette mit einer SPS.

10.3 Betriebsartenteil, Meldungen und Befehlsausgabe

Zu jeder Steuerung gehört ein Teil, der es dem Bediener ermöglicht, die Anlage in unterschiedlichen Betriebszuständen zu betreiben und in bestimmten Fällen einzugreifen. Darüberhinaus ist es oft erforderlich, dem Bediener aus dem Prozeß Meldungen zu geben. Je nach eingestellter Betriebsart werden Ausgangssignale nur unter bestimmten Bedingungen ausgegeben. Alle diese Gesichtspunkte wurden bei der bisherigen Realisierung der Steuerungen nicht berücksichtigt.

Eine vollständige Ablaufsteuerung besteht deshalb neben der Ablaufkette noch aus einem Betriebsartenteil, einem Meldeteil und einer Befehlsausgabe, in denen Eingriffe durch den Bedienenden verarbeitet werden.

Die für den Betrieb einer Anlage wichtigen Betriebsarten sind:

Automatikbetrieb

Hierunter versteht man die Betriebsart, in der die Ablaufkette ohne Eingriff eines Bedieners in einem gestarteten Steuerungsablauf programmgemäß automatisch bearbeitet wird.

Einzelschrittbetrieb mit Bedingungen

In dieser Betriebsart wird zum nächstfolgenden Schritt weitergeschaltet abhängig vom Eingriff eines Bedieners und von den jeweiligen Weiterschaltbedingungen. Ob in dieser Betriebsart die Ausgabebefehle aktiviert werden, kann mit einem Befehlsfreigabetaster auf dem Bedienfeld eingestellt werden.

Einzelschrittbetrieb ohne Bedingungen

In dieser Betriebsart wird zum nächstfolgenden Schritt durch den Eingriff eines Bedieners ohne Berücksichtigung der Weiterschaltbedingungen geschaltet. Auch hier ist die Aktivierung der Ausgabebefehle abhängig von dem Befehlsfreigabetaster.

Einrichtbetrieb

Die Betriebsart Einrichten wird angewendet, um Stellglieder, die häufig nachjustiert oder ausgewechselt werden müssen, programmunabhängig zu betreiben. Hierbei ist zu beachten, daß die Stellglieder von etwaigen Verriegelungsbedingungen unabhängig betrieben werden und deshalb Kollisionsgefahr besteht.

Die einzelnen Betriebsarten werden über ein Bedienfeld eingestellt. Auf diesem Bedienfeld sind außerdem noch Meldeleuchten zur Anzeige der eingestellten Betriebsart und 7-Segmentanzeigen zur Schrittanzeige angebracht.

Die erforderlichen Betriebsarten und Meldungen sowie der daraus resultierende Aufbau des Bedienfeldes sind sehr stark von den Erfordernissen der Anlage abhängig. Im folgenden wird ein Betriebsartenteil und ein Bedienfeld vorgestellt, mit dem die genannten Betriebsarten einstellbar sind. **Betriebsartenteil und Bedienfeld sind so ausgelegt, daß sie für jede Ablaufsteuerung übernommen werden können.**

Für einzelne Beispiele oder Übungen muß jedoch nicht immer der komplette Betriebsartenteil mit allen Möglichkeiten des Bedienfeldes übernommen werden.

In der Praxis wird auf dem Bedienfeld häufig noch ein Schlüsselschalter angebracht, um nur authorisierten Personen die Möglichkeit zu geben, auf den Steuerungsprozeß einwirken zu können.

Aufbau des Standard-Bedienfeldes

EIN - AUS
SCHRITTANZEIGE
NOT AUS
Betriebsbereit
Einzelschritt
S1 S2
S3 S4
Automatik
mit Bed.
ohne Bed.
Einrichten
Störung
START
STOP
Befehlsfreigabe

Es müssen die in der Steuerungstechnik üblichen Sicherheitsregeln (DIN 57113) sinngemäß beachtet werden. Die Regeln besagen:

- Es müssen gefährliche Zustände verhindert werden, durch die Personen gefährdet oder Maschinen bzw. Material beschädigt werden können.
- Nach Wiederkehr einer vorher ausgefallenen Netzspannung dürfen Maschinen nicht selbsttätig anlaufen.
- Bei Störungen (z. B. im Automatisierungsgerät) müssen Befehle von NOT-AUS-Schaltern und Sicherheitsgrenzschaltern auf alle Fälle wirksam bleiben. Diese Schutzeinrichtungen sollen deshalb direkt an den Stellgeräten im Leistungsteil wirksam sein. Die NOT-AUS-Einrichtung muß komplett mit elektromechanischen Schaltgeräten aufgebaut werden.
- Durch Fehler in den Geberstromkreisen wie Leiterbruch oder Erdschluß darf es weder zu einem unbeabsichtigten Selbstanlauf kommen, noch darf eine beabsichtigte Stillsetzung verhindert werden. Das Einschalten sollte nach dem Arbeitsstromprinzip (Schließer) und das Ausschalten nach dem Ruhestromprinzip (Öffner) erfolgen.

Diese allgemeinen Regeln sind bei der Realisierung jeder Steuerungsaufgabe zu befolgen. (Siehe Anhang)

Spezielle Fragen des Ein- bzw. Ausschaltens von Anlagen wie z. B.:

- wann darf ein- bzw. ausgeschaltet werden
- wann darf nicht ein- bzw. ausgeschaltet werden
- wann muß ausgeschaltet werden

sind sehr stark von Prozeßerfordernissen und örtlichen Gegebenheiten abhängig. Auf die Beantwortung dieser Fragen kann deshalb im einzelnen nicht eingegangen werden.

10.3.1 Betriebsartenteil

Die nachfolgend beschriebenen Wirkungen beim Betätigen der Schalter bzw. Taster auf dem Bedienfeld sind so gewählt worden, daß der daraus resultierende Betriebsartenteil bei sehr vielen Steuerungsaufgaben verwendet werden kann.

NOT-AUS

Aus sicherheitstechnischen Gründen muß eine Anlage bei Gefahr so stillgesetzt werden können, daß Personen nicht gefährdet werden und Sachschäden nicht auftreten.

Beim NOT-AUS müssen nicht nur alle bewegbaren Anlageteile abgeschaltet werden, sondern auch die für die Bedienperson und die Anlage gefährlichen Teile der Energieversorgung (z. B. Druckluft, Spannungen, Gaszufuhr). Wichtig ist hierbei, daß durch das Abschalten der Energiequellen keine zusätzlichen Gefahren entstehen.

NOT-AUS muß unmittelbar über einen getrennten Hardwarekreis geschaltet werden. Das Schalten über die Logik der Speicherprogrammierten Steuerung ist nicht zulässig. (DIN VDE 0113).

Mit NOT-AUS kann man entweder die gesamte Anlage ausschalten, oder es werden nur Teile der Anlage, die Personen oder die Anlage selbst gefährden, mit NOT-AUS unterbrochen.

In dem später entwickelten Betriebsartenteil wird bei Betätigung des NOT-AUS stets die Abarbeitung der Ablaufkette sofort ausgeschaltet. Bei Wiedereinschalten nach NOT-AUS-Betätigung wird die Ablaufkette in die Grundstellung gesetzt.

Betriebsbereit

Mit dem Einschalten des Schalters wird die Steuerung betriebsbereit geschaltet. Gleichzeitig wird ein Impuls auf die Ablaufkette gegeben, der alle Schritte der Ablaufkette zurücksetzt und Schritt 0 (Grundstellung der Ablaufkette) setzt. Nur wenn die Steuerung betriebsbereit geschaltet ist, können die einzelnen Betriebsarten eingeschaltet werden.

Wird während der Abarbeitung einer eingestellten Betriebsart der Schalter „Betriebsbereit“ ausgeschaltet, so wird die Bearbeitung sofort abgebrochen.

Wird die Abarbeitung einer Betriebsart über den NOT-AUS-Schalter oder eine Störmeldung ausgeschaltet, so muß der Betriebsbereitschalter zunächst ausgeschaltet werden, bevor die Steuerung mit diesem wieder betriebsbereit geschaltet werden kann.

Automatik

Mit Betätigung der Automatiktaste kann die Steuerung in den Automatikbetrieb gebracht werden, wenn die Steuerung betriebsbereit geschaltet ist. Die automatische Bearbeitung der Ablaufkette erfolgt jedoch erst, wenn der Start-Taster betätigt wurde. Durch Betätigen des Stop-Tasters wird die Betriebsart wieder ausgeschaltet, allerdings erst, wenn die Ablaufkette sich in der Grundstellung – also im Schritt 0 – befindet.

Einzelschrittbetrieb

Mit den beiden Einzelschritt-Tasten kann entweder der Einzelschrittbetrieb mit Bedingungen oder der Einzelschrittbetrieb ohne Bedingungen eingestellt werden. Voraussetzung ist auch hier, daß die Steuerung betriebsbereit geschaltet ist.

Mit der Start-Taste wird jeweils der Übergang zu dem Folgeschritt ausgeführt.

Zwischen den beiden Einzelschrittbetriebsarten kann jederzeit gewechselt werden. Der Wechsel vom Automatikbetrieb in einen der Einzelschrittbetriebsarten ist ebenfalls jederzeit möglich. Vom Einzelschrittbetrieb kann jedoch nur in den Automatikbetrieb zurückgegangen werden, wenn die Ablaufkette sich in der Grundstellung befindet.

Durch Betätigen des Stop-Tasters kann der Einzelschrittbetrieb abgeschaltet werden, allerdings erst, wenn sich die Ablaufkette in der Grundstellung befindet.

In den beiden Einzelschrittbetriebsarten erhalten die Stellglieder nur die entsprechenden Ausgabebefehle, wenn die Befehlsfreigabetaste gedrückt ist.

Einrichten

Die Betriebsart „Einrichten“ kann nur gestartet werden, wenn die Anlage betriebsbereit geschaltet ist und keine andere Betriebsart eingeschaltet ist. Ist diese Betriebsart eingestellt, dann können mit den Tastern S1 bis S4 entsprechende Stellglieder direkt angesteuert werden.

Start-Taste

Mit der Start-Taste wird im Automatikbetrieb der automatische Ablauf gestartet und im Einzelschrittbetrieb um jeweils einen Schritt weitergeschaltet.

Stop-Taste

Mit der Stop-Taste wird die automatische Wiederholung des Vorganges beendet.

Die Betriebsarten Automatik und Einzelschritt werden durch das Betätigen der Stop-Taste ausgeschaltet, wenn sich die Ablaufkette in der Grundstellung befindet.

Befehlsfreigabe

In den Einzelschrittbetriebsarten muß die Befehlsfreigabe-Taste gedrückt werden, damit die zu dem jeweiligen Schritt gehörenden Ausgabebefehle an die Anlage weitergegeben werden.

Aus diesen Bedingungen ergibt sich für den Betriebsartenteil folgende **Struktur**:

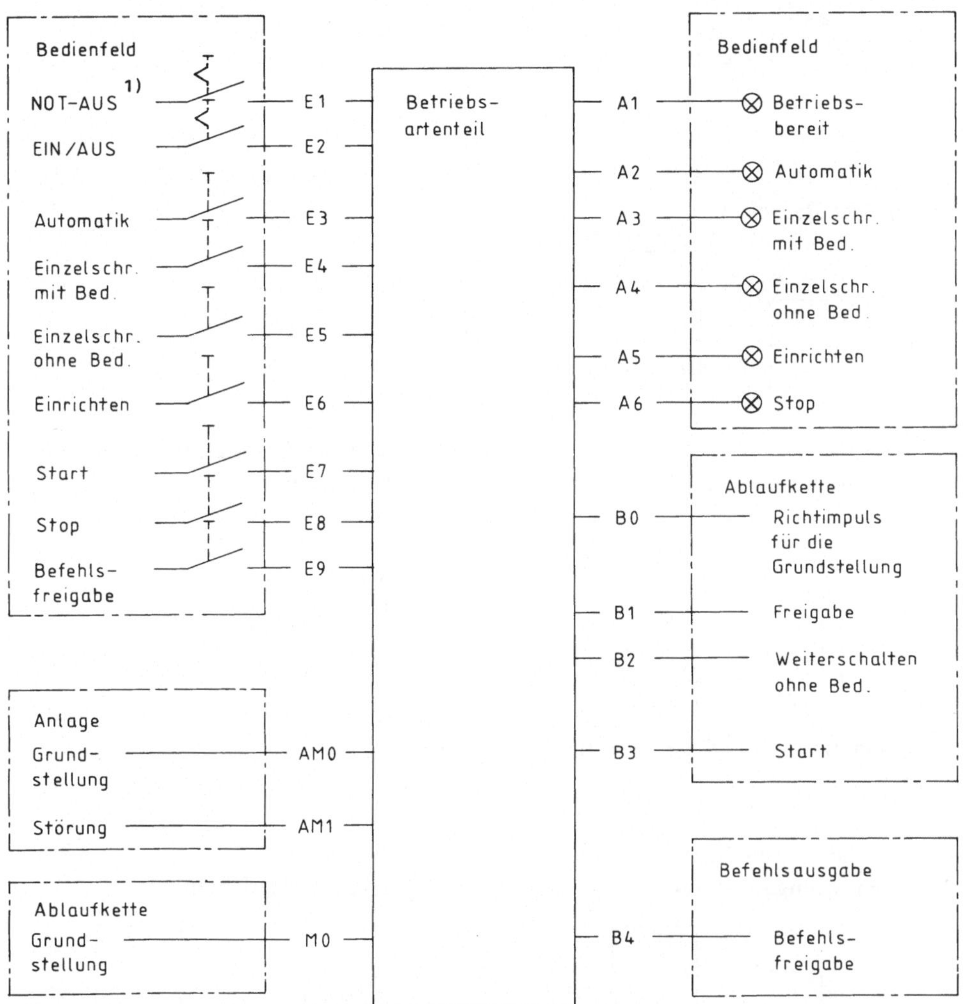

Die logischen Zuordnungen der Eingänge E1–E9, AM0 und M0 zu den Ausgängen A1–A6 und B0–B4 ergeben sich aus den beschriebenen Anforderungen der Betriebsarten und der erforderlichen Wirkungen beim Betätigen von Schaltern bzw. Tastern auf dem Bedienfeld. Die für den Betriebsartenteil intern benötigten Merker werden mit B10 beginnend aufwärts numeriert.

In der Funktionsplandarstellung ergeben sich folgende logische Zuordnungen:

Anzeige Betriebsbereit A1:

Die Betriebsbereitschaft der Steuerung wird mit dem EIN-AUS-Schalter eingeschaltet. Durch NOT-AUS, Störungsmeldung aus der Anlage oder mit dem EIN-AUS-Schalter wird die Betriebsbereitschaft ausgeschaltet. Damit erneut eingeschaltet werden muß, wenn beispielsweise mit dem NOT-AUS zuvor ausgeschaltet wurde, ist es erforderlich, eine Flankenauswertung des EIN-AUS-Schalters vorzunehmen.

1) Nur aus zeichnerischen Gründen als Schließerkontakt dargestellt, verwendet werden Öffnerkontakte.

Flankenauswertung EIN/AUS

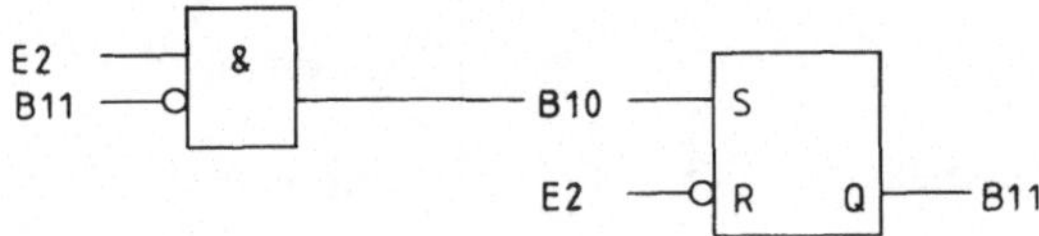

Anzeige Betrieb A1

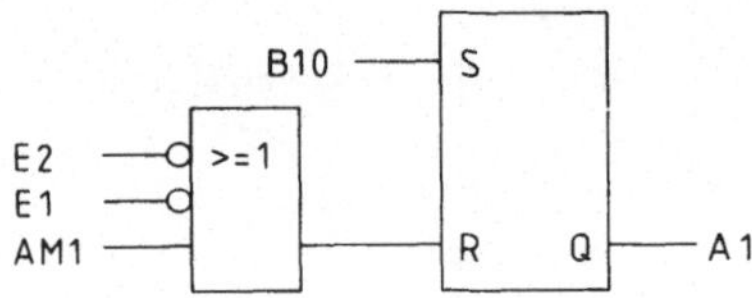

Anzeige Automatik A2

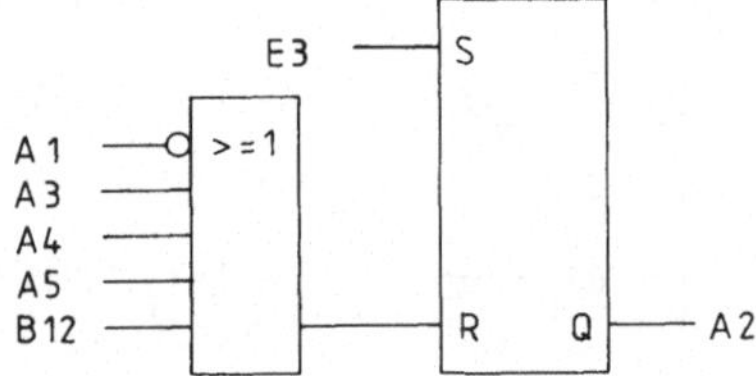

Anzeige Einzelschrittbetrieb mit Bedingungen A3

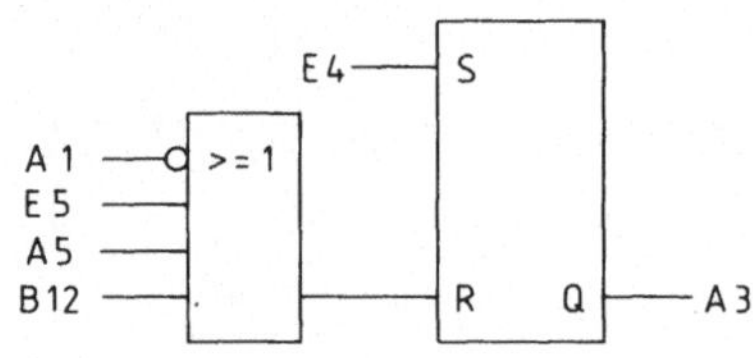

Signal B12 ist bei der Zuweisung A6 erläutert.

Anzeige Einzelschritt ohne Bedingungen A4

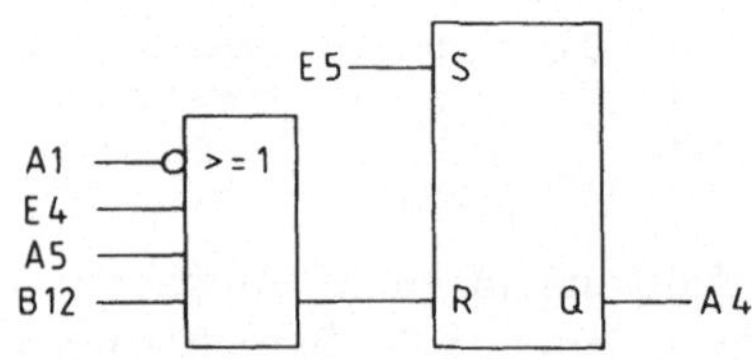

Anzeige Einrichten A5

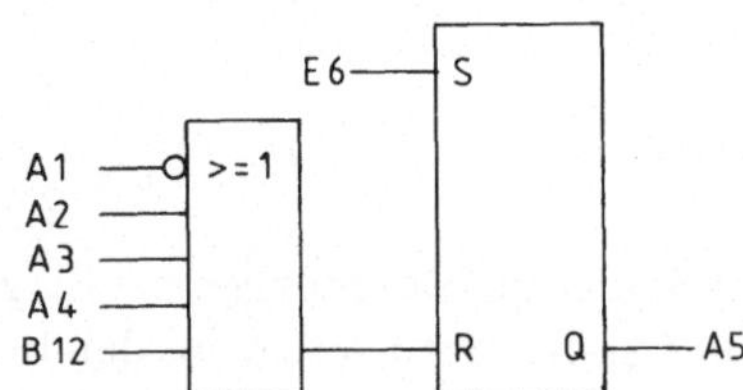

Anzeige Stop A6

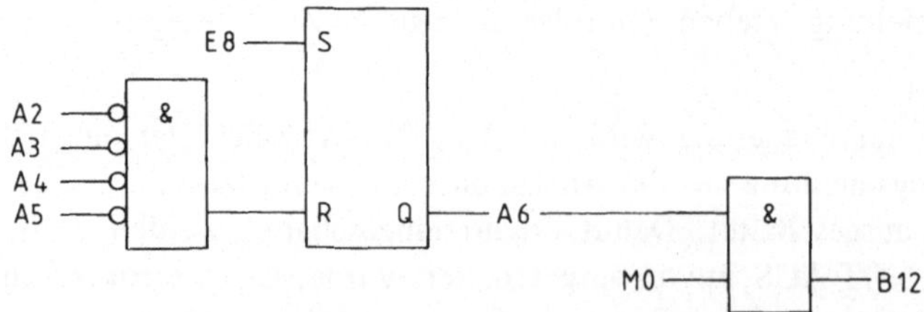

M0 = Merker der Ablaufkette
(Grundstellung, Schritt 0)

Während die Anzeige von Stop sofort erfolgt, darf die Wirkung jedoch erst eintreten, wenn die Ablaufkette in Schritt 0 ist. Deshalb wird A6 UND-verknüpft mit M0 (Schritt 0). Das Ergebnis ist das Signal B12, welches bereits verwendet wurde, um die Betriebsarten zurückzusetzen.

Richtimpuls für die Grundstellung der Schrittkette B0

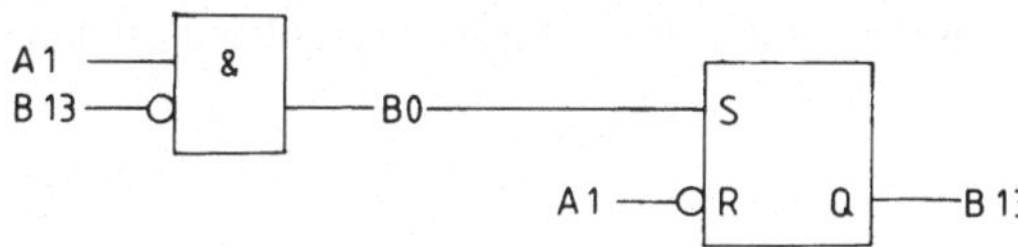

Flankenauswertung Starttaste

Damit im Einzelschrittbetrieb die Freigabe der Weiterschaltung nur für einen Zyklus „1“-Signal hat, wurde eine Flankenauswertung des Start-Signals vorgenommen.

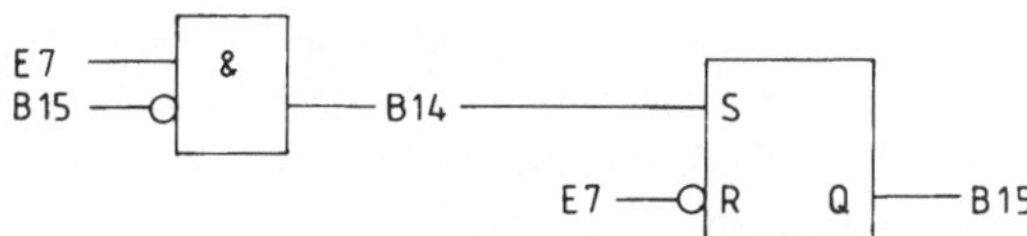

Freigabe für die Weiterschaltung mit Bedingungen B1

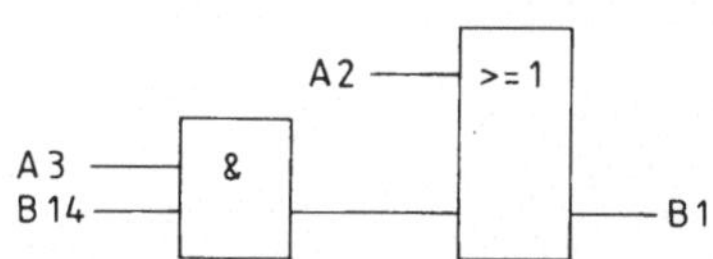

Freigabe für die Weiterschaltung ohne Bedingungen B2

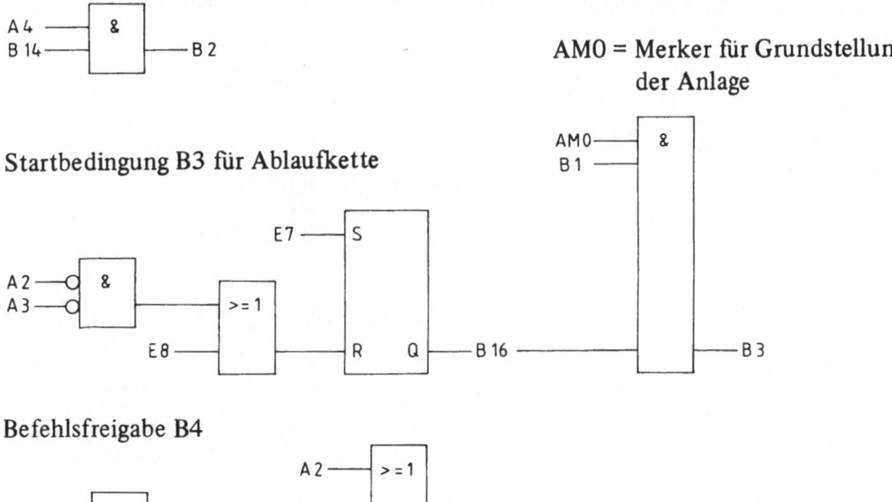

AM0 = Merker für Grundstellung der Anlage

Startbedingung B3 für Ablaufkette

Befehlsfreigabe B4

A2 — >=1; A3, A4 — >=1; & ; E9; B4

10.3.2 Meldungen

Die Anzeigesignale für die Meldungen über den Betriebszustand der Anlage sind bereits im Betriebsartenteil programmiert worden. Eine Störmeldung kann z. B. erfolgen, wenn die Überwachungszeit, innerhalb der von einem Schritt auf den nächsten umgeschaltet werden muß, überschritten ist. Dazu ist es erforderlich, in der Ablaufkette bei jedem Schritt eine Überwachungszeit Tx zu setzen. Wird diese Überwachungszeit im Automatikbetrieb überschritten, so wird eine Störung angezeigt und die Steuerung in den Betriebszustand AUS gesetzt.

Signal für die Störungsmeldung AM 1

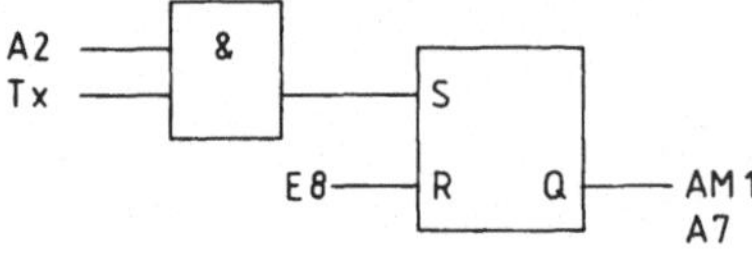

Die Ausgabesignale für die Schrittanzeige werden aus den entsprechenden Verknüpfungen der Schrittmerker gebildet. Werden zur Schrittanzeige 7-Segmentanzeigen verwendet, so sind solche zu bevorzugen, die mit dem BCD-Code angesteuert werden. Dies bedeutet, daß für jede Ziffer vier Ausgänge bereitgestellt werden müssen.

Soll beispielsweise Schritt 26 angezeigt werden, so erhält man den BCD-Code, indem jede Ziffer der Zahl in eine Dualzahl umgewandelt wird.

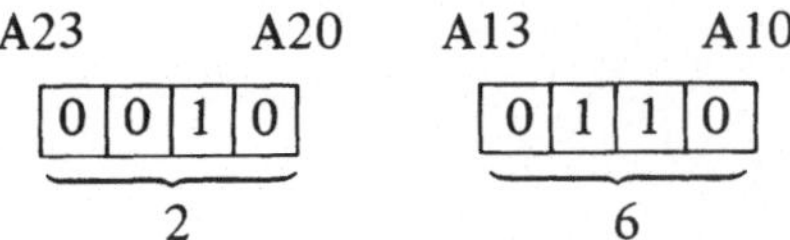

Stimmt die Schrittnummer mit der Merkernummer überein, so erfolgt die Ausgangszuweisung der vier Ausgänge für die erste Stelle der Schrittnummer nach folgendem Funktionsplan:

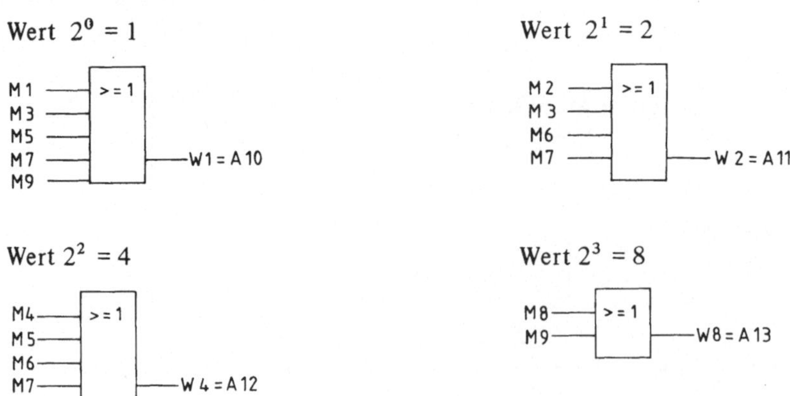

Die Zuweisung der nächsten Stellen der Schrittnummer zu den Ausgängen erfolgt nach dem für die erste Stelle gezeigten Prinzip der Abfrage der entsprechenden Schrittmerker.

10.3.3 Befehlsausgabe

Im Befehlsausgabeteil der Ablaufsteuerung werden die von der Ablaufkette kommenden Ausgabebefehle mit dem Befehlsfreigabesignal B4 aus dem Betriebsartenteil UND-verknüpft.

Um im Einzelschrittbetrieb und in der Betriebsart Einrichten Kollisionen zu vermeiden, sind bei Ausgängen, die eine Bewegung zur Folge haben und bestimmte Endschalter nicht überfahren dürfen, nochmals Verriegelungen mit dem Endschalter vorzusehen.

Beispiel einer Ausgangszuweisung:

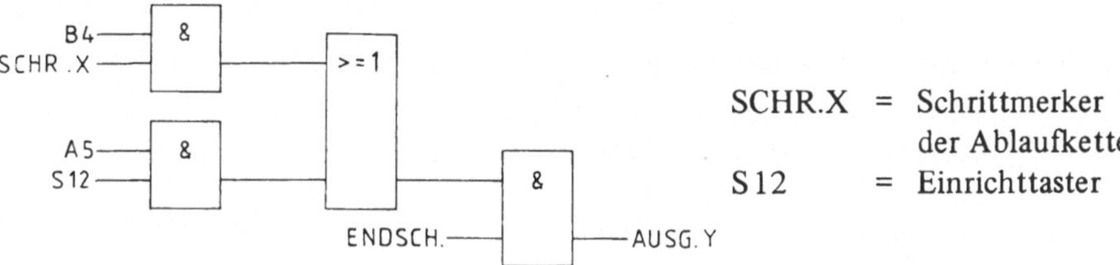

10.3.4 Programmaufbau

Realisiert man die Ablaufsteuerung mit einer SPS, so ist zu empfehlen, das Programm zu strukturieren und diese Struktur stets zu verwenden. Für die folgenden Beispiele und Übungen ist das Steuerungsprogramm wie folgt strukturiert:

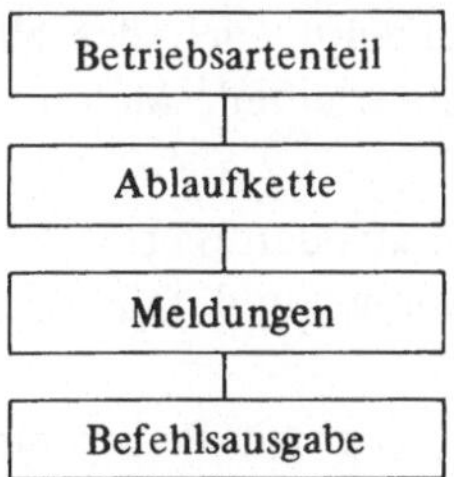

- **Übung 10.4: Prägemaschine mit Betriebsartenteil**

Für die Steuerungsaufgabe des Beispiels 10.1 „Prägemaschine" ist eine Ablaufsteuerung mit den standardisierten Programmteilen Betriebsarten, Meldungen und Befehle zu erstellen.

Ermitteln Sie eine erweiterte Zuordnungstabelle, passen Sie die Programmteile auf den Steuerungsprozeß an und realisieren Sie die Steuerung mit einer SPS.

- **Übung 10.5: Sortieranlage mit Betriebsartenteil**

Für die Steuerungsaufgabe der Übung 10.2 „Sortieranlage" ist eine Ablaufsteuerung mit den standardisierten Programmteilen Betriebsarten, Meldungen und Befehle zu erstellen.

Ermitteln Sie eine erweiterte Zuordnungstabelle, passen Sie die Programmteile auf den Steuerungsprozeß an und realisieren Sie die Steuerung mit einer SPS.

- **Übung 10.6: Chargenbetrieb mit Betriebsartenteil**

Für die Steuerungsaufgabe der Übung 10.3 „Chargenbetrieb" ist eine Ablaufsteuerung mit den standardisierten Programmteilen Betriebsarten, Meldungen und Befehle zu erstellen.

Ermitteln Sie eine erweiterte Zuordnungstabelle, passen Sie die Programmteile auf den Steuerungsprozeß an und realisieren Sie die Steuerung mit einer SPS.

10.4 Projektieren von Ablaufsteuerungen

Voraussetzung für die Projektierung einer Ablaufsteuerung ist eine präzise Aufgabenbeschreibung. Die Vorstellungen über Aufbau, Ablauf und Funktion einer Anlage werden in einem Technologieschema dargestellt und verbal beschrieben.

Aus diesen Unterlagen wird der Funktionsplan erstellt. In der Praxis hat sich gezeigt, daß auf der Grundlage des Funktionsplanes vielfach direkt mit allen Beteiligten die Funktion der Anlage durchgesprochen und klar präzisiert werden kann.

Aus dem Funktionsplan müssen die Zuordnungen von Signalgebern und Stellgliedern sowie deren Funktion eindeutig hervorgehen.

Für den Umfang der Steuerung sind die folgenden vier Werte zu ermitteln:

- Anzahl und Art der Eingabesignale
- Anzahl und Art der Stellglieder
- Anzahl der Ablaufschritte
- Betriebsarten und Störverhalten

Aus der Aufgabenbeschreibung, den dabei erstellten Unterlagen wie Funktionsplan und Zuordnungslisten entwickelt der Projekteur die funktionsfähige Steuerung. Dazu wird ausgehend vom Technologieschema und der Tabelle der Stellglieder ein Stromlaufplan, pneumatischer Schaltplan oder hydraulischer Schaltplan erstellt, der den Leistungsteil und die Sicherheitsebene umfaßt.

Die Programmentwicklung der Steuerung beginnt mit dem Zuordnen der Eingänge und Ausgänge der Steuerung zu den Funktionsgliedern. Dabei wird auch der allgemeine Funktionsplan feiner strukturiert. Danach werden Betriebsartenteil, Meldungen und Befehlsausgabe festgelegt.

Realisiert man die Steuerung mit einer SPS, so können die standardisierten Programmteile, wie im vorhergehenden Abschnitt beschrieben, übernommen und, falls erforderlich, an die Anlage angepaßt werden.

Voraussetzung für die Übernahme des Betriebsartenteils ist jedoch ein Bedienfeld, dessen Funktionen sowie Signaleingabe- und Signalausgabebelegungen an den Softwarebetriebsartenteil angepaßt sind. Außerdem müssen die im Betriebsartenteil festgelegten Bedingungen den Anforderungen der Anlage genügen.

Nach der Programmierung des Betriebsartenteils wird die Ablaufkette, welche dem feinstrukturierten Funktionsplan entspricht, in ein entsprechendes Steuerungsprogramm umgesetzt.

Der Programmteil Meldungen kann in den meisten Fällen unverändert übernommen werden.

In der Befehlsausgabe werden die Ausgabesignale an die Stellglieder entsprechend den Steuerungsbedingungen und Sicherheitsanforderungen verriegelt. Hier ist stets eine Anpassung an die Prozeßbedingungen erforderlich.

Im folgenden Beispiel 10.2 „Fräsvorrichtung“ ist die Projektierung einer Ablaufsteuerung mit den einzelnen Phasen beispielhaft nochmals beschrieben.

▼ **Beispiel 10.2: Fräsvorrichtung**

Phase 1: Beschreibung der Steuerungsaufgabe

Mit einer Fräsvorrichtung soll in Werkstücke automatisch eine Nut gefräst werden. Die Werkstücke sind in einem Fallmagazin gestapelt und werden von dort durch einen Zylinder auf eine Vorschubeinheit geschoben. Das aufgespannte Werkstück wird an den Fräser gefahren und dort bearbeitet. Nach der Bearbeitung wird das Werkstück mit einem Zylinder in einen Vorratsbehälter geschoben.

Technologieschema

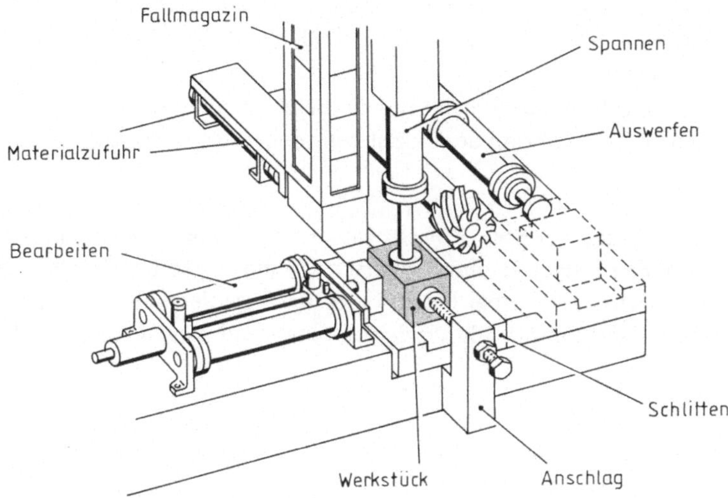

Bild 10.5 Fräsvorrichtung

Die einzelnen Funktionsbaugruppen sind:

1. Fallmagazin
2. Vorschubzylinder Materialzufuhr (Zylinder 1)
3. Anschlag
4. Spannzylinder (Zylinder 2)
5. Vorschubzylinder Bearbeiten (Zylinder 3)
6. Arbeitsschlitten
7. Fräser
8. Vorschubzylinder Auswerfen (Zylinder 4)

Die Zylinder werden mit elektropneumatischen Impulsventilen angesteuert und die Endlagen mit induktiven Gebern überwacht. Zylinder 3 wird hydraulisch angesteuert.

Funktionsbeschreibung

Befindet sich ein Werkstück im Fallmagazin (Meldung mit einem Befehlsgeber), so kann der Arbeitsablauf beginnen. Durch das Ausfahren von Zylinder 1 wird ein Werkstück auf den Vorschubschlitten gegen einen Anschlag geschoben. Mit dem Zylinder 2 wird das Werkstück auf dem Vorschubschlitten gespannt. Danach fährt der Zylinder 1 in seine Ausgangsstellung zurück und Werkstücke im Fallmagazin können nachfallen. Der Zylinder 3 setzt dann den Arbeitsschlitten mit dem Werkstück in Bewegung. Das Werkstück wird an den Fräser gefahren und dort bearbeitet. Wenn der Zylinder 3 das Werkstück über die Bearbeitungsstelle hinaus gefahren hat und in der Endlage zum Stehen kommt, gibt

Zylinder 2 das Werkstück frei. Befindet sich der Spannzylinder wieder in der oberen Endlage, wird das Werkstück durch den Auswurfzylinder vom Arbeitsschlitten in einen Vorratsbehälter geschoben. Der Auswurfzylinder fährt dann wieder in seine Ausgangslage zurück.

Meldet der entsprechende induktive Geber die hintere Endlage von Zylinder 4, fährt Zylinder 3 und somit der Arbeitsschlitten in die hintere Endlage zurück.

Nach Erreichen der Ausgangsstellung des Arbeitsschlitten wiederholt sich der Vorgang, sofern sich noch ein Werkstück im Fallmagazin befindet und die Stop-Taste auf dem Bedienfeld nicht betätigt wurde.

Manchmal kann auf seine solche ausführliche verbale Beschreibung des Funktionsablaufs verzichtet werden. Jedoch ist jede Form der Präzisierung der Aufgabenstellung hilfreich.

Funktionsplan

Ausgangspunkt für die Lösung der Steuerungsaufgabe ist ein Funktionsplan, in dem die einzelnen Anlagefunktionen festgelegt sind. Weiterschaltbedingungen und Befehle in der Schrittkette werden zunächst nur verbal beschrieben. Im Zuge der weiteren Programmentwicklung wird dieser Funktionsplan durch die Eingangs- und Ausgangsbezeichnungen ergänzt.

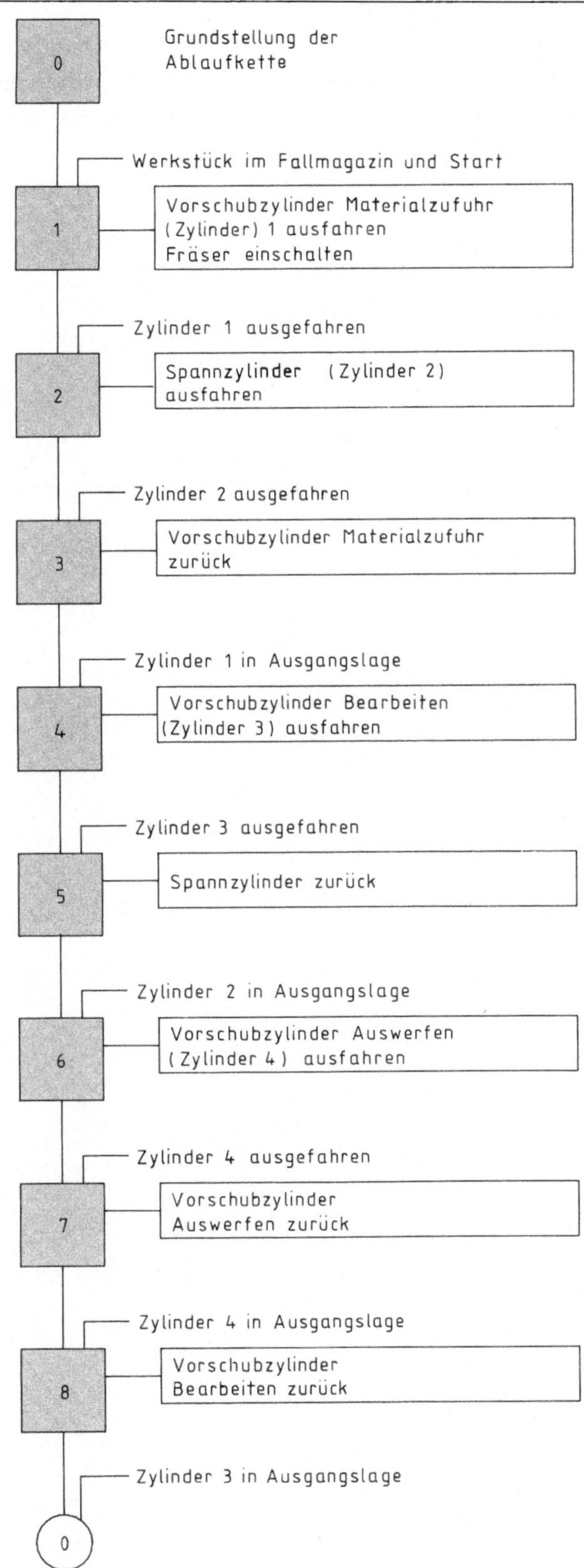
0
Grundstellung der Ablaufkette
Werkstück im Fallmagazin und Start
1
Vorschubzylinder Materialzufuhr (Zylinder) 1 ausfahren Fräser einschalten
Zylinder 1 ausgefahren
2
Spannzylinder (Zylinder 2) ausfahren
Zylinder 2 ausgefahren
3
Vorschubzylinder Materialzufuhr zurück
Zylinder 1 in Ausgangslage
4
Vorschubzylinder Bearbeiten (Zylinder 3) ausfahren
Zylinder 3 ausgefahren
5
Spannzylinder zurück
Zylinder 2 in Ausgangslage
6
Vorschubzylinder Auswerfen (Zylinder 4) ausfahren
Zylinder 4 ausgefahren
7
Vorschubzylinder Auswerfen zurück
Zylinder 4 in Ausgangslage
8
Vorschubzylinder Bearbeiten zurück
Zylinder 3 in Ausgangslage
0

Phase 2: Programmieren der Anlagefunktionen

Für die Programmerstellung und auch Simulation bei der Inbetriebnahme des Steuerungsprogramms wird ein schematisiertes Technologieschema entwickelt, bei dem alle Geber und Stellglieder der Anlage eingetragen sind.

Schematisches Technologieschema:

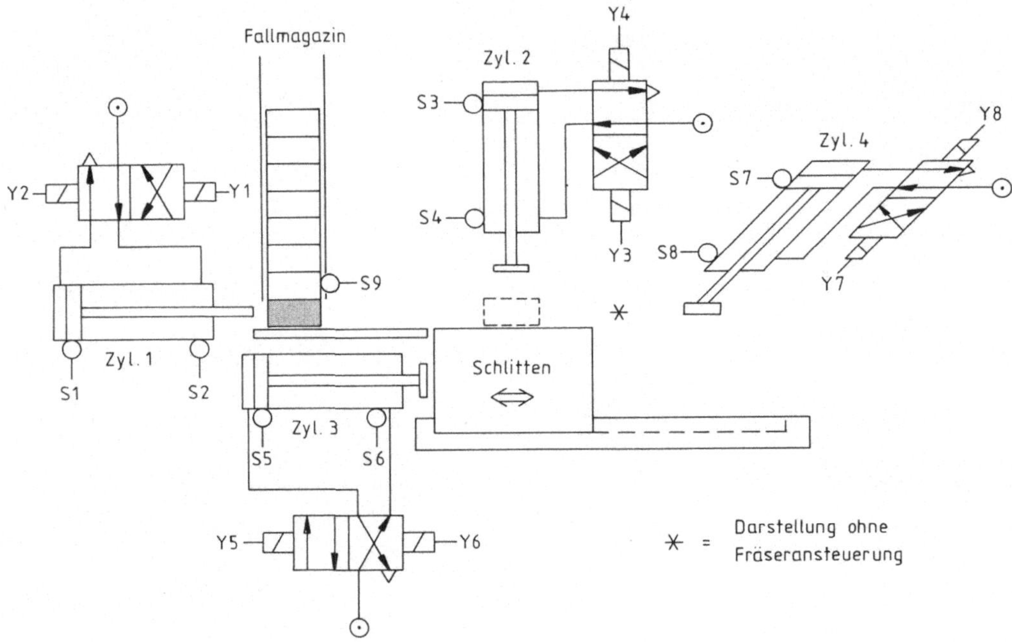

Bild 10.6 Technologieschema zur Fräsvorrichtung

Zuordnungstabelle

Die Eingabe und Ausgabebelegung wird vor Beginn der Programmerstellung in Zusammenarbeit mit allen an der Projektierung Beteiligten in Listen festgelegt.

Dabei ist zu beachten, daß bei Verwendung standardisierter Programmteile bestimmte Eingänge, Ausgänge und Merker bereits belegt sind.

Eingangsvariable	Betriebsmittelkennzeichen	logische Zuordnung	
NOT-AUS	E1	Schalter betätigt	E1 = 0
EIN/AUS	E2	Schalter betätigt	E2 = 1
Automatik	E3	Taster betätigt	E3 = 1
Einzelschr. mit Bed.	E4	Taster betätigt	E4 = 1
Einzelschr. ohne Bed.	E5	Taster betätigt	E5 = 1
Einrichten	E6	Taster betätigt	E6 = 1
Start	E7	Taster betätigt	E7 = 1
Stop	E8	Taster betätigt	E8 = 1
Befehlsfreigabe	E9	Taster betätigt	E9 = 1
Einrichttaster	S11	Taster betätigt	S11 = 1
Einrichttaster	S12	Taster betätigt	S12 = 1
Einrichttaster	S13	Taster betätigt	S13 = 1
Einrichttaster	S14	Taster betätigt	S14 = 1
Hint. Endl. Zyl. 1	S1	Hint. Endl. erreicht	S1 = 1
Vord. Endl. Zyl. 1	S2	Vord. Endl. erreicht	S2 = 1
Hint. Endl. Zyl. 2	S3	Hint. Endl. erreicht	S3 = 1
Vord. Endl. Zyl. 2	S4	Vord. Endl. erreicht	S4 = 1
Hint. Endl. Zyl. 3	S5	Hint. Endl. erreicht	S5 = 1
Vord. Endl. Zyl. 3	S6	Vord. Endl. erreicht	S6 = 1
Hint. Endl. Zyl. 4	S7	Hint. Endl. erreicht	S7 = 1
Vord. Endl. Zyl. 4	S8	Vord. Endl. erreicht	S8 = 1
Geber Fallmagazin	S9	Fallmagazin belegt	S9 = 1
Ausgangsvariable			
Anz. Betriebsbereit	A1	Anzeige an	A1 = 1
Anz. Automatik	A2	Anzeige an	A2 = 1
Anz. Einz. m. Bed.	A3	Anzeige an	A3 = 1
Anz. Einz. o. Bed.	A4	Anzeige an	A4 = 1
Anz. Einrichten	A5	Anzeige an	A5 = 1
Anz. Stop	A6	Anzeige an	A6 = 1
Anz. Störung	A7	Anzeige an	A7 = 1
Wert 1	W1		
Wert 2	W2		
Wert 4	W4		
Wert 8	W8		
Magn. Vent. Zyl. 1 vor	Y1	Zyl. 1 fährt aus	Y1 = 1
Magn. Vent. Zyl. 1 zurück	Y2	Zyl. 1 fährt zurück	Y2 = 1
Magn. Vent. Zyl. 2 vor	Y3	Zyl. 2 fährt aus	Y3 = 1
Magn. Vent. Zyl. 2 zurück	Y4	Zyl. 2 fährt zurück	Y4 = 1
Magn. Vent. Zyl. 3 vor	Y5	Zyl. 3 fährt aus	Y5 = 1
Magn. Vent. Zyl. 3 zurück	Y6	Zyl. 3 fährt zurück	Y6 = 1
Magn. Vent. Zyl. 4 vor	Y7	Zyl. 4 fährt aus	Y7 = 1
Magn. Vent. Zyl. 4 zurück	Y8	Zyl. 4 fährt zurück	Y8 = 1

Die Zuordnungsliste für die Merker wird während der Programmerstellung ständig aktualisiert und kann erst am Ende vollständig ausgegeben werden.

Betriebsartenteil

Für diese Steuerungsaufgabe wird der in Abschnitt 10.3 standardisierte Betriebsartenteil unverändert übernommen. Es ist zu beachten, daß eine Störung angezeigt werden soll, wenn die Gesamtüberwachungszeit für einen Arbeitsablauf von 30 Sekunden überschritten wird.

Betriebsbereit und Grundstellung

Die Anlage ist betriebsbereit, wenn alle Zylinder in der hinteren Endlage sind und sich mindestens ein Werkstück im Fallmagazin befindet.

Ablaufkette

Aus dem Funktionsplan ist zu entnehmen, daß die Ablaufkette aus neun Schritten besteht. Der Funktionsplan wird nun durch die Eintragung der Geber und Stellglieder feiner strukturiert.

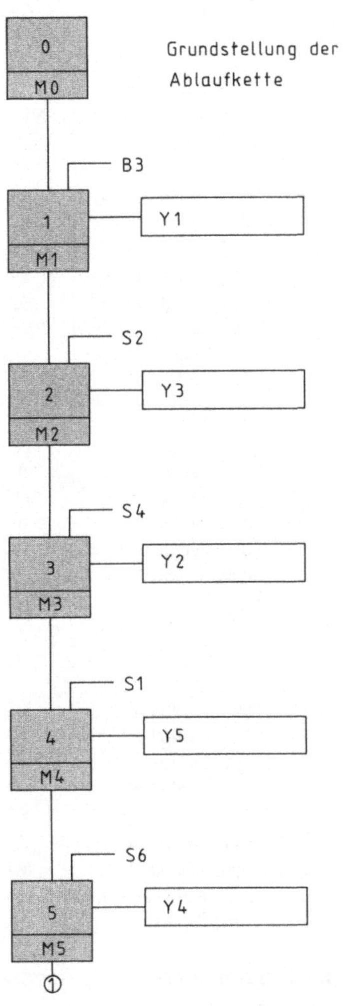

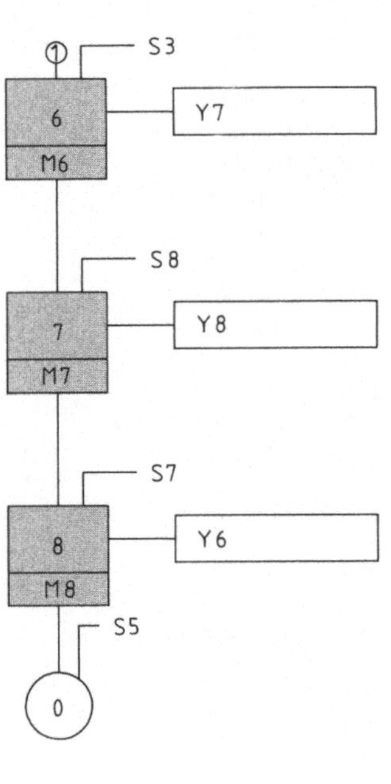

Meldungen

Für den Programmteil „Meldungen“ wird das standardisierte Programm aus Abschnitt 10.3 unverändert übernommen.

Befehlsausgabe

Bei der Befehlsausgabe müssen im Einrichtbetrieb verschiedene Zylinder gegenseitig verriegelt werden. Zu verriegeln sind:

Zyl. 1 darf nur ausfahren, wenn S5 „1“-Signal meldet
Zyl. 3 darf nur ausfahren, wenn S1 „1“-Signal meldet
Zyl. 4 darf nur ausfahren, wenn S6 „1“-Signal meldet
Zyl. 3 darf nur zurückfahren, wenn S7 „1“-Signal meldet

Mit den Tasten S11 bis S14 werden in der Betriebsart „Einrichten“ die Magnetspulen der Impulsventile angesteuert.

Phase 3: Steuerungsprogramm in der Anweisungsliste

Zuordnung:			
	E1 = E 0.0	A1 = A 1.0	M0 = M 40.0
	E2 = E 0.1	A2 = A 1.1	M1 = M 40.1
	E3 = E 0.2	A3 = A 1.2	M2 = M 40.2
	E4 = E 0.3	A4 = A 1.3	M3 = M 40.3
	E5 = E 0.4	A5 = A 1.4	M4 = M 40.4
	E6 = E 0.5	A6 = A 1.5	M5 = M 40.5
	E7 = E 0.6	A7 = A 1.6	M6 = M 40.6
	E8 = E 0.7	W1 = A 1.7	M7 = M 40.7
	E9 = E 1.0	W2 = A 2.0	M8 = M 41.0
	S1 = E 1.1	W4 = A 2.1	B0 = M 50.0
	S2 = E 1.2	W8 = A 2.2	B1 = M 50.1
	S3 = E 1.3	Y1 = A 0.0	B2 = M 50.2
	S4 = E 1.4	Y2 = A 0.1	B3 = M 50.3
	S5 = E 1.5	Y3 = A 0.2	B4 = M 50.4
	S6 = E 1.6	Y4 = A 0.3	AM0 = M 51.0
	S7 = E 1.7	Y5 = A 0.4	AM1 = M 51.1
	S8 = E 2.0	Y6 = A 0.5	B10 = M 52.0
	S9 = E 2.1	Y7 = A 0.6	B11 = M 52.1
	S11 = E 2.2	Y8 = Y 0.7	B12 = M 52.2
	S12 = E 2.3		B13 = M 52.3
	S13 = E 2.4		B14 = M 52.4
	S14 = E 2.5		B15 = M 52.5
			B16 = M 52.6

Anweisungsliste:

```
FLANKE EIN/AUS
:U    E 0.1
:UN   M 52.1
:=    M 52.0
:S    M 52.1
:UN   E 0.1
:R    M 52.1

ANZEIGE BETRIEB
:U    M 52.0
:S    A 1.0
:ON   E 0.1
:ON   E 0.0
:O    M 51.1
:R    A 1.0

ANZEIGE AUTOMATIK
:U    E 0.2
:S    A 1.1
:ON   A 1.0
:O    A 1.2
:O    A 1.3
:O    A 1.4
:O    M 52.2
:R    A 1.1

ANZ. EINZELSCHRITT
M. BEDINGUNG
:U    E 0.3
:S    A 1.2
:ON   A 1.0
:O    E 0.4
:O    A 1.4
:O    M 52.2
:R    A 1.2

ANZ. EINZELSCHRITT
O. BEDINGUNG
:U    E 0.4
:S    A 1.3
:ON   A 1.0
:O    E 0.3
:O    A 1.4
:O    M 52.2
:R    A 1.3

ANZEIGE EINRICHTEN
:U    E 0.5
:S    A 1.4
:ON   A 1.0
:O    A 1.1
:O    A 1.2
:O    A 1.3
:O    M 52.2
:R    A 1.4

ANZEIGE STOP
:U    E 0.7
:S    A 1.5
:UN   A 1.1
:UN   A 1.2
:UN   A 1.3
:UN   A 1.4
:R    A 1.5
:U    A 1.5
:U    M 40.0
:=    M 52.2

RICHTIMP.
GRUNDSTELLUNG B0
:U    A 1.0
:UN   M 52.3
:=    M 50.0
:S    M 52.3
:UN   A 1.0
:R    M 52.3

FLANKENAUSWERT.
STARTTASTE
:U    E 0.6
:UN   M 52.5
:=    M 52.4
:S    M 52.5
:UN   E 0.6
:R    M 52.5

FREIGABE B1
:O    A 1.1
:O
:U    A 1.2
:U    M 52.4
:=    M 50.1

WEITERSCH.
OHNE BED. B2
:U    A 1.3
:U    M 52.4
:=    M 50.2

START ABLAUFKETTE
:U    E 0.6
:S    M 52.6
:UN   A 1.1
:UN   A 1.2
:O    E 0.7
:R    M 52.6
:U    M 51.0
:U    M 50.1
:U    M 52.6
:=    M 50.3

BEFEHLSFREIGABE B4
:O    A 1.1
:O
:U(
:O    A 1.2
:O    A 1.3
:)
:U    E 1.0
:=    M 50.4

STOERUNGSMELDUNG
:U    A 1.1
:U(
:O    T 10
:O    T 11
:)
:S    M 51.1
:U    E 0.7
:R    M 51.1
:U    M 51.1
:=    A 1.6

BETRIEBSBEREIT
U. GRUNDST. ANL.
:U    E 1.1
:U    E 1.3
:U    E 1.5
:U    E 1.7
:U    E 2.1
:=    M 51.0

SCHRITT 0
:O    M 50.0
:O
:UN   M 40.7
:U    M 41.0
:U(
:U    M 50.1
:U    E 1.5
:O    M 50.2
:)
:S    M 40.0
:U    M 40.1
:R    M 40.0

SCHRITT 1
:UN   M 41.0
:U    M 40.0
:U(
:U    M 50.1
:U    M 50.3
:O    M 50.2
:)
:S    M 40.1
:O    M 50.0
:O    M 40.2
:R    M 40.1
```

```
SCHRITT 2
:UN   M 40.0
:U    M 40.1
:U(
:U    M 50.1
:U    E 1.2
:O    M 50.2
:)
:S    M 40.2
:O    M 50.0
:O    M 40.3
:R    M 40.2

SCHRITT 3
:UN   M 40.1
:U    M 40.2
:U(
:U    M 50.1
:U    E 1.4
:O    M 50.2
:)
:S    M 40.3
:O    M 50.0
:O    M 40.4
:R    M 40.3

SCHRITT 4
:UN   M 40.2
:U    M 40.3
:U(
:U    M 50.1
:U    E 1.1
:O    M 50.2
:)
:S    M 40.4
:O    M 50.0
:O    M 40.5
:R    M 40.4

SCHRITT 5
:UN   M 40.3
:U    M 40.4
:U(
:U    M 50.1
:U    E 1.6
:O    M 50.2
:)
:S    M 40.5
:O    M 50.0
:O    M 40.6
:R    M 40.5

SCHRITT 6
:UN   M 40.4
:U    M 40.5
:U(
:U    M 50.1
:U    E 1.3
:O    M 50.2
:)
:S    M 40.6
:O    M 50.0
:O    M 40.7
:R    M 40.6

SCHRITT 7
:UN   M 40.5
:U    M 40.6
:U(
:U    M 50.1
:U    E 2.0
:O    M 50.2
:)
:S    M 40.7
:O    M 50.0
:O    M 41.0
:R    M 40.7

SCHRITT 8
:UN   M 40.6
:U    M 40.7
:U(
:U    M 50.1
:U    E 1.7
:O    M 50.2
:)
:S    M 41.0
:O    M 50.0
:O    M 40.0
:R    M 41.0

UEBERWACHUNGSZEIT
SCHR. 1,3,5,7
:U(
:O    M 40.1
:O    M 40.3
:O    M 40.5
:O    M 40.7
:)
:U    A 1.1
:L    KT030.2
:SE   T 10
:U    M 51.1
:R    T 10

UEBERWACHUNGSZEIT
SCHR. 2,4,6,8
:U(
:O    M 40.2
:O    M 40.4
:O    M 40.6
:O    M 41.0
:)
:U    A 1.1
:L    KT030.2
:SE   T 11
:U    M 51.1
:R    T 11

SCRITTANZEIGE WERT 1
:O    M 40.1
:O    M 40.3
:O    M 40.5
:O    M 40.7
:=    A 1.7

WERT 2
:O    M 40.2
:O    M 40.3
:O    M 40.6
:O    M 40.7
:=    A 2.0

WERT 4
:O    M 40.4
:O    M 40.5
:O    M 40.6
:O    M 40.7
:=    A 2.1

WERT 8
:O    M 41.0
:=    A 2.2

AUSGABE Y1
:U(
:U    M 50.4
:U    M 40.1
:O
:U    A 1.4
:U    E 2.2
:)
:U    E 1.5
:=    A 0.0

AUSGABE Y2
:U    M 50.4
:U    M 40.3
:O
:U    A 1.4
:UN   E 2.2
:=    A 0.1

AUSGABE Y3
:U    M 50.4
:U    M 40.2
:O
:U    A 1.4
:U    E 2.3
:=    A 0.2
```

```
AUSGABE Y4
:U    M 50.4
:U    M 40.5
:O
:U    A 1.4
:UN   E 2.3
:=    A 0.3

AUSGABE Y5
:U(
:U    M 50.4
:U    M 40.4
:O
:U    A 1.4
:U    E 2.4
:)
:U    E 1.1
:=    A 0.4

AUSGABE Y6
:U(
:U    M 50.4
:U    M 41.0
:O
:U    A 1.4
:UN   E 2.4
:)
:U    E 1.7
:=    A 0.5

AUSGABE Y7
:U(
:U    M 50.4
:U    M 40.6
:O
:U    A 1.4
:U    E 2.5
:)
:U    E 1.6
:=    A 0.6

AUSGABE Y8
:U    M 50.4
:U    M 40.7
:O
:U    A 1.4
:UN   E 2.5
:=    A 0.7
:BE
```

▲

- **Übung 10.7: Farbspritzmaschine mit Betriebsartenteil**

Ein Werkstück soll in einer Spritzmaschine auf vier Seiten mit Farbe überzogen werden.

Technologieschema:

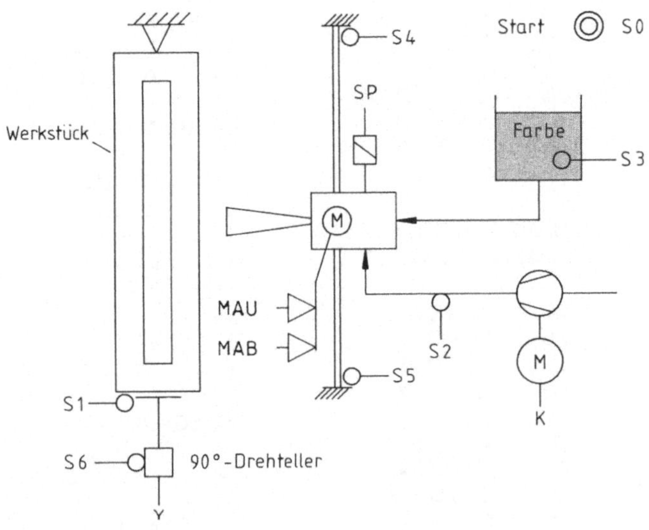

Bild 10.7 Farbspritzvorrichtung

Funktionsablauf

Der Spritzvorgang soll erst beginnen können, wenn das Werkstück richtig eingelegt ist (S1).

Nach dem Start soll der Kompressor K anlaufen, wenn genügend Farbe (S3) im Vorratsbehälter ist.

Hat der Kompressor den erforderlichen Spritzdruck aufgebaut (S2), soll die Spritzpistole SP eingeschaltet und über die gesamte Höhe des Werkstücks vom Hubwerk aufwärts bewegt werden.

Ist das Hubwerk in der oberen Endlage (S4), soll die Spritzpistole ausgeschaltet und das Werkstück um 90° gedreht werden. Danach wird die Spritzpistole wieder eingeschaltet und das Hubwerk fährt in die untere Endlage (S5) zurück.

Dort angekommen wird die Spritzpistole erneut ausgeschaltet und das Werkstück um weitere 90° gedreht.

Nach ausgeführter Drehung fährt die Spritzpistole nochmals nach oben und wieder ab, um die restlichen beiden Seiten zu bearbeiten.

Ist die Grundstellung der Maschine wieder erreicht, soll automatisch ein neuer Bearbeitungsablauf beginnen, wenn S1 nicht länger als 10 Sekunden unterbrochen ist.

Unterschreitet der Farbvorrat eine bestimmte Grenze, soll die Farbspritzmaschine nach abgeschlossenem Bearbeitungsvorgang stillgesetzt und eine Störmeldung ausgegeben werden.

Erstellen Sie für die Steuerungsaufgabe eine Ablaufsteuerung mit den standardisierten Programmteilen Betriebsarten, Meldungen und Befehle nach dem gezeigten Projektierungsablauf und realisieren Sie die Steuerung mit einer SPS.

Anhang

I Normung und Vorschriften

Die nachfolgende Auflistung nennt eine Auswahl von DIN-Normen und VDE- bzw. VDI-Vorschriften für die Steuerungs- und Regelungstechnik im allgemeinen und Speicherprogrammierte Steuerungen im besonderen.

DIN	19225	Benennung und Einteilung von Reglern
DIN	19226	Regelungstechnik und Steuerungstechnik
DIN	19227	Bildzeichen und Kennbuchstaben für Messen, Steuern, Regeln in der Verfahrenstechnik
DIN	19228	Bildzeichen für Messen, Steuern, Regeln
DIN	19233	Automat, Automatisierung
DIN	19235	Steuerungstechnik, Meldung von Betriebszuständen
DIN	19237	Steuerungstechnik, Begriffe
DIN	19239	Steuerungstechnik, Speicherprogrammierte Steuerungen
DIN	28004	Fließbilder verfahrenstechnischer Anlagen
DIN	40719 T6	Schaltungsunterlagen; Regeln und graphische Symbole für Funktionspläne
DIN	40900	Schaltzeichen der Elektrotechnik
	T12	Schaltzeichen – Binäre Elemente
DIN	VDE 0113	Elektrische Ausrüstung von Industriemaschinen
DIN	VDE 0160	Ausrüstung von Starkstromanlagen mit elektronischen Betriebsmitteln
VDI	2880	Speicherprogrammierbare Steuerungsgeräte Blatt 1: Definition und Kenndaten Blatt 2: Prozeß- und Datenschnittstellen Blatt 3: Programmier- und Testeinrichtungen Blatt 4: Programmiersprachen Blatt 5: Sicherheitstechnische Grundsätze

II Sicherheitsbetrachtungen

1 Begriffe, Ziele

Die Sicherheit einer elektrischen Anlage ist nicht nur im Hinblick auf die speicherprogrammierte Steuerung zu sehen, sondern sie ergibt sich aus der Gesamtheit aller Betriebsmittel an und außerhalb der Maschine bzw. Anlage. Die Sicherheit einer elektrischen Ausrüstung muß gewährleistet sein, unabhängig von der Art der Steuerung, ob z. B. eine Schützsteuerung oder eine speicherprogrammierte Steuerung eingesetzt wird. Das setzt die Beachtung einschlägiger VDE-Vorschriften und der besonderen Unfallverhütungsvorschriften voraus.

Der Begriff „Sicherheit" eines Steuerungssystems ist auf die möglichen Folgen von auftretenden Fehlern bezogen. Davon zu unterscheiden sind die Begriffe „Zuverlässigkeit" bzw. „Verfügbarkeit" eines Steuerungssystems, die zwischen den Werten 0 und 1 liegen können, unabhängig von der Bedeutung der möglichen Folgen eines Fehlers. Eins bedeutet: Die Anlage steht ständig zur Verfügung. Null sagt: Die Anlage steht nie zur Verfügung.

In den Vorschriften wird zumeist nicht von Speicherprogrammierten Steuerungen, sondern von Elektronischen Betriebsmitteln (EB) gesprochen. Für DIN VDE 0160 sind elektronische Betriebsmittel (EB) Baugruppen, Geräte und Anlagen

- zum Regeln, analog oder digital (Mikro-Computer) einschließlich Soll- und Istwertbildung,
- zum Überwachen, auch mittels Prozeßrechner,
- zur verdrahtungsprogrammierten und speicherprogrammierten Steuerung,
- für die Leittechnik einschließlich Prozeßrechner,
- zur unmittelbaren Leistungssteuerung

soweit sie auf Starkstromanlagen einwirken.

DIN VDE 0113 und 0160 geben als vorrangiges Schutzziel an, daß Personen weder durch fehlerfreien bestimmungsmäßigen Betrieb noch durch fehlerhafte Funktion elektronischer Betriebsmittel gefährdet werden dürfen.

2 Spezielle Sicherheitsanforderungen für elektrische Steuerungen und Speicherprogrammierte Steuerungen SPS

Nach DIN VDE 0160 werden in bezug auf das Sicherheitsbedürfnis an Speicherprogrammierte Steuerungen keine anderen Anforderungen gestellt als an andere Betriebsmittel auch.

Unter sicherheitstechnischem Aspekt sind folgende Bestimmungen von besonderer Bedeutung:

Not-Aus-Einrichtung

DIN VDE 0113 verlangt Not-Aus-Einrichtungen, wenn Gefahren für Personen oder Schäden an Maschinen entstehen können.

Die Betätigung der Not-Aus-Einrichtung darf weder das Bedienpersonal noch die Maschine gefährden und darf nicht solche Hilfseinrichtungen ausschalten, die auch im Notfall weiterarbeiten müssen, wie z. B. die Erregung von magnetischen Spannvorrichtungen.

Wird im Zusammenhang mit Not-Aus eine Gegenstrombremsung verwendet oder sind Motoren durch Bewegungsumkehr für den Rücklauf eingesetzt, so sind die betreffenden Hauptstromkreise erst auszuschalten, nachdem diese Sicherheitsmaßnahmen vollständig beendet sind.

Bedienteile der Not-Aus-Einrichtung müssen rot, die Hintergrundflächen gelb gefärbt sein.

Stand der Technik ist, daß elektronische Steuerungsgeräte mit normaler Schaltungskonfiguration nicht ohne weiteres alle Sicherheitskriterien im Hinblick auf Personengefährdung erfüllen. Deshalb wird die Not-Aus-Einrichtung für speicherprogrammierbare Steuerungen üblicherweise komplett mit elektromechanischen Schaltgeräten aufgebaut.

Erdschluß

DIN VDE 0113 bestimmt, daß Erdschlüsse in Steuerstromkreisen weder zum unbeabsichtigten Anlauf oder zu gefährlichen Bewegungen einer Maschine führen noch deren Stillsetzen verhindern dürfen.

Bei geerdetem Betrieb der Steuerung entsteht durch einen Erdschluß in der Eingabe- oder Ausgabeebene der SPS ein Kurzschluß, der zum Abschalten der Stromversorgung führen muß. Somit entsteht kein gefährlicher Zustand in der Steuerung.

Bei einem nicht mit dem Schutzleitersystem verbundenen, von einem Transformator gespeisten Steuerstromkreis muß eine Isolationsüberwachungseinrichtung vorgesehen werden. Diese muß den Erdschluß entweder melden oder den Stromkreis selbsttätig abschalten.

Um gefährliche Zustände zu vermeiden, müssen die Ein- und Ausgänge der SPS mit der Seite des elektrischen Steuerstromkreises verbunden sein, die nicht mit dem Schutzleitersystem und nicht mit einem Bezugspotential verbunden werden.

Befehlsgeber

Befehlsgeber können auf einer Schließer- bzw. Öffner-Funktion beruhen, d. h. bei Betätigung ein 1-Signal bzw. ein 0-Signal an den Steuerungseingang liefern.

Die Auswahl der Befehlsgeber hinsichtlich der Signalfunktion erfolgt unter folgenden Gesichtspunkten:

- Nach DIN VDE 0113 muß ein Startbefehl durch Einschalten des entsprechenden Stromkreises oder, im Falle Elektronischer Betriebsmittel (EB), durch Setzen eines 1-Signals ausgeführt werden. Ein Haltbefehl dagegen muß durch Ausschalten des entsprechenden Steuerstromkreises oder durch ein 0-Signal erfolgen. Haltbefehle müssen Vorrang vor zugeordneten Startbefehlen haben.
- Erfolgt das Einschalten einer Steuerung durch einen Schließer (Arbeitsstromprinzip) und das Ausschalten durch einen Öffner (Ruhestromprinzip), so ist die Steuerung drahtbruchsicher. Bei Auftreten eines Drahtbruches erfolgt kein unbeabsichtigtes Einschalten der Steuerung, jedoch wird eine eingeschaltete Steuerung abgeschaltet. Das Ausschalten der Steuerung mit einem Öffnerkontakt ist jedoch dann nicht möglich, wenn der Befehlsgeber durch zwei Erdschlüsse in einem ungeerdeten Steuerstromkreis kurzgeschlossen ist. Deshalb sind Maßnahmen gegen Erdschlüsse erforderlich.

Verriegelungen zu Schutzzwecken

Zur Begrenzung von Fehlerauswirkungen bei Versagen Elektronischer Betriebsmittel (EB) müssen zur Vermeidung gefährlicher Auswirkungen auf Personen geeignete Maßnahmen ergriffen werden. Nach DIN VDE 0160 kann dies geschehen durch weitere EB, die erforderlichenfalls die Funktion des gestörten Betriebsmittels übernehmen, oder durch elektrische oder nichtelektrische Schutzeinrichtungen (z. B. Verriegelungen im Starkstromteil, mechanische Sperre), durch systemumfassende Maßnahmen oder durch menschlichen Eingriff.

– *Schutz gegen Überfahren*

Für den Schutz gegen Überfahren verlangt DIN VDE 0113 einen zusätzlichen Grenzwegfühler. Es wird empfohlen, als zweiten Wegfühler ein Gerät einzusetzen, das den Motorstromkreis unmittelbar ausschaltet oder den Halt der gesamten Maschine bewirkt.

– *Zweihandverriegelung*

Die Zweihandverriegelung ist eine Maßnahme, die immer dann anzuwenden ist, wenn die unerwartete oder unbeabsichtigte Wiederholung eines Arbeitszyklus einer Maschine die Bedienperson gefährden würde. Für den Start eines neuen Arbeitszyklus muß eine Befehlsgabe mit beiden Händen erforderlich sein. Nach DIN VDE 0113 müssen beide Drucktaster während der gesamten Dauer des Arbeitszyklus gemeinsam betätigt bleiben. Jedes Drucktasterpaar muß so angeordnet werden, daß der Bedienende beide Hände zum Betätigen braucht. Erforderlichenfalls muß verlangt werden, daß die Drucktaster innerhalb einer bestimmten Zeit (z. B. 0,2 sec) betätigt werden müssen. Ferner ist der Steuerstromkreis so auszulegen, daß vor dem Start eines neuen Arbeitszyklus beide Drucktaster losgelassen und wieder von neuem betätigt werden müssen.

– *Zwischenschalten doppelt vorhandener Befehlsgeber im Steuerungsausgang*

Beim Einsatz von speicherprogrammierten Steuerungen kann nicht ausgeschlossen werden, daß die SPS infolge von auftretenden Hardware- oder Software-Fehlern versagt. Auch in diesem Fall kann die Sicherheit der Bedienperson an Be- und Verarbeitungsmaschinen gewährleistet werden, wenn man folgende Sicherheitsstrategie einschlägt:

a) Aufteilen der Befehlsgeber und Befehlsnehmer entsprechend ihrer sicherheitstechnischen Bedeutung aufgrund einer genauen Analyse der Steuerungsfunktionen in zwei Gruppen (Gruppe A ohne Einfluß auf die Sicherheit, Gruppe B mit Einfluß auf die Sicherheit der Bedienperson).
b) Durch Zwischenschalten der sicherheitstechnisch bedeutsamen kontaktbehafteten Befehlsgeber muß dafür gesorgt werden, daß keine unmittelbare Ansteuerung der Befehlsnehmer aus der SPS erfolgen kann.

Schutz gegen selbsttätigen Wiederanlauf

DIN VDE 0113 verlangt einen Schutz gegen selbsttätigen Wiederanlauf von Steuerungen nach Netzausfall und Spannungswiederkehr. Ebenso darf auch das Rückstellen der Not-Aus-Einrichtung nicht den Wiederanlauf der Maschine bewirken. Auch das selbsttätige Rückstellen einer Überstromschutzeinrichtung, z. B. durch Abkühlen eines thermischen Auslösers darf nicht zu einem selbsttätigen Wiederanlauf des Motors führen, wenn hierdurch eine Gefahr besteht.

Die oben aufgeführten Sicherheitsgesichtspunkte stellen nur eine Auswahl von Beispielen dar. Maßgebend sind die einschlägigen Vorschriften. Die im Lehrbuch ausgeführten Steuerungsbeispiele und Lösungen von Übungsaufgaben sind nicht ausdrücklich unter Sicherheitsgesichtspunkten geprüft worden.

Sachwortverzeichnis